电脑 Diannao | 即学即用 | 系列

Jixuejiyong Xilie

Flash CS3 即学即用

李 林 编著

电子科技大学出版社

图书在版编目（CIP）数据

Flash CS3 即学即用 / 李林编著. —成都：电子科技大学出版社，2008.1

（电脑即学即用系列）

ISBN 978-7-81114-727-8

Ⅰ. F… Ⅱ. 李… Ⅲ. 动画-设计-图形软件，Flash CS3 Ⅳ.TP391.41

中国版本图书馆 CIP 数据核字（2007）第 191976 号

Flash CS3 即学即用

李 林 编著

出　　版：电子科技大学出版社（成都市一环路东一段 159 号电子信息产业大厦 邮编：610051）

策划编辑：谢应成

责任编辑：谢应成

主　　页：www. uestcp. com.cn

电子邮箱：uestcp @ uestcp.com.cn

发　　行：新华书店经销

印　　刷：四川南方印务有限公司

成品尺寸：185 mm×230 mm　　印张 14. 25　　字数 328 千字

版　　次：2008 年 1 月第一版

印　　次：2008 年 1 月第一次印刷

书　　号：ISBN 978-7-81114-727-8

定　　价：24. 00 元

《电脑即学即用系列》序

电脑作为现代办公设备必不可少的一种工具，已经广泛地应用到各个领域，正在改变着人们的生产和生活。不会使用电脑就跟不上时代，因此，如何快速地学会电脑操作技能，就成为现代社会每个人都需要解决的新问题。

为适应这种需求，各类学历教育学校以及社会培训学校都开设计算机专业方面的课程，各类学校也将非计算机专业学生的电脑知识和技能教育纳入教学计划。为此，我们组织了一批教学精英编写这套《电脑即学即用》系列，以满足学校教学和学习电脑知识人员的需要。本套教材的作者均长期从事一线教育工作，熟悉教学内容的编排，了解学生的需求和接受能力，并将丰富的授课和写作经验融入本套教材的编写中。

本套教材涵盖了计算机各个应用领域，包括操作系统使用、办公软件、互联网、网页制作、计算机组装、图形图像、二维动画、三维动画、电脑制图等。众多的图书品种可以满足不同读者、不同电脑课程设置的需要。

本套丛书全部以最流行软件为基础，详细讲解每个软件的使用方法及应用技巧，并以大量的案例贯穿于教学过程中，使读者真正熟练掌握所学软件，融会贯通。本套丛书具有以下特点：

1. 本丛书紧密结合自学与课堂教学的特点，针对广大初、中级读者电脑基础知识薄弱的现状，突出基础知识和实践指导方面的内容。

2. 版式设计简洁、大方，突出重点，对于标题、正文、注释、技巧等都设计了醒目的字体，读者阅读起来会感到轻松愉快。

3. 语言精练实用，不讲深奥的原理，只介绍学习电脑应用最需要的内容。

4. 以详细、直观的步骤讲解相关操作，方便读者阅读。本套丛书在实例的讲解上注意选材，书中的实例都具有较强的代表性。

5. 本套丛书中涉及的制作实例、素材等内容均可在 http://www.zrbook.net 网站上下载使用。

编　者

2007 年 10月

Flash CS3 即学即用　前言

Flash CS3 是美国 Adobe 公司最新推出的矢量动画编辑软件，它广泛应用于动画制作、网页动画设计和游戏娱乐等各个领域，它拥有强大的交互式动画设计功能，可以将音乐、声效、动画融合在一起，以制作出高品质的网页动态效果。作为网络应用中最具表现力的动画形式，深受用户的喜爱和推崇。

本书以循序渐进的方式，介绍了 Flash CS3 的基础知识、基础绘图工具、基础动画的制作、进阶动画的制作、声音的制作与编辑、ActionScript 的相关概念、电影的发布与输出、综合应用实例等知识。

本书按照由浅入深的顺序安排，通过实用而经典的实例来介绍 Flash CS3 的应用方法和技巧。实例丰富、步骤清晰、与实践结合非常密切。通过学习可以迅速掌握制作动画的各种方法。用户可以一边学习，一边操作。本书对于 Flash CS3 的初学者、美术设计爱好者及 Flash 高级设计人员都有一定的参考价值。

本书的主要特点：

1．层次清晰、循序渐进、实例丰富；

2．内容全面、重点突出、实用性强；

3．语言简洁，可以使初学者迅速达到熟练水准；

4．本书的制作实例及素材均可通过 http://www.zrbook.net 网站下载。

由于作者水平有限，加之时间仓促，书中难免存在错漏和不完善之处，恳请读者批评指正。

李　林

2007 年 12 月

Flash CS3 即学即用 目录

Flash CS3 即学即用　目录

Flash CS3 即学即用 目录

电脑即学即用

教你学电脑

第 1 章 Flash CS3 的安装与界面简介

本章要点：

- Flash CS3 的相关概述
- Flash CS3 的安装
- Flash CS3 的工作环境
- Flash CS3 的新增功能

电脑博士，Flash CS3 是什么软件？有些什么功能呢？

小丽，Flash CS3 是美国 Adobe 公司推出的最新版本网页动画设计软件。Flash CS3 的应用从手机、电脑、游戏、Web 应用程序、移动上网到酒店娱乐系统，无所不包。纵观当今网络世界，Flash 正被广泛地应用于各行各业。

1.1 Flash CS3 的概述

Flash 是一个矢量图形编辑和交互动画制作的软件，目前无论是商业网页还是个人网页，绝大多数都采用了 Flash 技术。Flash 还被广泛应用于交互软件的开发、展示和教学方面。在成千上万的网站上都可以看到精彩的 Flash 动画，它让网页变得更加绚丽夺目，使人们在浏览网站时真正感受到 Flash 的动感。广泛流行于网络的 Flash MTV，其优美的动画音乐更动听，更具感染力；有趣的网络游戏也是 Flash 带给游戏玩家的最好礼物。总之，Flash 已经成为多媒体制作、网页制作最热门的软件，成为网络媒体的主流技术。

1.2 Flash CS3 的安装

与其他 Windows 应用软件一样，购买了 Flash CS3 软件之后，需要先将其安装到计算机中才能够使用。安装 Flash CS3 十分简单，使用标准的 Windows 操作系统即可安装。

1.2.1 安 装

怎 样 安 装
Flash CS3 呢？
下 面 就 来 看 看
Flash CS3 的硬件、软
件要求以及安装步骤。

需要 Pentium200 以上的 CPU、24 位以上图形显示卡、64MB 以上内存（用 256MB 的内存也不算过分）。在内存较少时，建议把系统的虚拟内存设置大一些。操作系统可以是 Microsoft Windows 9x/2000/NT4.0/XP 等。

1 将 Flash CS3 软件光盘放入光驱，进入 Adobe CS3 文件夹，运行安装程序。首先看到的是初始化文件。

Adobe Flash CS3
正在初始化 Adobe Flash CS3
取消

2 初始化文件后，在弹出的许可证协议界面中，单击“接受”按钮。

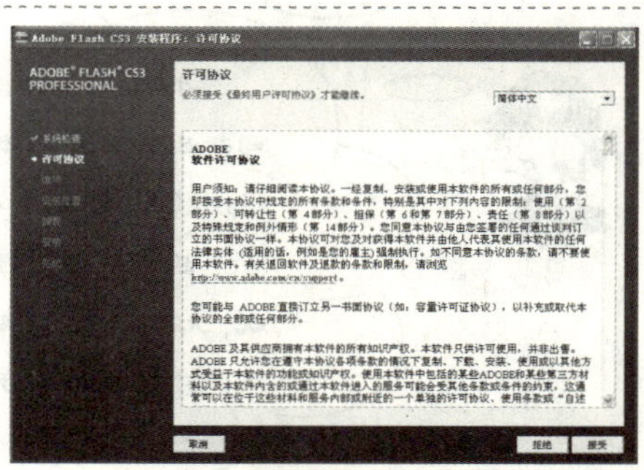

3 在弹出的“安装选项”对话框中，选择安装程序的组件后，单击“下一步”按钮。

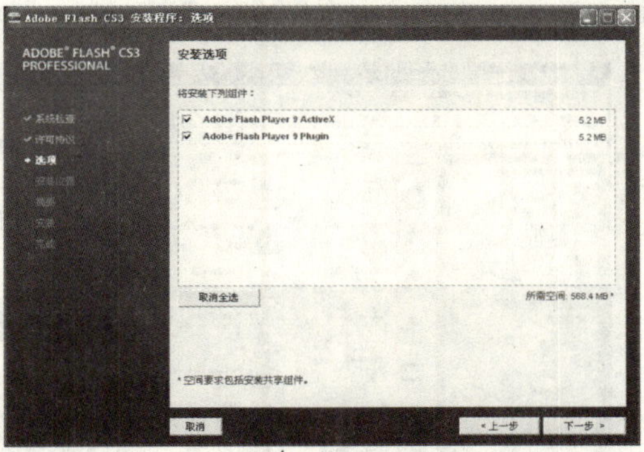

4 在“安装位置”对话框中，选择文件安装位置后，单击“下一步”按钮。

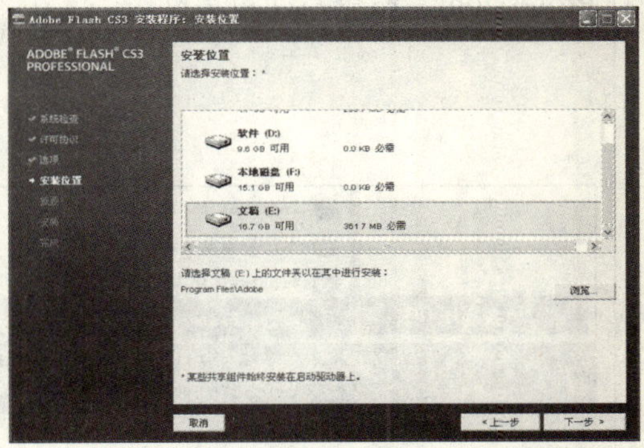

5 在接下来的对话框中，单击“安装”按钮即可。

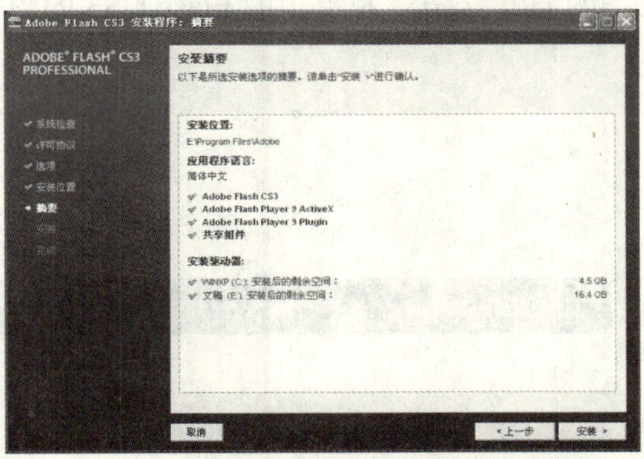

6 安装完成后，将弹出“安装完成”对话框，单击“完成”按钮结束整个安装过程。如果选择了“完成并重新启动”按钮，电脑将重新启动。

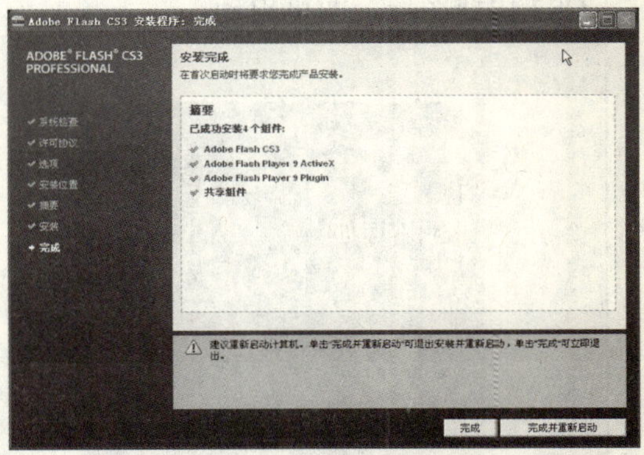

1.2.2 启动、退出

FlashCS3 软件已经安装到我的电脑中了，怎么启动它呢？

运行 Flash CS3 可以有多种方式，下面介绍三种常用的运行方式。

1 从程序组中启动，单击 Windows 桌面左下角的“开始”，选择“所有程序”，在弹出的菜单中选择“Adobe Flash CS3 Professionl”命令，即可启动。

2 从“Windows 资源管理器”中启动。打开“Windows 资源管理器”，找到 Flash CS3 安装路径，双击 Flash.exe 文件，即可启动。

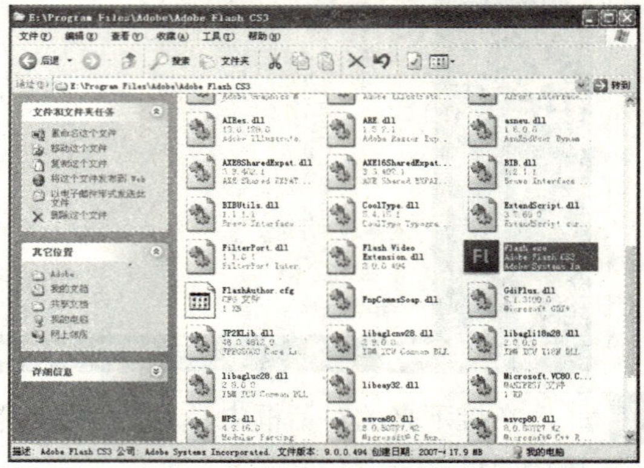

3 从 Windows 的桌上面启动，这是最便捷的一种方式。在桌面上双击 Flash CS3 快捷图标，即可启动。

4 退出 Flash CS3 的操作界面，可以单击操作界面窗口右上角的“关闭”按钮 ，也可以“双击”左上角的 Flash CS3 的图标。

1.3 FlashCS3 的工作环境

Flash CS3 与早期其他版本相比，以便捷、完美、舒适的动画编辑环境，深受广大动画制作爱好者的喜爱。它具有更人性化的工作环境，更突出的功能优势，更强大的内在组件功能。另外，它还添加了许多网络方面的特征。

1.3.1 开始页

Flash CS3 的工作环境包括哪些方面呢？

Flash CS3 的工作环境，包括一些基本的操作方法和工作环境的组织和安排。

1 运行 Flash CS3，首先映入眼帘的是“开始页”，“开始页”将常用的任务都集中放在一个页面中，包括“打开最近项目”、“新建”、“从模板创建”、“扩展”以及对官方资源的快速访问等。

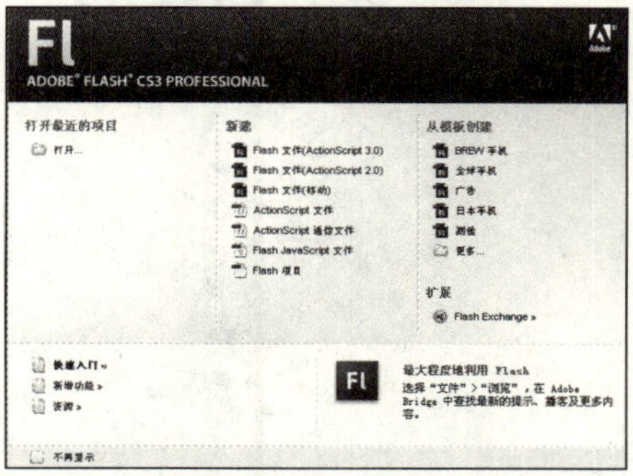

2 在“开始页”中，“打开最近项目”下列出了最近打开过的文档，单击“Flash 文件”，系统将打开该文档。

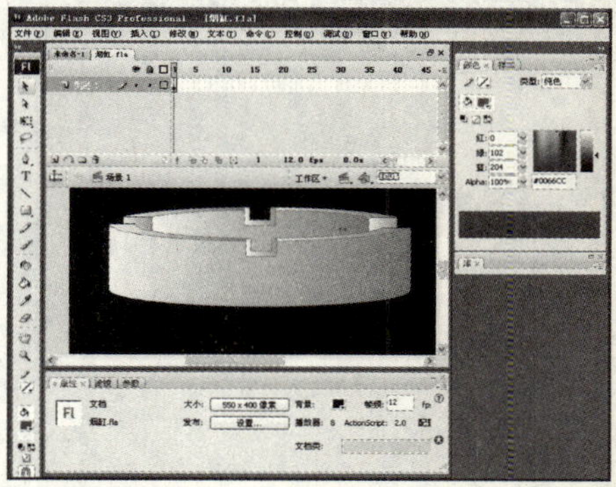

3 在“开始页”中，选择“新建”下的“Flash 文档”，将启动 Flash CS3 的工作窗口并新建一个影片文档。

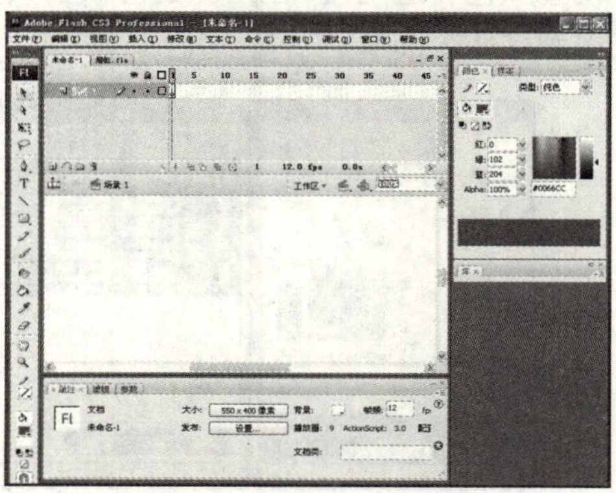

4 在“开始页”中，选择“从模板新建”，用户可以选择 Flash CS3 提供的模板样式来新建影片文档。

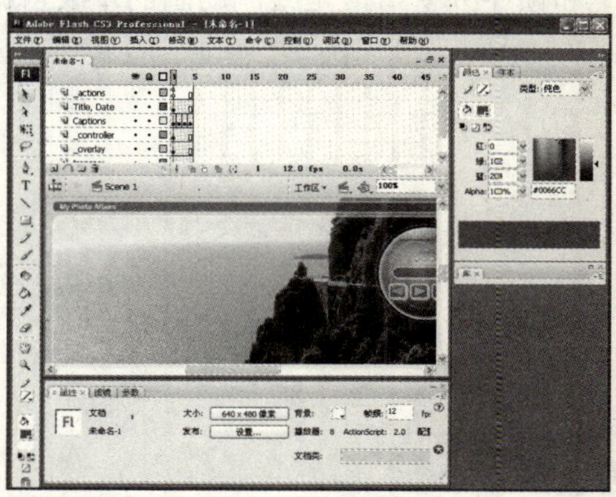

1.3.2 工作面板简介

在 Flash 里熟悉工作面板是很重要的，其中包括舞台、工具箱、时间轴、混色器、库、动作、属性等各种面板。通过学习本章，用户将了解各种面板的基本功能。

1 “舞台”窗口是创作和观看自己作品的场所，也是对动画对象进行编辑、修改的唯一场所。

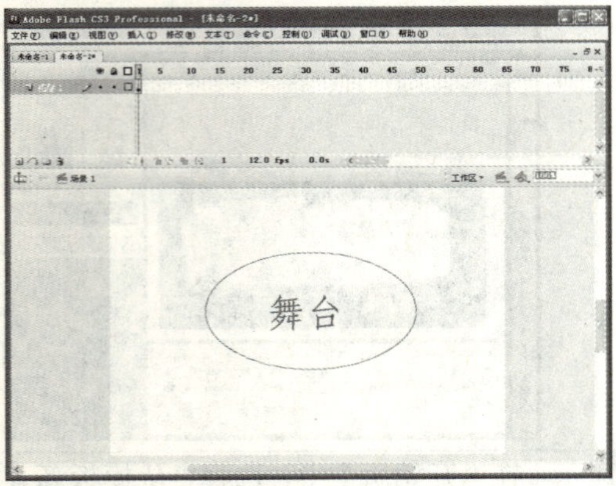

2 “工具箱”面板中，包含了进行矢量图形绘制和图形处理时所需要的全部工具，用户可以利用它们来进行自己的图形设计。

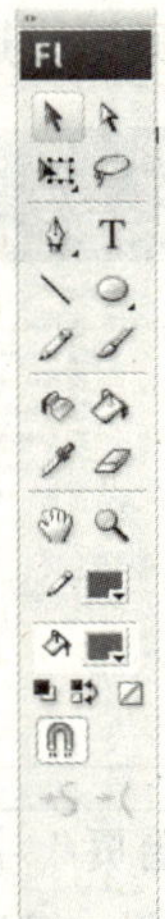

3 “时间轴”窗口中包括了层选择窗口和帧序列窗口，是绘制动画的重要窗口。

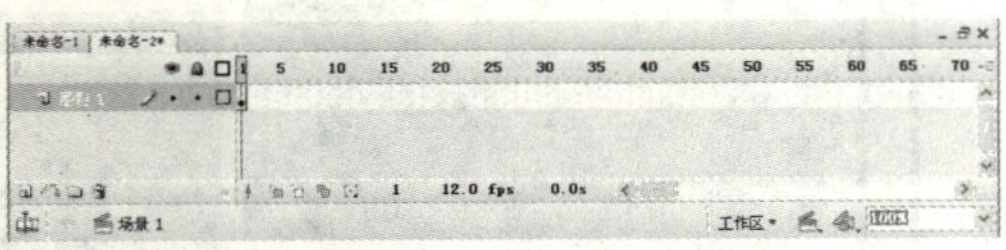

4 “颜色”面板和“样本”面板主要用来设置颜色和透明度。在绘图的时候会大量的用到这两个面板。

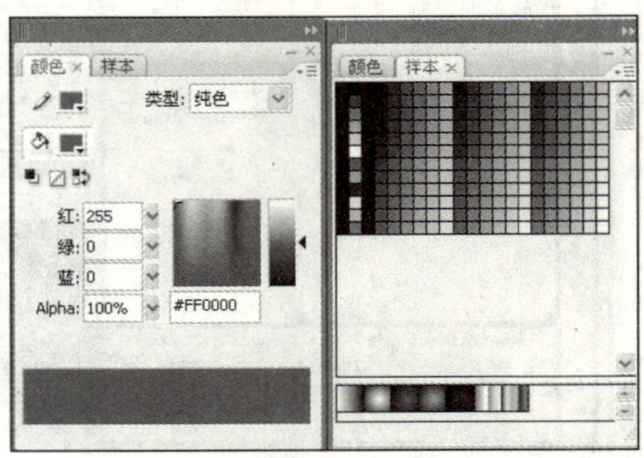

5 “库”面板也是一个非常重要的面板，主要用来存储和组织在 Flash 中所创建的元件及导入的声音或位图。

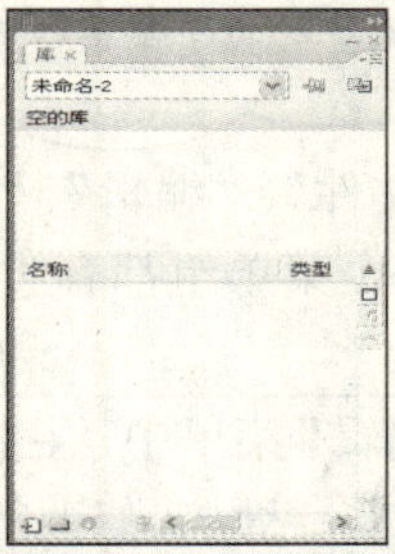

6 “对齐”面板和“变形”面板，可以很方便地对物件进行排列和对齐，而变形面板则是对物件进行旋转和缩放的。这两个面板都是绘图和动画制作所离不开的。

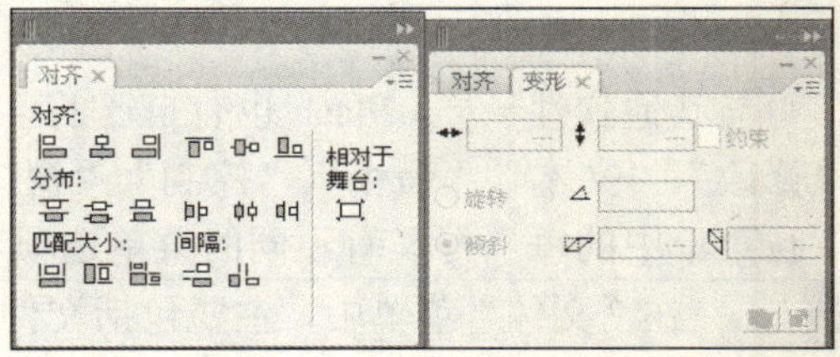

7 使用“属性”面板，可以很容易地设置舞台或时间轴上当前选定对象的属性，当用户选中不同的物体时，面板中的内容也会发生相应的变化。

8 “动作”面板可以创建和编辑对象或帧的 ActionScript 代码，主要由“动作工具箱”、“脚本导航器”和“脚本”窗格组成。

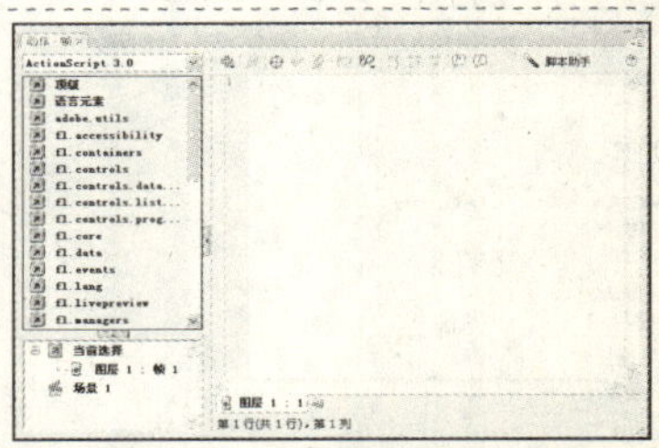

9 “帮助”面板中，包含了大量信息和资源，对 Flash 的所有创作功能和 ActionScript 语言进行了详尽的说明。使用“帮助”面板可以随时对软件的使用或动作脚本语法进行查询。

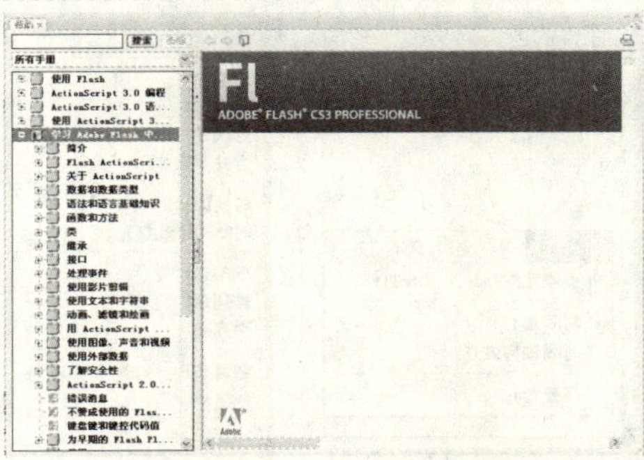

提示：

“面板”是 Flash 中最重要的部件之一。所以，只要我们熟练掌握了每个“面板”的名称、用途、使用方法及大致功能，也学会了 Flash 的基本操作。

1.3.3 菜单栏

与其他软件一样，Flash 也有自己的菜单栏，其中包括“文件”、“编辑”、“视图”、“插入”、“修改”、“文本”、“命令”、“控制”、“窗口”、“帮助”等。每个菜单组都有一个下拉菜单，在下拉菜单中的每一行又有不同的菜单选项。

1 在“文件”菜单中，主要包括文件的导入、输出、打印和预览等菜单命令。

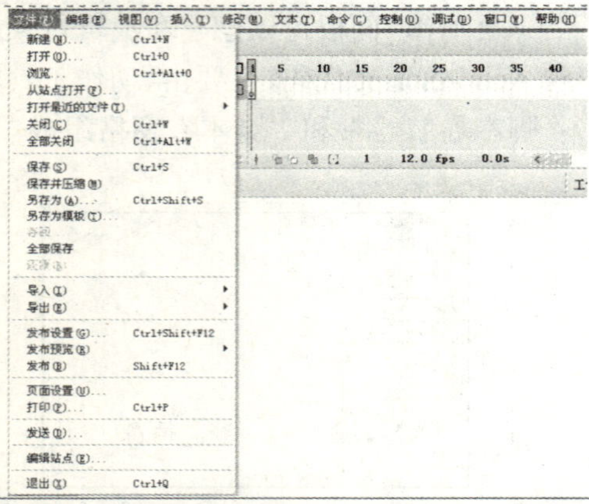

2 在“编辑”菜单中，主要是一些与 Flash 相关的复制、粘贴、修改等菜单命令。

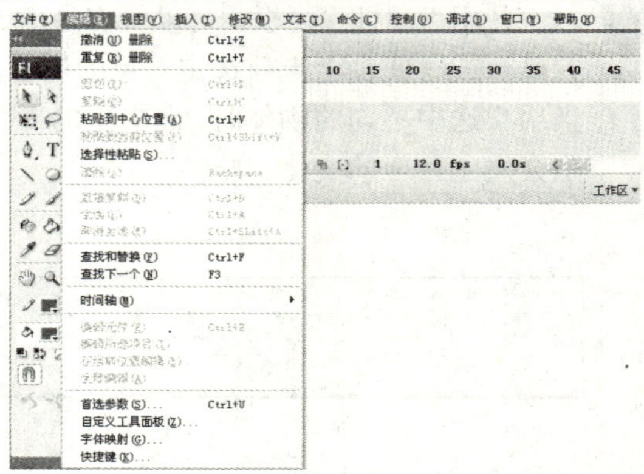

3 在“视图”菜单中，主要是一些在制作 Flash 过程中，根据不同需要设置不同视图的菜单命令。

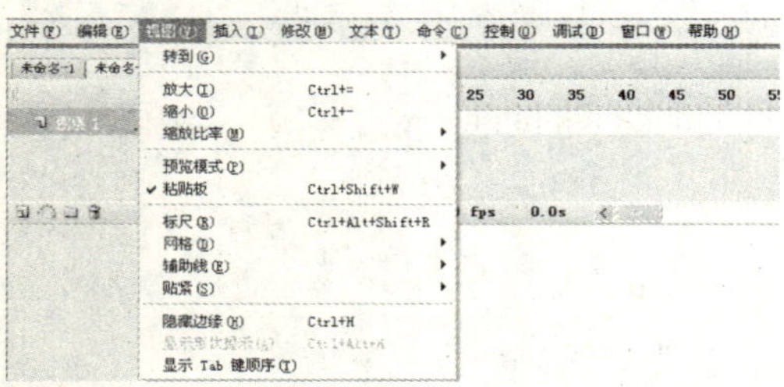

4 在“插入”和“修改”菜单中，Flash 许多有特色的菜单命令包含其中，并且许多重要的操作命令是需要认真了解的。

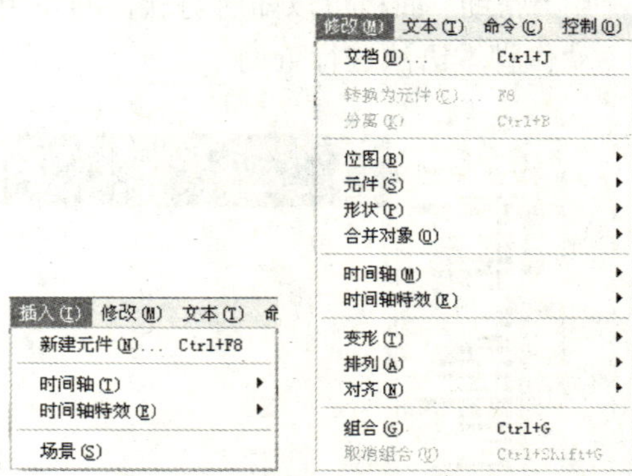

1.4 FlashCS3 的新增功能

为了方便用户的使用，Flash CS3 在很多功能上都有较大的改进并新增了一些功能，提供了更强大的表现手法、文本支持、脚本增强和视频支持。下面分别介绍这些新增的功能。

1.4.1 表现手法

什么是表
现手法呢？
表现手法就是改进
和增强了原有的一些功
能的表现形式。

Flash CS3 在很多功能上都有较大改进，并且新增了一些功能。它提供了更强大的表现手法，新增了直接导入 PSD 文件、基本矩形工具、面板折叠等功能，用户会发现操作界面比以前版本有了一些改变。这样更利于设计者对舞台上的对象进行操作。

1 对 Flash 用户界面进行了更新，所有 Adobe 软件都具有一致的外观可以帮助用户更容易地使用多个应用程序。

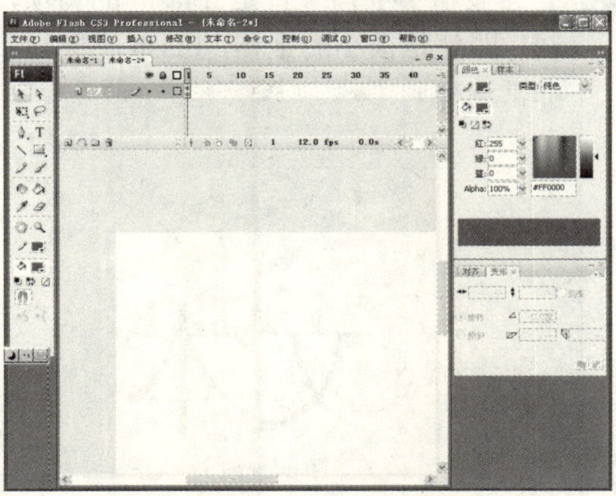

2 可以将 Adobe Photoshop PSD 文件直接导入到 Flash 文档中。支持大多数 Photoshop 数据类型，还提供一些导入选项，以便在 Flash 中获得图像保真度和可编辑性的最佳平衡。

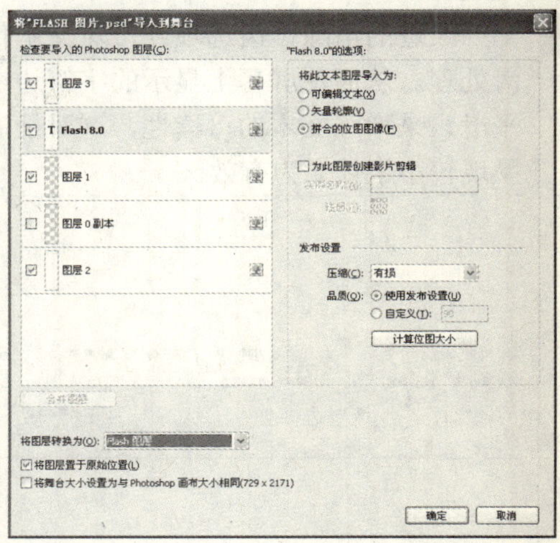

3 新增加的“基本矩形工具”和“基本椭圆工具”，在属性检查器中，随时可以编辑新的矩形和椭圆工具所创建的矩形和椭圆的属性（如笔触或角半径）。

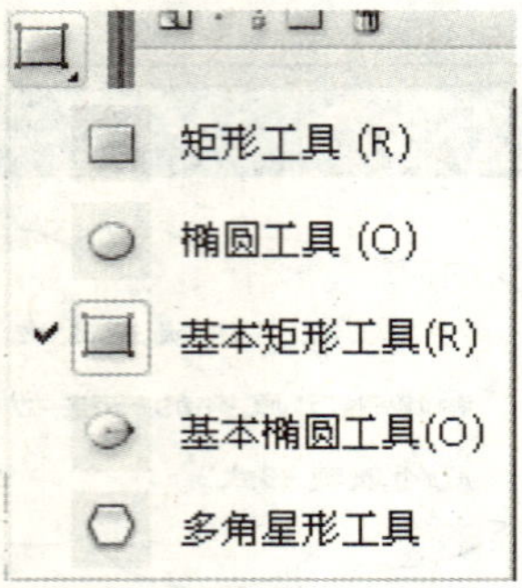

4 新增了“面板折叠”功能，可以将面板折叠或展开。

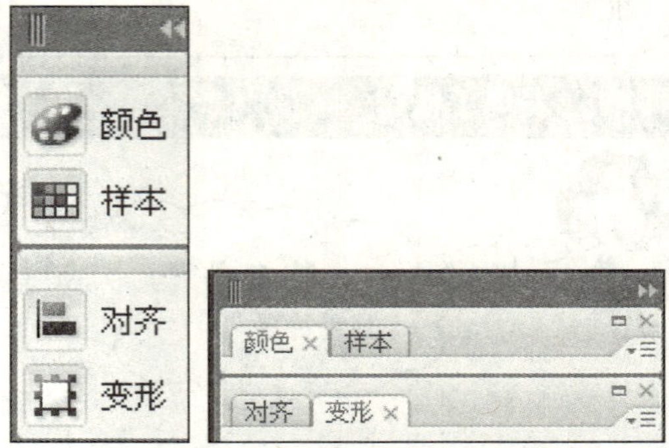

1.4.2 文本支持

Flash CS3 中还增强了文本显示的质量和文本显示方式的一致性，以提高呈现文本的清晰度和质量。

1 改进的消除锯齿选项，可对文本作平滑处理。从而使屏幕上显示的字符边缘更平滑，来增强文本的可读性，这对于清晰呈现较小字体尤为有效。

2 显示小字体一直是 Flash 的弱项，现在，即使是很小的字体，Flash 也能显示得非常清楚。

1.4.3　脚本增强

什么是脚本？
有什么作用？
脚本是用于网络动
画的的一种语言，主要用
于交互动画的制作。

脚本增强是“动作”面板中的一种新辅助模式，对于入门者来说，能更轻松地创建脚本，而不必深入了解 ActionScript。

1　脚本助手是通过从“动作”面板中的“动作”工具箱中选择项目来提供一个界面帮助生成脚本。

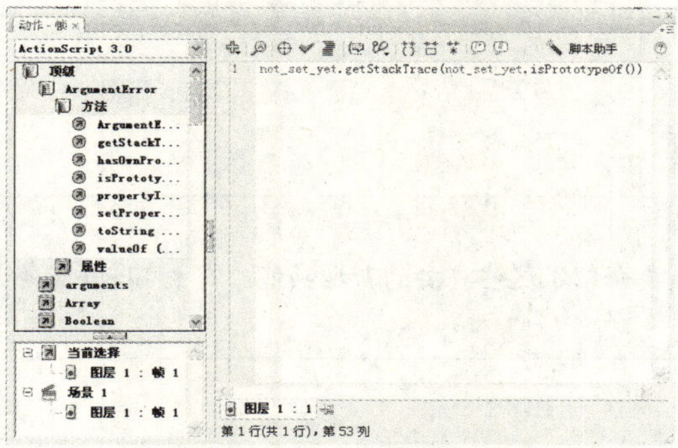
动作 - 帧
ActionScript 3.0
脚本助手
not_set_yet.getStackTrace(not_set_yet.isPrototypeOf())
顶级
ArgumentError
方法
属性
arguments
Array
Boolean
当前选择
图层 1 : 帧 1
场景 1
第 1 行(共 1 行)，第 53 列

2　脚本的自动生成能更方便用户制作交互性的动画。

脚本助手
not_set_yet.getStackTrace(not_set_yet.isPrototypeOf())

1.4.4　视频支持

视频支持包括哪
些方面及用途呢？
视频支持可帮助你
查看视频内容、嵌入、
渐进下载和视频传输。

在 Flash CS3 中采用了一种新的视频编码，并且扩展了面向 Web 的视频解码选项，我们可以选择使用 SorensonSpark 编码或新的 On2VP6 编码。在导入视频的时候，Flash CS3 还提供了优化视频内容质量和文件大小的高级选项。

1 “导入视频”向导经过改进可以导入存储在本地计算机上的视频，或导入已部署到 Web 服务器或 Flash Communication Server 上的视频。

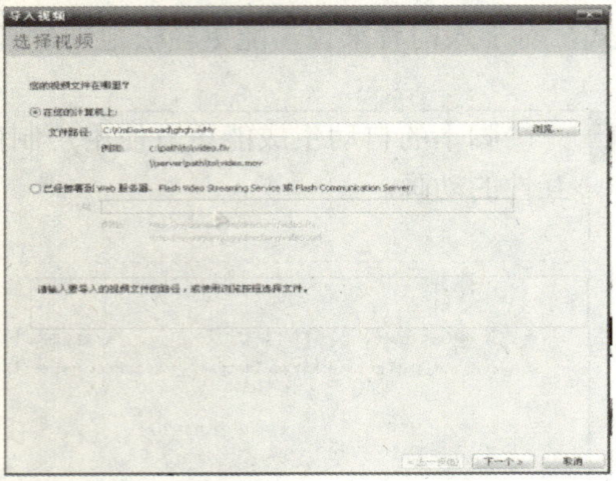

2 使用 Adobe Flash Video 编码器传送广播级质量的在线视频。在编码选项中，包括了许多高级选项，例如去除交错、导入导出线索点，以及一组非常漂亮的视频组件模板，为用户对播放视频的外观提供了详细的控制。

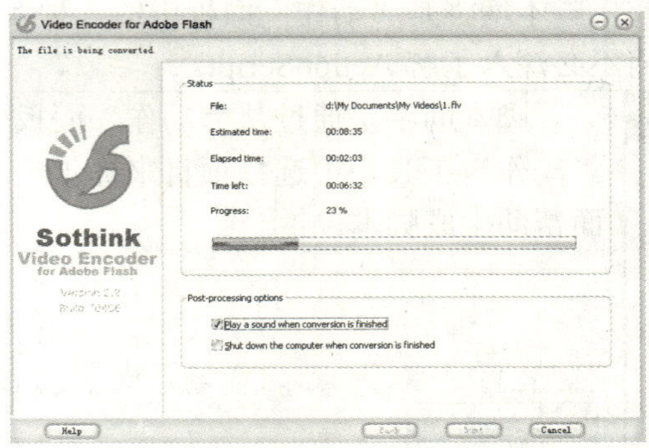

提示：

Flash 中的许多新增功能对初学者十分有用。本节简要介绍了这些重要的新增功能。有关 Flash 其他新增功能将在以后的章节里逐一介绍。

电脑即学即用

教你学电脑

第2章 Flash CS3 的基本操作

本 章 要 点：

- ◆ 新建 Flash 影片文档
- ◆ 元件的使用
- ◆ 帧操作
- ◆ 层操作
- ◆ 对象的基本操作

电脑博士，你可以教我操作 Flash 吗？

小丽，本章将教你在 Flash 中进行最基本的操作，如创建 Flash 文档、制作 FlashCS3 动画等。

2.1 新建 Flash 影片文档

对于初学者来说，首先应熟悉 Flash CS3 制作动画的工作流程，并掌握 Flash 影片文档的基本操作。

2.1.1 新建影片文档

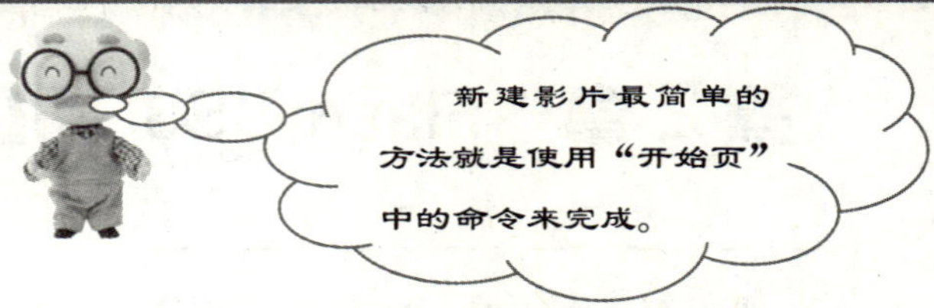

启动 Flash CS3，在“开始页”的“新建”下单击选择“Flash 文件”，这样就可以启动 Flash CS3 的工作窗口并新建一个影片文档。下面我们介绍其他新建文档的方法和文档属性设置。

1 启动 Flash CS3，执行“文件/新建”菜单命令，在“新建文档”对话框中，默认情况下已选中“Flash 文档”，单击“确定”按钮。

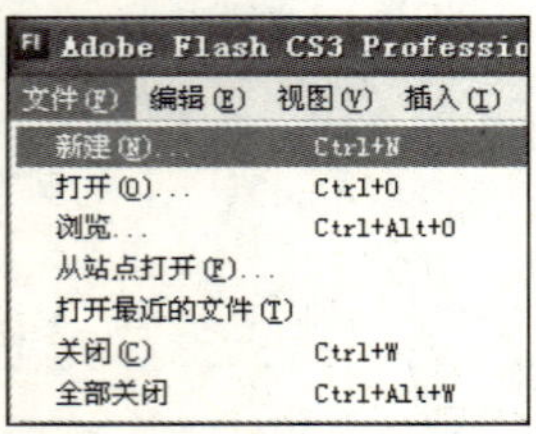

2 文档属性设置，展开“属性”面板，在“属性”检查器中，“大小”按钮显示当前舞台大小设置为“550 ×400 像素”。

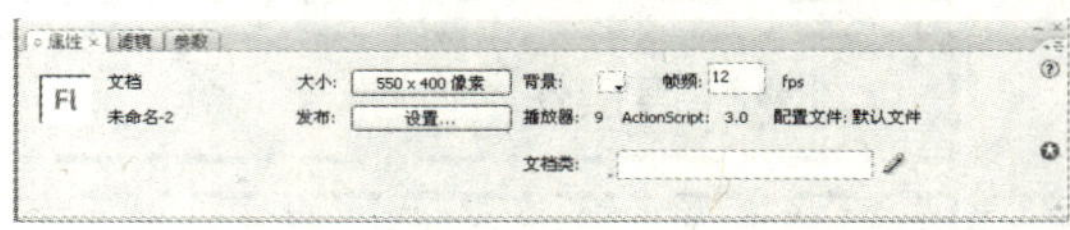

3 单击“550 x 400 像素”按钮，弹出“文档属性”对话框。

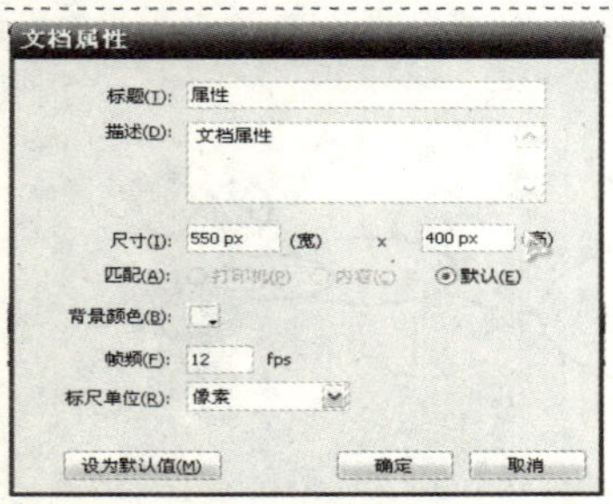

4 在“标题”文本框中输入“文档”，“描述”列表框中输入对影片的简单描述，设置“尺寸”为 550×400 像素，设置“背景颜色”为黑色，其他保持默认。

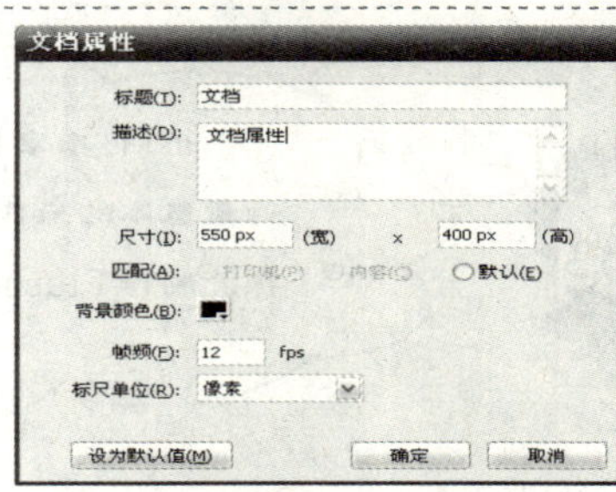

2.1.2 创建图形

怎样创建图
形呢？

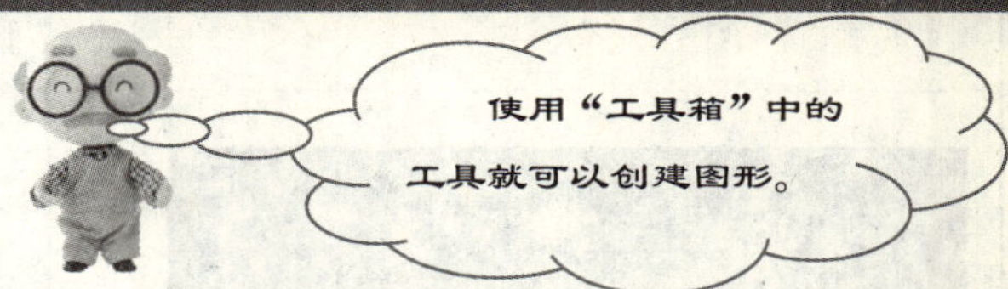
使用“工具箱”中的
工具就可以创建图形。

文档创建好以后，就可以为文档添加一些插图了。

1 在工具箱中选择“椭圆”工具。

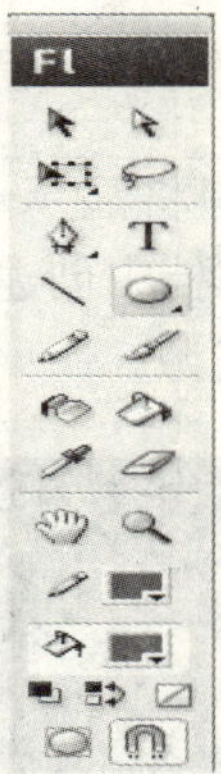
Fl
T

2 单击颜色面板上的“填充”按钮，从打开的“填充颜色选取器”中选择一种自己喜欢的颜色，确保填充颜色与舞台颜色形成适当对比。

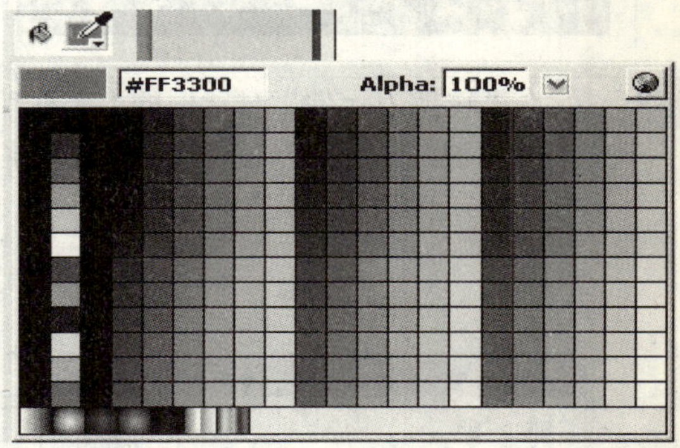
#FF3300
Alpha: 100%

3 在工具箱中选择“椭圆工具” ，再按住 Shift 键的同时在舞台上拖动，绘制一个圆。

4 在工具箱中选择“选择工具”，如下图所示。

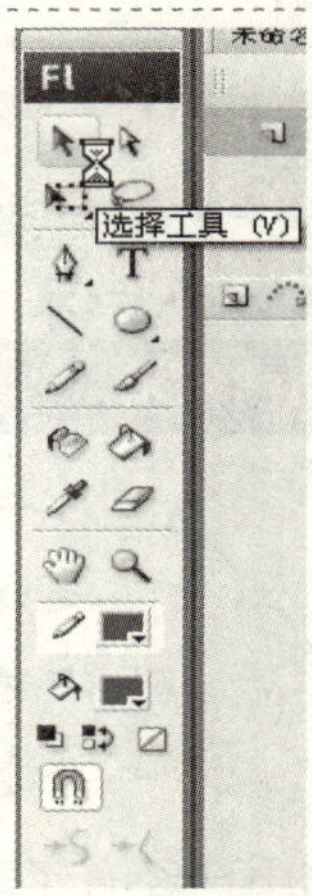
Fl
选择工具 (V)
T

5 单击舞台上的圆选中它。

6 执行“修改/转换为元件”菜单命令，将弹出“转换为元件”对话框。

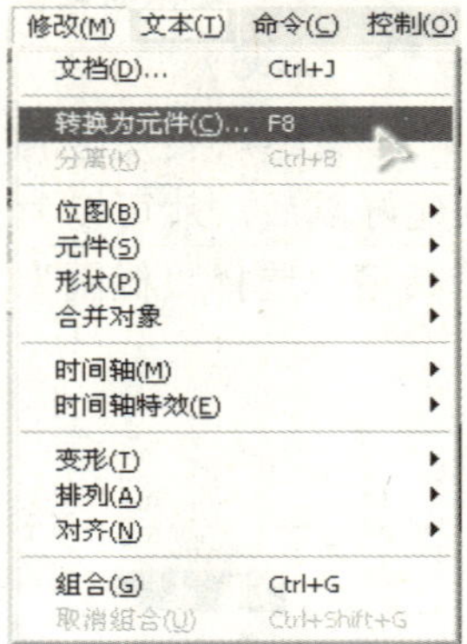

7 在“转换为元件”对话框的“名称”文本框中键入“圆圈”，默认为“影片剪辑”类型，单击“确定”按钮。

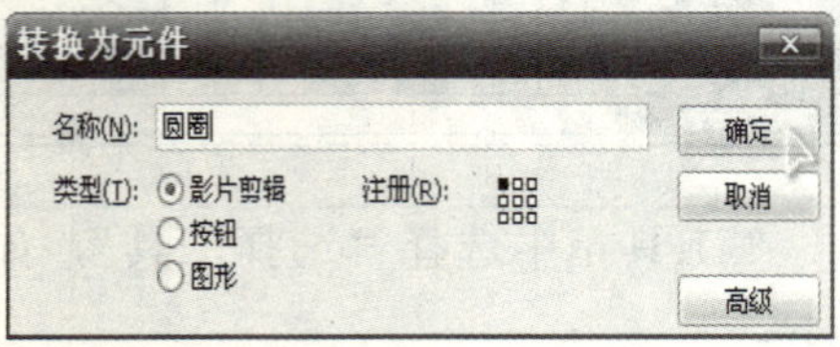

8 在圆形周围将显示一个方形边框。现在，你已经在文档中创建了一个称为元件的可重复使用的资源。

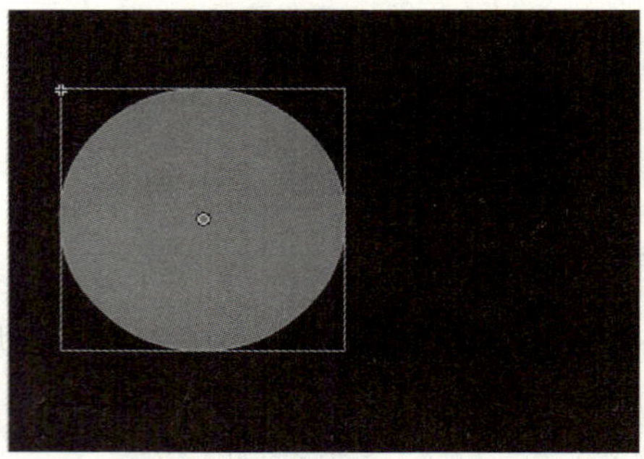

提示：

Flash 元件是一种媒体资源，将其变为可重复使用的资源，可以在 Flash 文档中的任意位置重复使用，而无需重新创建它。在后面的章节中将会详细讲解。

2.1.3 创建动画效果

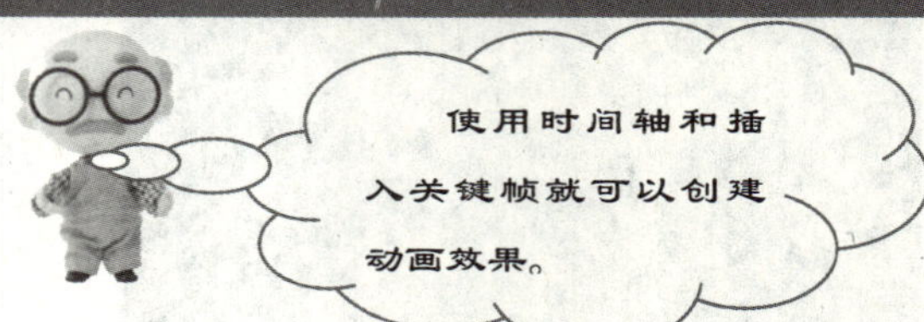

现在文档中已经有了一些插图，可以使它在舞台上具有动画效果，从而变得更有趣。

1 将圆拖动到紧挨着舞台区域的左侧。

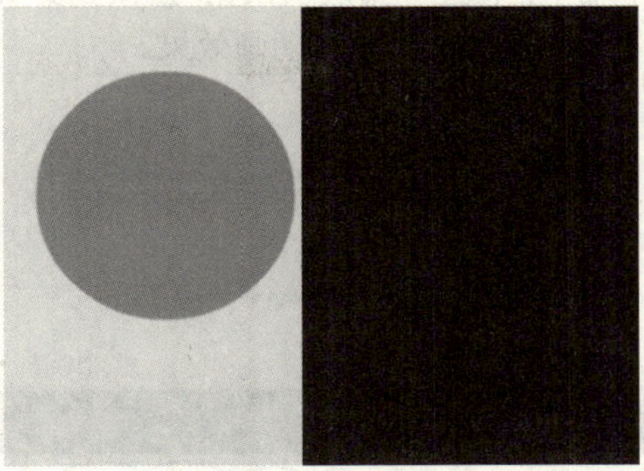

2 在时间轴面板上单击图层 1 的第 15 帧。

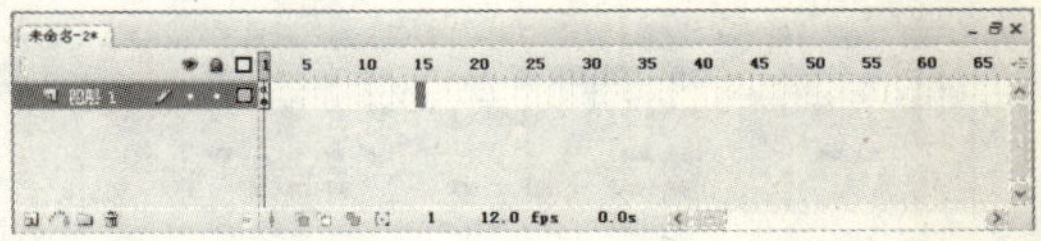

3 执行“插入/时间轴/帧”命令，时间轴上箭头仍然处于选中状态的第 15 帧添加帧。

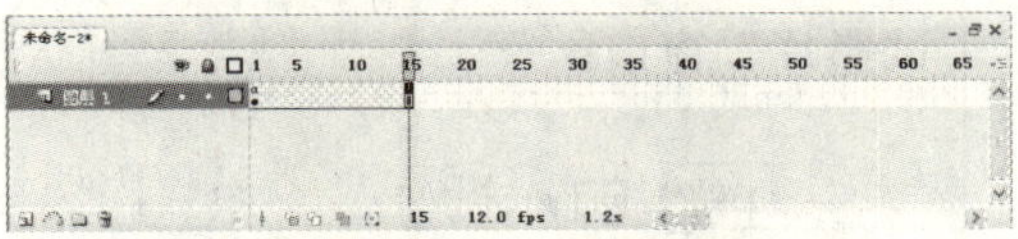

4 在仍选中第 15 帧的情况下，执行“插入/时间轴/关键帧”菜单命令。在第 15 帧处，按“F6”功能键，插入关键帧。关键帧是显示更改了对象的某些属性的帧。在这个新的关键帧中，将更改圆的位置。

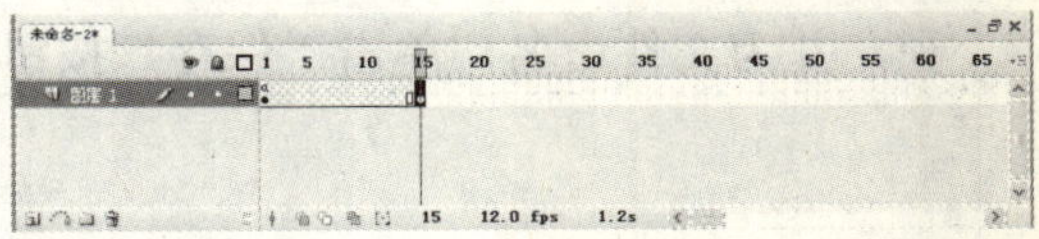

5 在时间轴中仍选中第 15 帧的情况下，将圆拖动到紧挨着舞台区域的右侧。

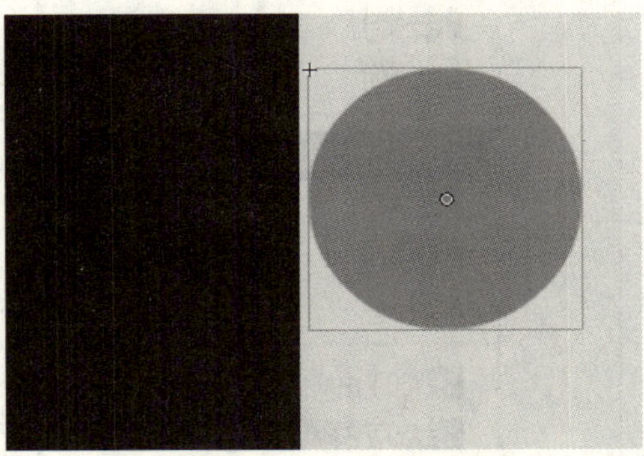

6 然后在时间轴中选择“图层 1” 的第 1 帧。

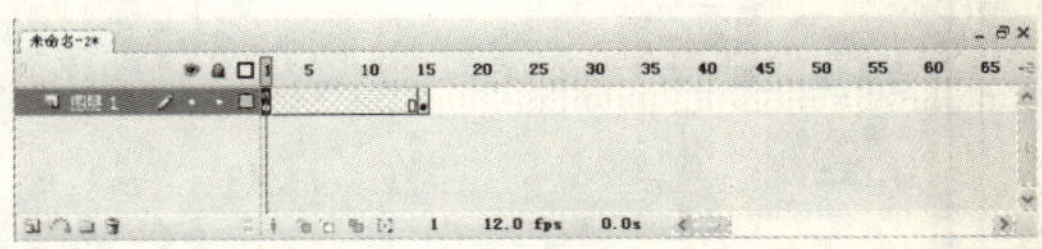

7 执行“窗口/属性”菜单命令，打开“属性”面板，从“补间”下拉列表中选择“动画”。“属性”面板的默认位置在 Flash 应用程序窗口的底部。

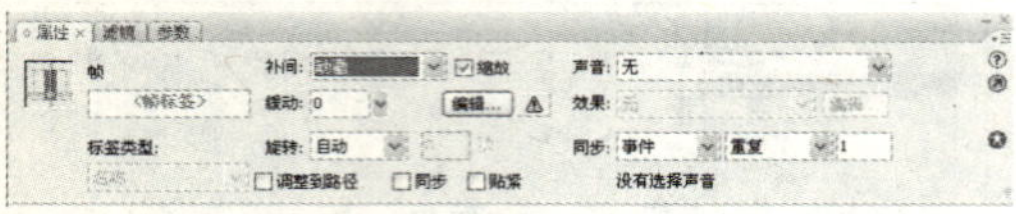

8 这时在时间轴上，图层 1 中的第 1 帧和第 15 帧之间出现一个箭头，在时间轴中，将红色播放头从第 1 帧到第 15 帧来回拖动，以预览动画效果。

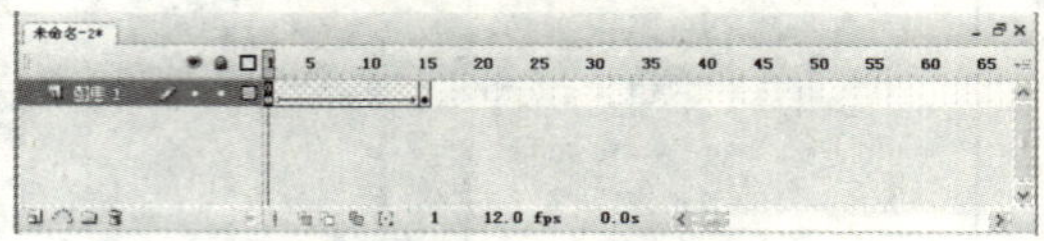

2.1.4 保存和测试影片

保存文件就是在硬盘上为文件选择一个位置，并将文件命名。

1 执行“文件/保存”菜单命令，弹出“另存为”对话框，在该对话框中选择保存路径，并为文件命名，单击“保存”按钮。

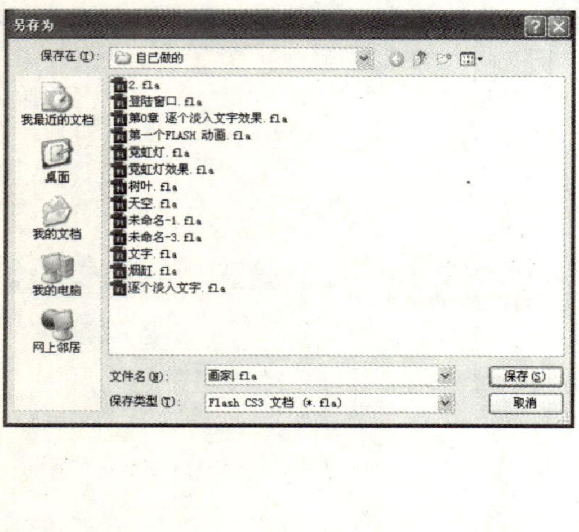

2 执行“控制/测试影片”菜单命令，对 FLA 文件进行测试。测试完毕后，关闭“测试影片”窗口。

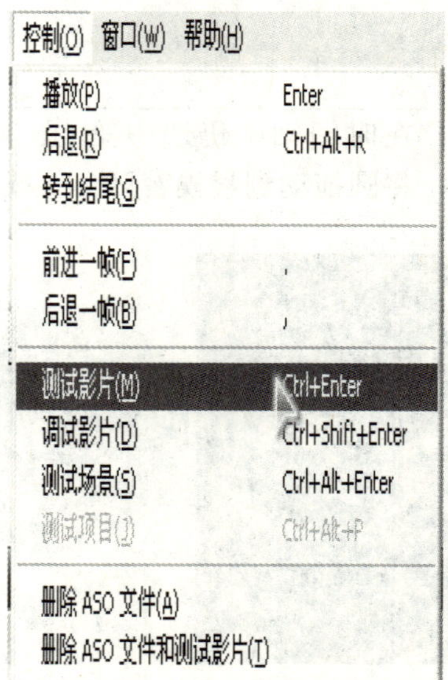

2.1.5 导出影片

1　执行“文件/导出/导出影片”菜单命令。弹出“导出影片”对话框，在该对话框选择保存路径，并为文件命名，单击“保存”按钮。	2　会弹出“导出 Flash Player”对话框，在该对框中对影片进行设置，单击“确定”按钮。

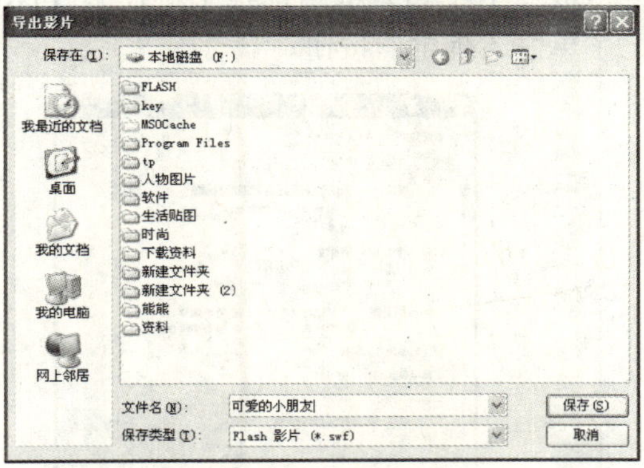

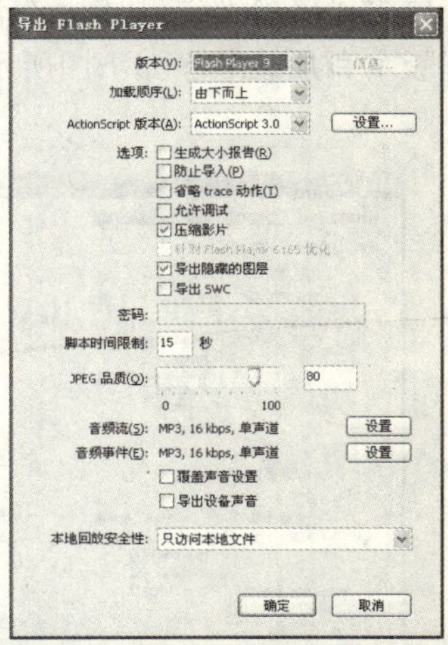

2.1.6 发布文件

Flash 文档制作完成后，就可以对它进行发布，以便能够在浏览器中查看它。发布 FLA 文件时，Flash 会将其压缩为 SWF 文件格式。这就是你放到 Web 页中的格式。执行“发布”命令可以自动生成一个 HTML 文件，其中包含正确的标签。

1　执行“文件/发布设置”菜单命令。	2　弹出“发布设置”对话框，在该对话框中选择“格式”选项卡并确保仅选中了“Flash”和“HTML”选项。

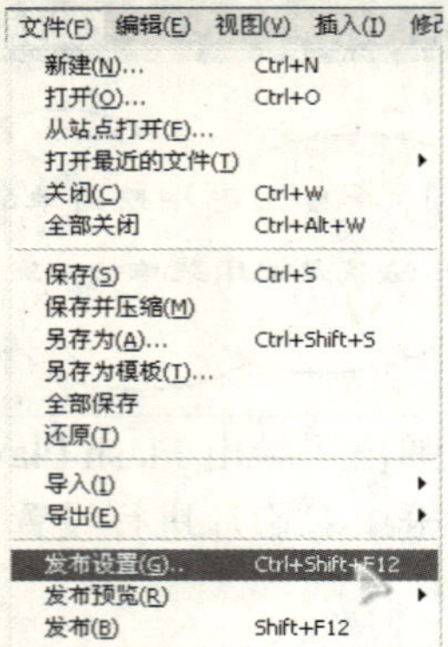

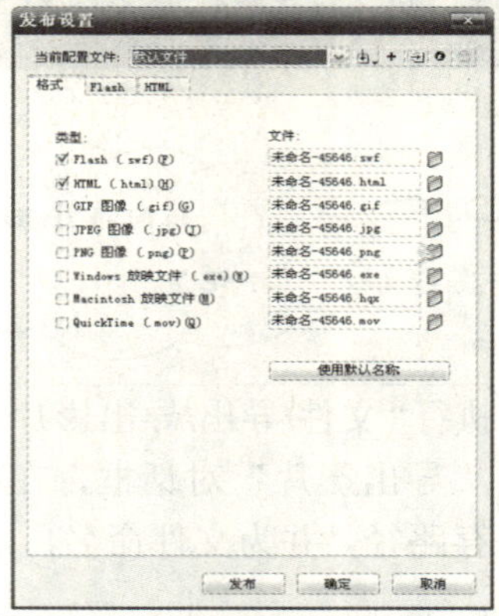

3 单击“Flash”选项卡，在该选项卡中设置版本和加载顺序如下图所示。

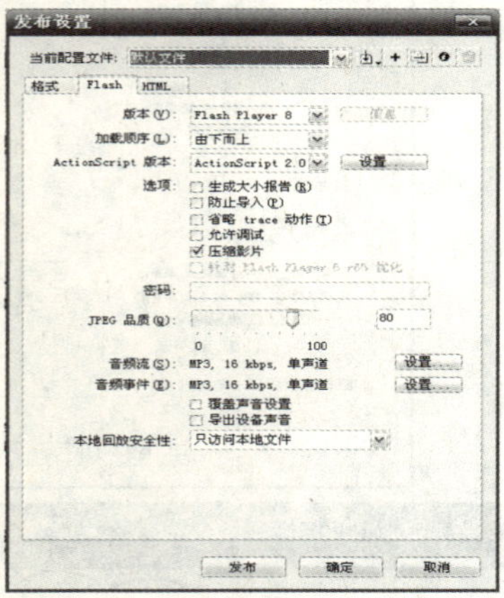

4 单击“HTML”选项卡，并确保在“模板”下拉列表框中选择了“仅限 Flash”单击“确定”按钮。

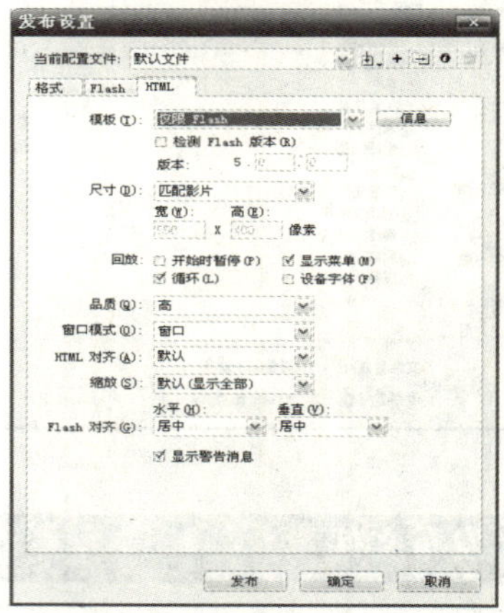

提示：

如果要在 Web 浏览器中打开文件，可执行以下操作：

· 执行“文件/发布”菜单命令，并打开 Web 浏览器。

· 在 Web 浏览器中，执行“文件/打开”菜单命令。

· 导航到保存 FLA 文件的文件夹。

· 在该文件夹中有 SimpleFlash.swf 和 SimpleFlash.html 文件。在你单击“发布”时，Flash 创建了这些文件。

· 选择名为 SimpleFlash.html 的文件。

· 单击“打开”命令。

· Flash 文档将显示在浏览器窗口中。

2.2 元件的使用

元件是 Flash 的重要特点之一，我们在创作动画时，可以先做好一些动画（当然也可以是静态图形、按钮等）在需要的时候，只需将它们从元件库中拖曳出来并放在合适的位置即可。如果需要多次使用该元件，可以重复拖曳，而文件的大小基本不变。如果没有元件的引入，在创建动画时，就必须将每个动画元素都在主舞台中绘制，这样在修改时非常麻烦，很难找到你需要修改的元素。除此之外，有些复杂的动画效果如果不借助于元件就不能实现。所以说，元件对于减小工作量，提高浏览速度起着非常重要的作用。

2.2.1 元件的导入与创建

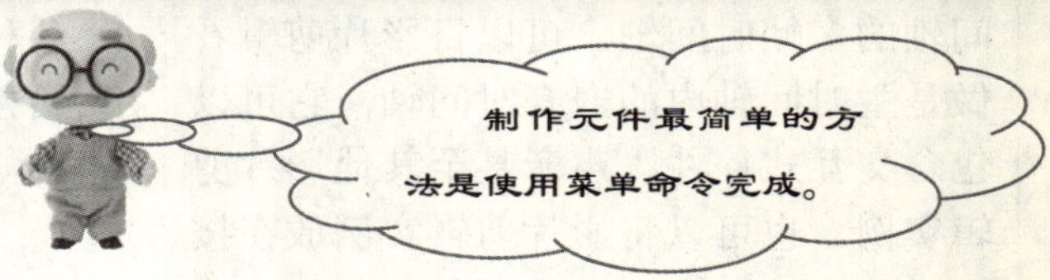

制作 Flash 元件时，可以通过执行菜单命令导入外部文件到“库”中，再从“库”面板中将元件拖放到场景中使用，还可以通过“创建新元件”对话框来新建元件。

1 第一种是外部导入的元件，执行“文件/导入/导入到库”菜单命令，导入后会自动在元件库中产生相应的元件。

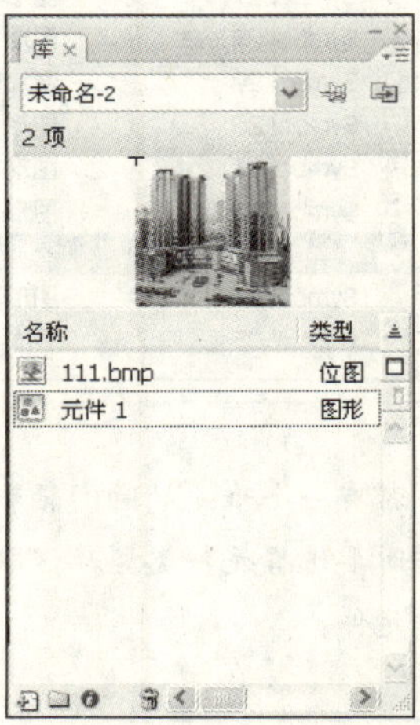

2 第二种是在动画制作过程中创建的元件，执行“插入/新建元件”菜单命令，将弹出“创建新元件”对话框，在该对话框的名称文本框中输入“名称”，并选择元件类型，单击“确定”按钮。

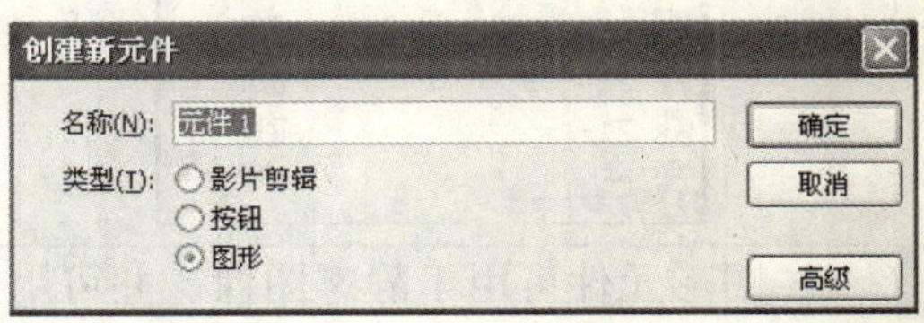

2.2.2 元件的类型及区别

元件分为三种类型：影片剪辑、按钮与图形。影片剪辑元件主要用来制作完整的动画或动画的一部分，当然也可以是静态图片；按钮元件主要用来制作按钮；图形元件主要用来制作静态图片，也可以是动画。

1 使用影片剪辑元件可以创建可重用的动画片段。影片剪辑拥有独立于主时间轴的多帧时间轴。可以将影片剪辑看做是主时间轴内的嵌套时间轴，它可以包含交互式控件、声音甚至其他影片剪辑实例。也可以将影片剪辑实例放在按钮元件的时间轴内，以创建动画按钮。

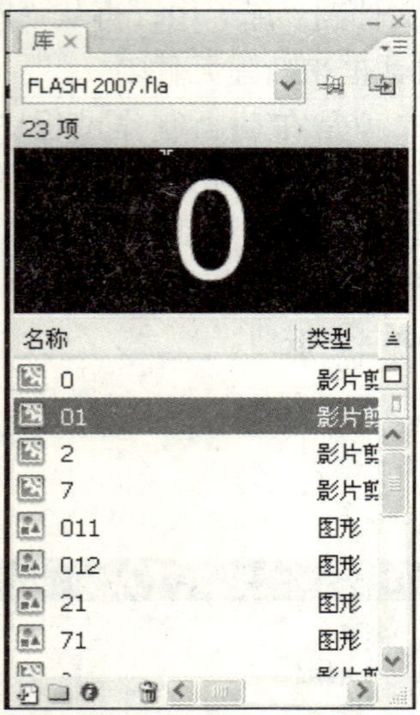

2 使用按钮元件可以创建响应鼠标点击、滑过或其他动作的交互式按钮。可以定义与各种按钮状态关联的图形，然后将动作指定给按钮实例。

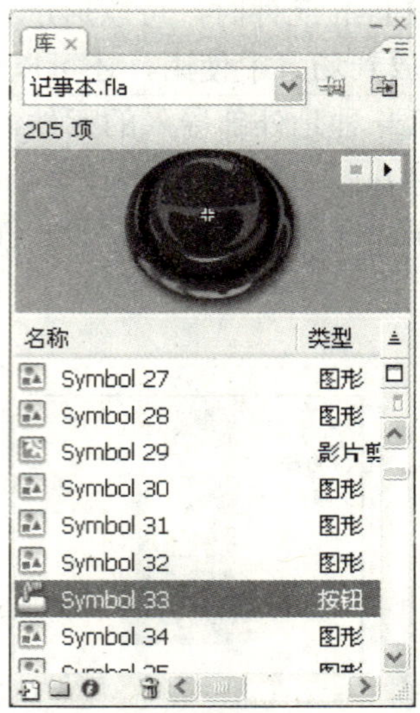

3 图形元件可用于静态图像，并可用来创建链接到主时间轴的可重用动画片段。图形元件与主时间轴同步运行。交互式控件和声音在图形元件的动画序列中不起作用。

提示：

每个元件都有一个唯一的时间轴和舞台以及几个层。创建元件时要选择元件类型，这取决于你在文档中如何使用该元件。

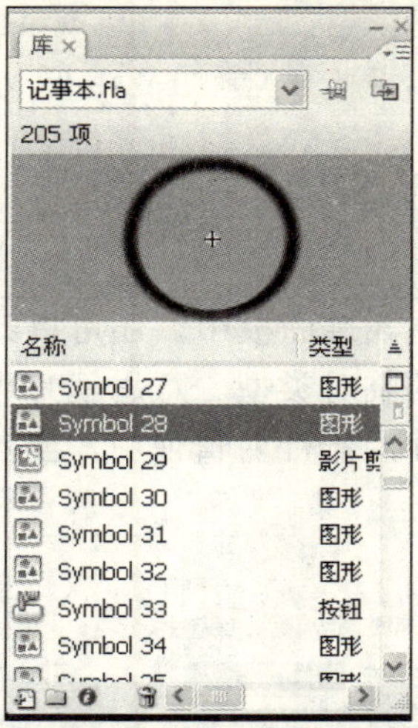

2.2.3 编辑元件

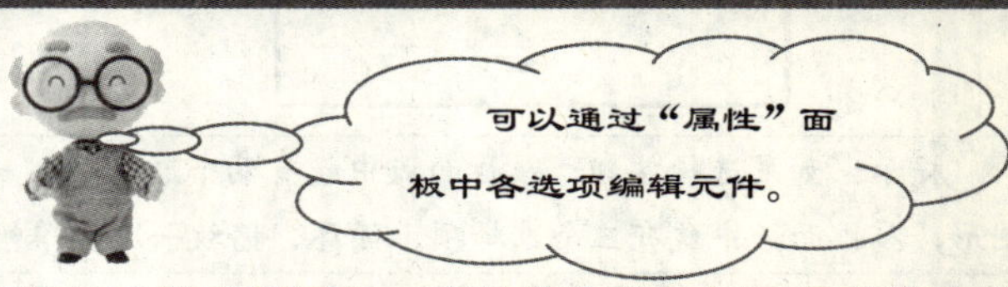

元件制作完成后，根据需要，我们可能要对元件进行添加、删除等操作；把元件从库中拖曳到场景中后，有时根据需要对其进行大小、角度、透明度、对比度等方面的属性进行修改，这里所说的是修改属性只是调用处的元件属性，并不是元件本身的改变。

1 首先将选中的元件拖曳到场景中，执行“窗口/属性/属性”菜单命令，打开属性面板。

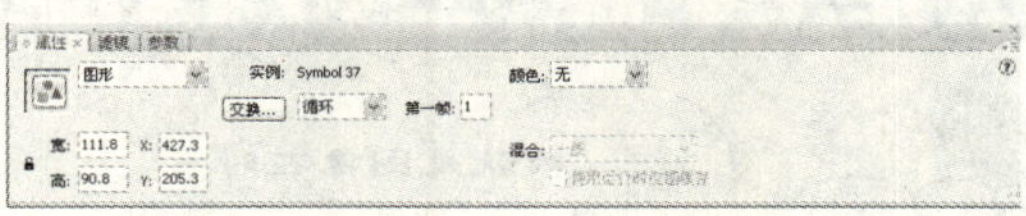

2 亮度调节：以百分比代表亮度值，以0%为中心，数值越大亮度也越大。

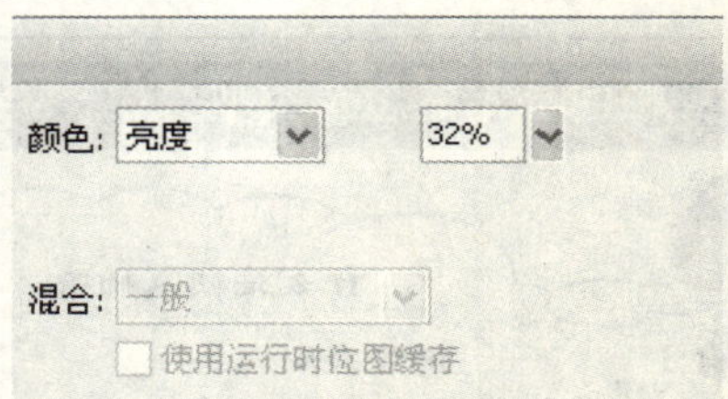

3 颜色色调的调节：就是整体颜色可以向某种颜色靠近，接近的程度可以通过滑杆来调节，也可以通过 RGB 颜色数值的改变来自由选择。

4 Alpha 表示元件在场景中的透明度，百分数越小就越透明。这个选项的设置主要用于多个元件叠加时。

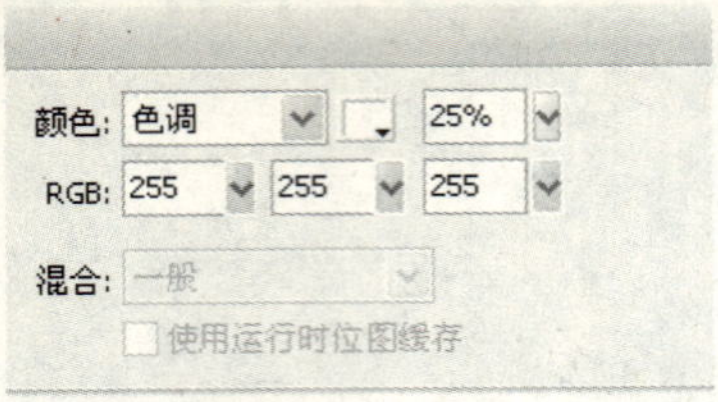

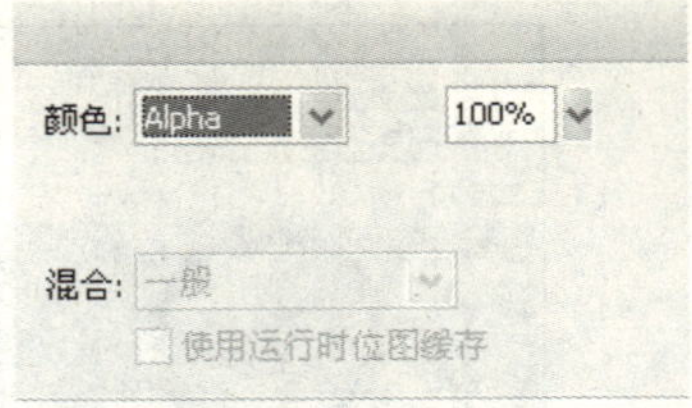

5 高级表示对场景中的元件进行复杂的颜色调整。

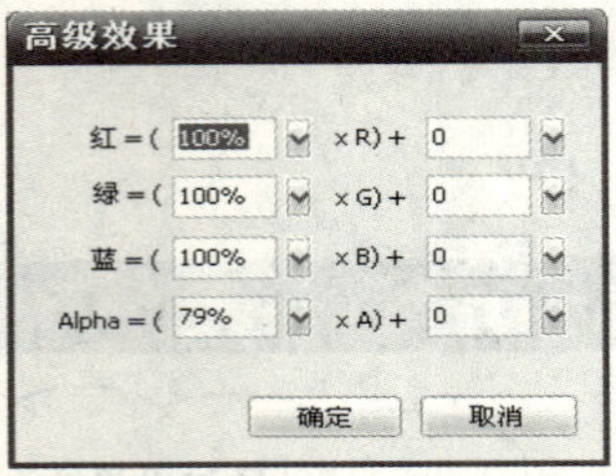

6 在属性面板中，还可以改变元件在场景中的临时类型。意思就是可以把一个图形元件当影片剪辑使用，当然只是在该场景中。

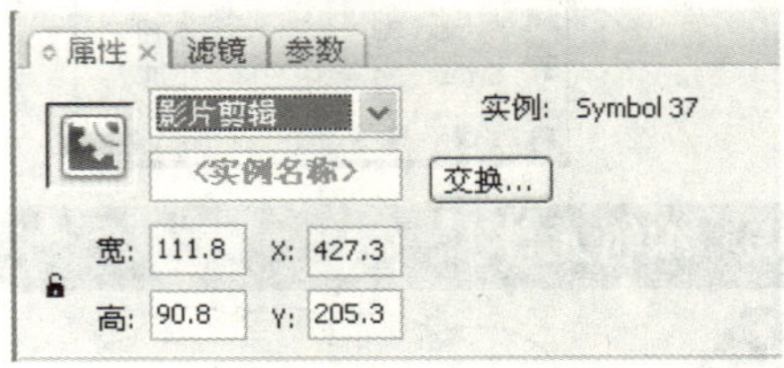

提示：如果选择按钮，属性面板中就有两个选择项，一个是按钮形式；一个是菜单项目形式。如果选择图形，属性面板中就有三个选择项，循环、播放一次和单帧。

2.3 帧操作

制作动画，首先就要编辑帧。对帧的操作，我们可以在时间轴中选择某一帧，然后单击鼠标右键，在弹出的菜单中选择相应的命令来完成操作。不过一些常用的操作，如添加一张关键帧，对于这些使用频率高的命令我们一般不使用菜单命令，而使用快捷键。下面我们主要介绍有关帧操作的知识。

2.3.1 帧的基本概念及类型

帧是构成动画的基本单位，帧代表 Flash 播放的内容。进一步来说就是 Flash 动画是由若干张静止的图像连续显示出来的，这些静止的图像就是“帧”。理解帧的概念并使用好“帧”是成功创作 Flash 动画的关键。

1 关键帧：是决定一段动画的必要帧，在时间轴中包含内容的关键帧显示为有黑色的实心圆点。关键帧一般在一段动画的开始和结束位置。

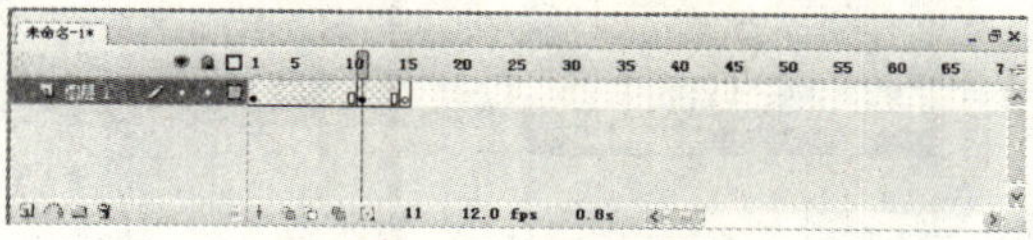

2 空白关键帧：就是什么内容也没有的关键帧，在时间轴中显示为白色圆点。在其中插入内容后就变成为关键帧。

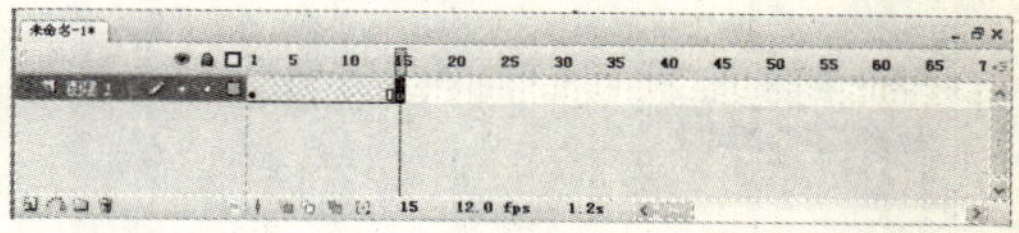

3 过渡帧：过渡帧出现于过渡动画的两个关键帧之间，在时间轴上的过渡帧显示为蓝色带有箭头直线的方格。

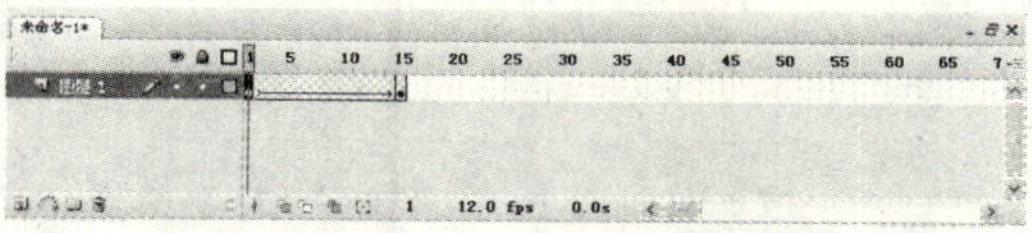

提示：

在系统默认状态下，每一层的第一帧都是空白关键帧。

2.3.2 帧的状态及表示方法

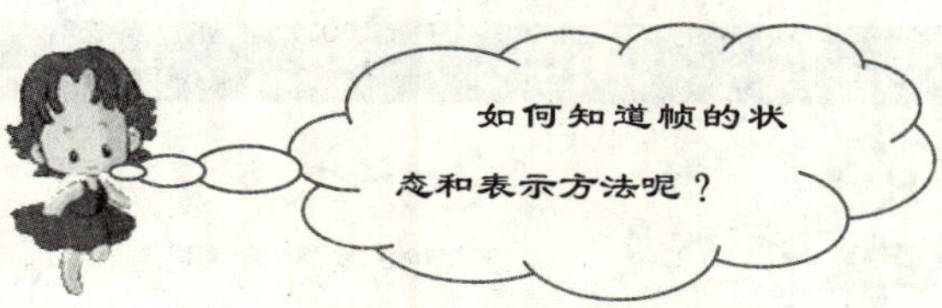
如何知道帧的状
态和表示方法呢？

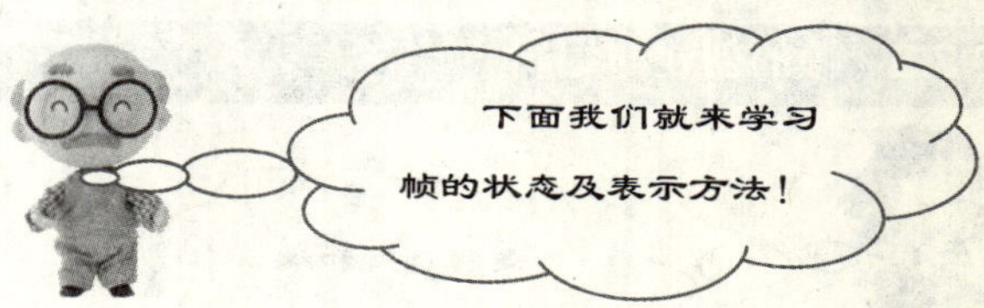
下面我们就来学习
帧的状态及表示方法！

1 在时间轴上单击帧的周围，如果是粗的黑线框，就表示在此处已建立了一个空白关键帧。

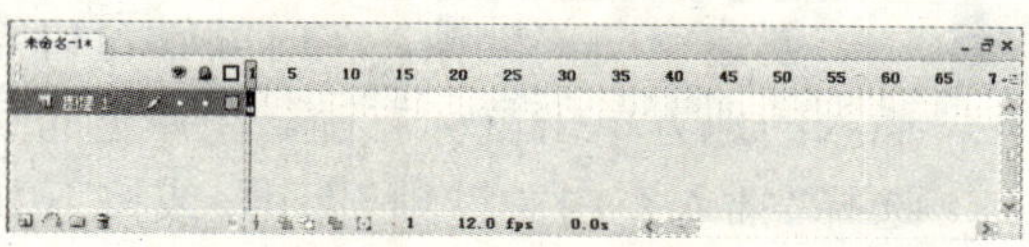

2 在两个关键帧之间如果有黑色的箭头符号，并且其背景为蓝色，就表示在这两个关键帧中有过渡的动画。

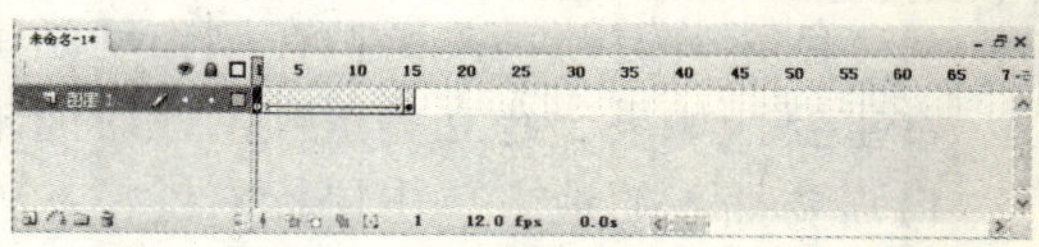

3 如果在两个关键帧之间有一条虚线，则表示这个过渡动画过程中有错，无法正确完成过渡。

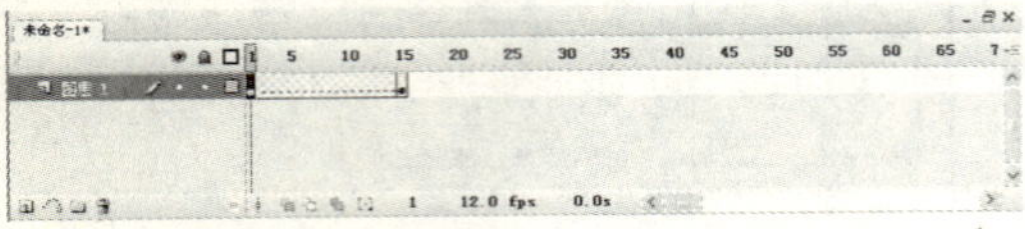

4 在两个关键帧之间或一个关键帧后面有灰色的帧，单独的关键帧中有个实心的圆圈，这表示帧的内容没有变化和关键帧的内容相同。

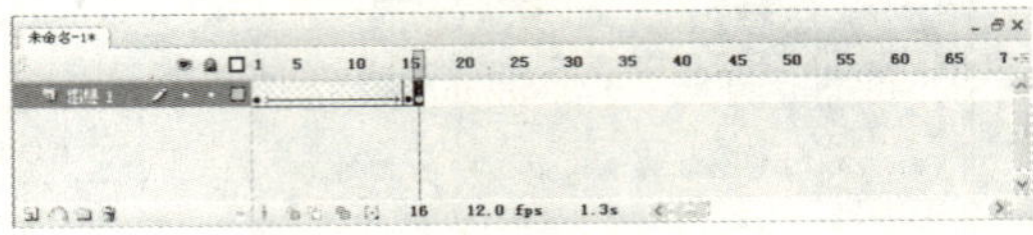

5 关键帧或空的关键帧有一个字母“a”，就表示这一帧已经有任务了，当动画播放到这里时会执行相应的动作。

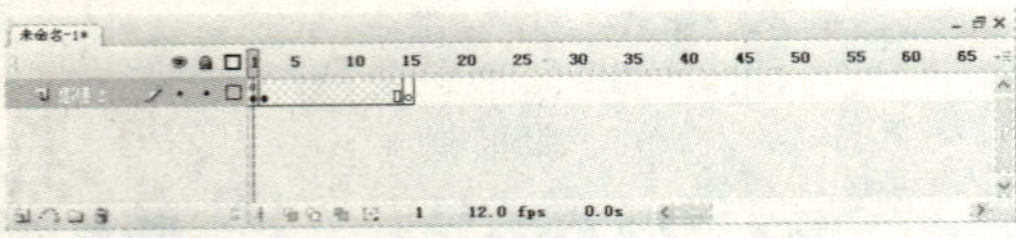

6 如果帧上出现一个小红旗标志，就表示这一帧已经被标记，包括标签。红旗后面的名字为这一帧的标记名称。

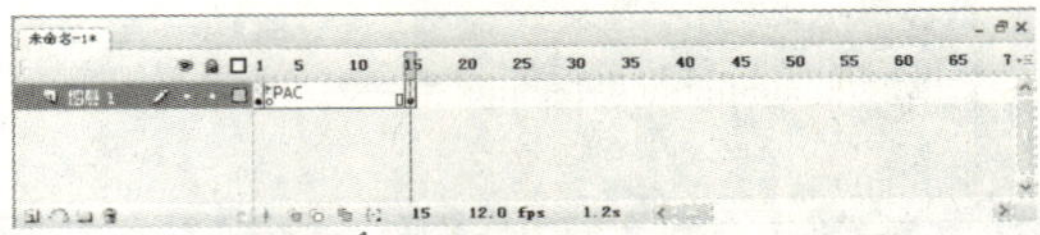

2.3.3 帧的创建与编辑

怎样创建和编辑帧呢？

下面将分别介绍帧的创建和编辑方法。

帧的创建包括：关键帧的创建、空白关键帧的创建、过渡帧的创建。帧的编辑操作包括对帧进行复制、粘贴、移动和删除。

1 创建关键帧，关键帧在制作动画中非常重要，如果要建立关键帧，在时间轴窗口需要插入的地方单击鼠标右键，在弹出的菜单中选择“插入关键帧”即可。或按下“F6”键。

2 创建空白关键帧，在时间轴窗口需要插入的地方单击鼠标右键，在弹出的菜单选择“插入空白关键帧”即可。或按下“F7”键。

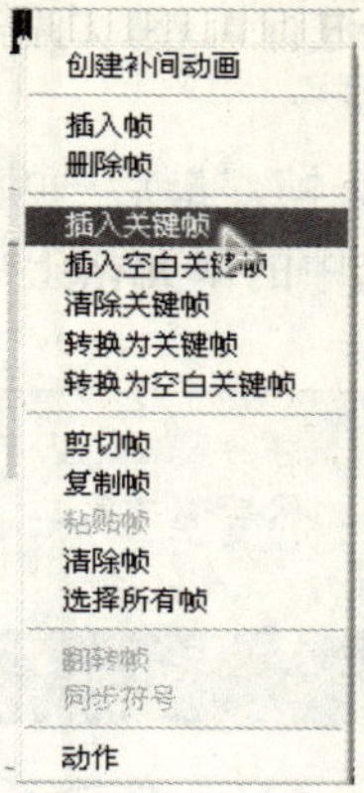

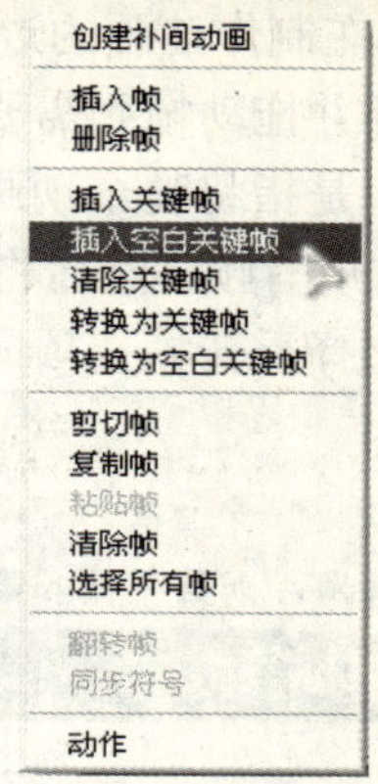

3　创建过渡帧，在两个关键帧之间单击鼠标右键，在弹出的菜单中选择“创建补间动画”即可，也可以选择“插入”菜单下的“创建补间动画”选项。

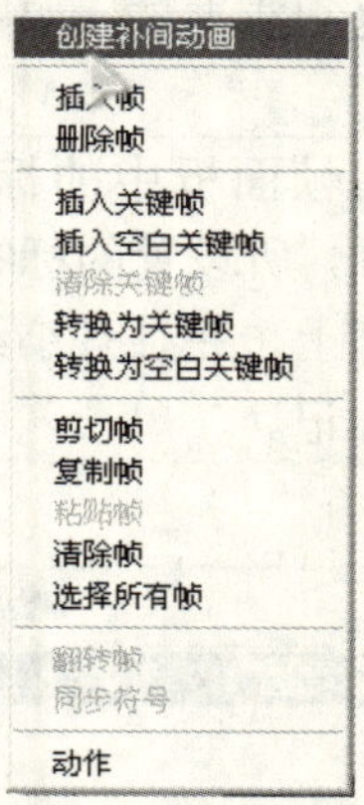

4　插入帧，首先单击鼠标左键将这个单元格选中，然后单击鼠标右键，在弹出的菜单中选择“插入帧”即可，或按下“F5”键。

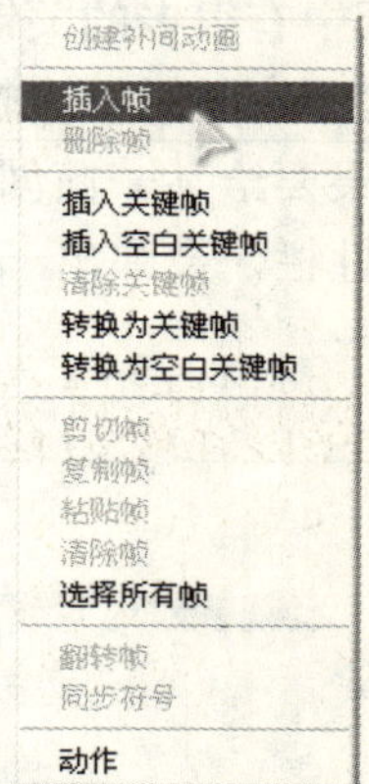

复制与粘贴帧，在 Flash 中还可以把编辑好的帧直接复制到需要的位置，具体方法是：选中需要复制的帧，单击鼠标右键，在弹出的菜单中选择“复制帧”选项,就可以将该帧复制到剪贴板上。然后在需要粘贴的位置上单击鼠标右键，选择“粘贴帧”选项，就可以将所选择的帧复制到指定的位置。

删除帧，当有些帧不用了可以将其删除。由于 Flash 中帧的类型不同，所以删除的方法也不同。如果要删除的是关键帧，单击鼠标左键选中它，然后单击鼠标右键选择“清除关键帧”选项，就可以将其删除。如果要把关键帧的内容删除，使关键帧成为空白关键帧，可以在选中关键帧后，单击鼠标右键选择“清除帧”即可。如果要删除其他帧，只需要在选中帧上单击鼠标右键选择“删除帧”即可。

移动帧，在制作动画的过程中，如果需要对某一帧的位置进行调整，将需要移动的帧选中，然后按住鼠标并拖动帧到需要移动的位置即可。

反转帧，是指将整个动画从后向前播放（第一帧变最后一帧，最后一帧变第一帧）。具体方法是：选定所有帧，然后将所有的过渡帧变成关键帧，在选中的单元格上单击鼠标右键在弹出的菜单中选择反转帧选项即可。

提示：

如果要一次复制多个帧，可以在选择第一帧时，按住“Shift”键不放然后选择第二、第三……帧等。

如果要反转帧，则第一帧和最后一帧都必须是关键帧。

2.3.4 创建帧标签

在动画中有很多的关键帧，插入标签对于辨认关键帧是很重要的，如果没有标签则在以后编辑内容时不容易对帧进行定位。

1 如果要给某一帧创建标签，单击窗口下边的属性栏，会弹出一个帧面板。

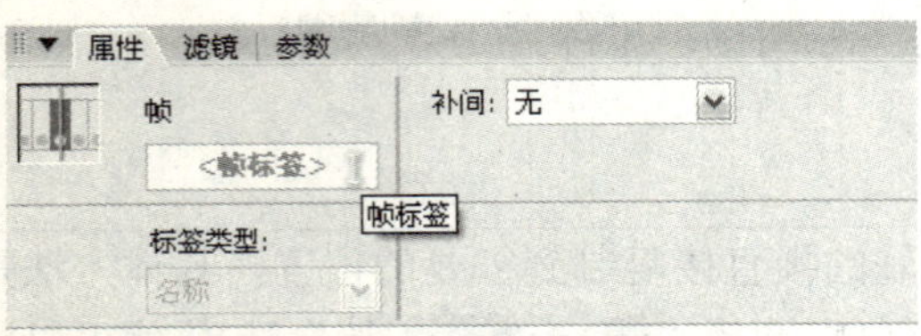

2 在帧面板中的标签输入框中输入一个名称，所设置的标签名称将显示在所选择的帧上，并且有小红旗标志，表示此帧已被标记。

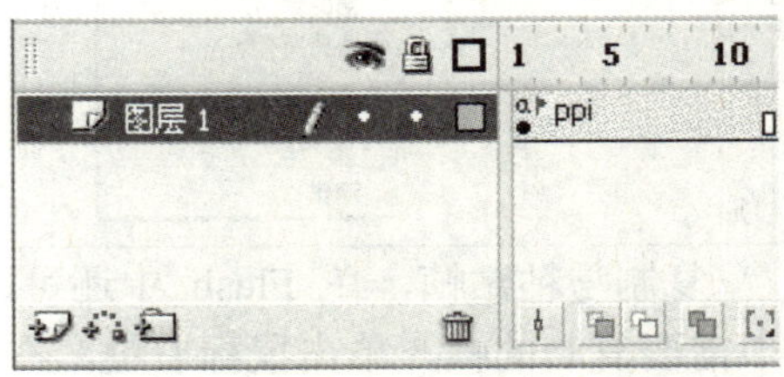

提示：帧的标签是文件的一部分，它的长短将影响文件的大小，所以应采用比较短的标签来缩小文件的大小。

2.4 层操作

创建和使用层都很简单。然而在 Flash 中还包括一些特殊的层，这些层都需要不同的创建和管理技术。

2.4.1 层的概念及创建新层

层的基本概念：现在许多的图形软件都使用层来处理复杂绘图和增加层次感，与大多数优秀的图形图像处理软件一样，Flash 中层的使用也给用户带来了极大的方便。使用层制作图片或动画，就好像将许多透明的电影胶片叠在一起显示出来。如果当前层没有任何东西，就可以透过它看到下一层。

在创建 Flash 动画时，它只包含了一层，我们可以在其中加入很多层来组织图片与设置动画。层数仅受机器内存的限制，并不增加发布文件的大小。

对上一层的对象进行改变和编辑不会影响其他层的任何对象，影片中的每个场景可以包括任意多层。在设置动画时，使用层来组织动画系列的组件，使对象分离，防止它们之间的相互作用。

1 在 Flash 中，每个图层就像是张透明的薄纸，在上面创建图形和文字，然后将它们组合在一起，达到最终效果，层只是时间轴窗口的一部分。

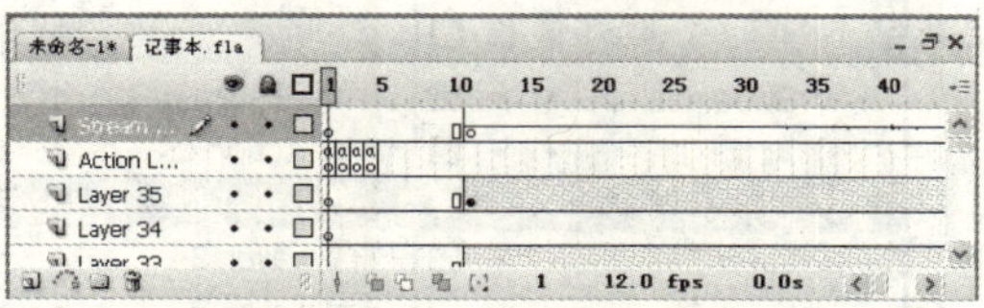

2 创建新层，单击时间轴窗口左下角的添加图层按钮“”，或选择“插入(I)”菜单下的“图层(L)”选项就可以在上面一层添加一个新层。

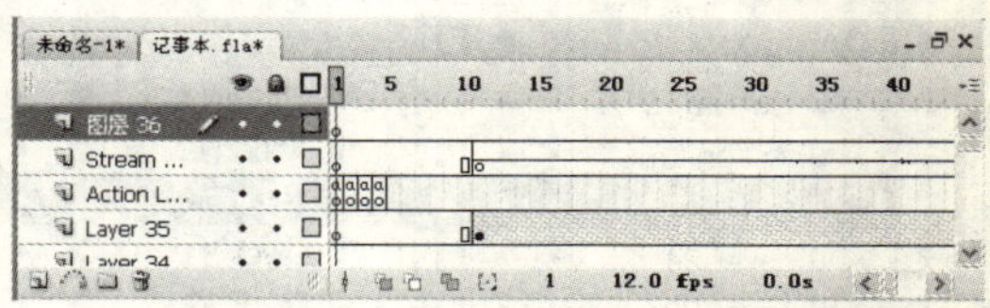

2.4.2 层的相关操作

在制作动画的过程中，可以显示或隐藏一个或多个层。隐藏的层也会被正常的输出，只是不能进行编辑。也可以以轮廓线的方式显示图层对象，这样就可以轻松地看出该层中有哪些对象。

显示或隐藏层，具体操作方法有四种。

第一种是在时间轴窗口里，层的右边有一个显示列，也就是第一个小黑点，单击小黑点就会变成红色的叉，表示该层已经被隐藏了；如果单击该红色的叉，又会变成小黑点，就表示显示该图层。

第二种是在显示列拖动鼠标就可以实现多个图层的隐藏或显示。

第三种是单击时间轴窗口中最上面一行的隐藏或显示所有图层的图标，可以隐藏所有层；再次单击就可以显示所有层。

第四种就是按下 Alt 键，单击某一层，可以实现隐藏其他所有层。

以轮廓线的方式显示图层对象：在时间轴窗口里，层的名称右边有一个轮廓列线，就是最右边的彩色方框。以轮廓线的方式显示图层可以有三种方法。

第一种是单击时间轴窗口中最上一行的显示层轮廓，以轮廓线的方式显示所有图层，可以使所有图层以轮廓线的方式显示；再次单击图标可以使所有图层恢复正常。

第二种是用鼠标单击某一层右边的彩色方框，可以使所有图层以轮廓线的方式显示；再次单击图标可以使所有图层恢复正常。

第三种就是按下“Alt”键，单击某一层右边的彩色方框，可以使其他所有图层以轮廓线的方式显示。

1 显示或隐藏图层。

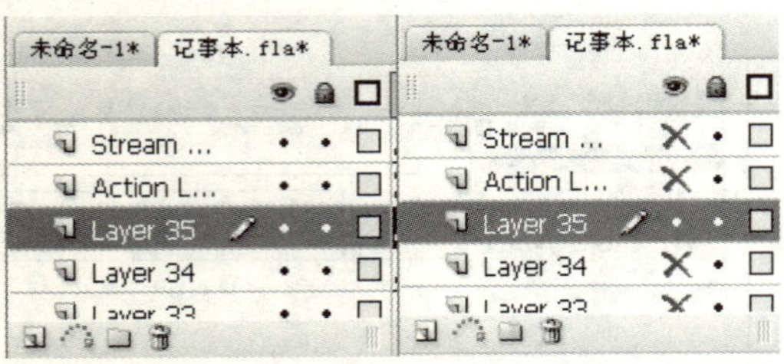

2 轮廓线显示和正常显示的层窗口。

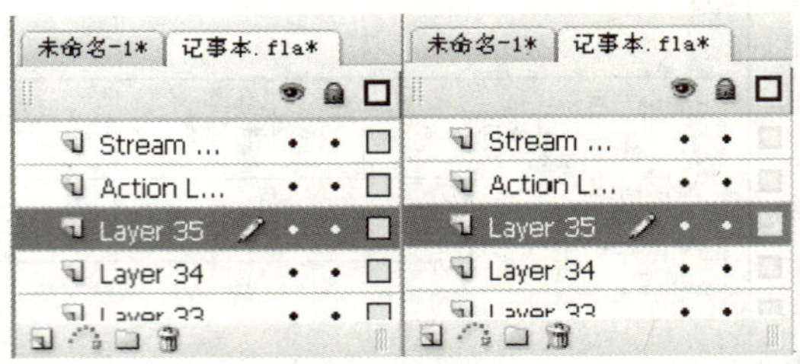

2.4.3 编辑层

编辑层的操作包括层的复制、删除、重命名、锁定、调节叠放顺序等操作。所有绘图操作都是在可编辑状态下的层上进行的，在可编辑层的名称旁边有一个铅笔图标，意思就是说在任何时候都只能对一个层进行编辑。

1 复制层，首先选中需要复制的层，然后在该层的帧上单击鼠标右键选择“复制帧”选项。再选中要粘贴的层，在该层的帧上单击鼠标右键选择“粘贴帧”选项，即可完成整个复制。

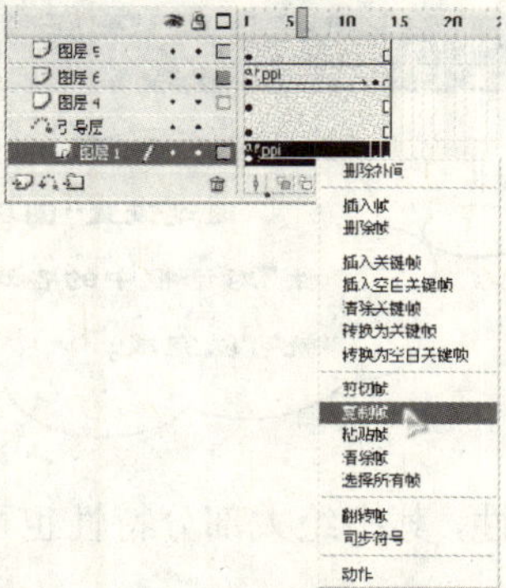

2 删除层，选中一个或几个无用的层，然后单击时间轴窗口右下角的删除图层按钮就可以将这些图层删除。

3 重命名层，用鼠标双击需要重命名的层，这时在层名称上会出现一个输入框，在该输入框中输入新的名字。

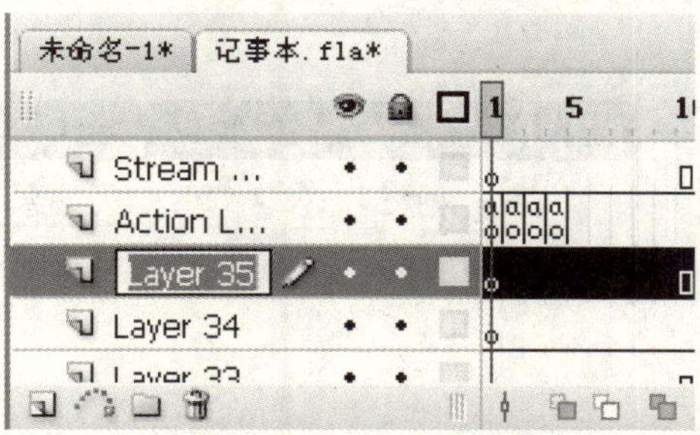

4 锁定/解锁层，在时间轴窗口中层名称的右边有一个锁定列，实行锁定/解锁的层可以在该层的锁定列单击鼠标左键，会看见小黑点变成了一个锁图标，表示该层已经是锁定状态；再次单击可以将其解锁。

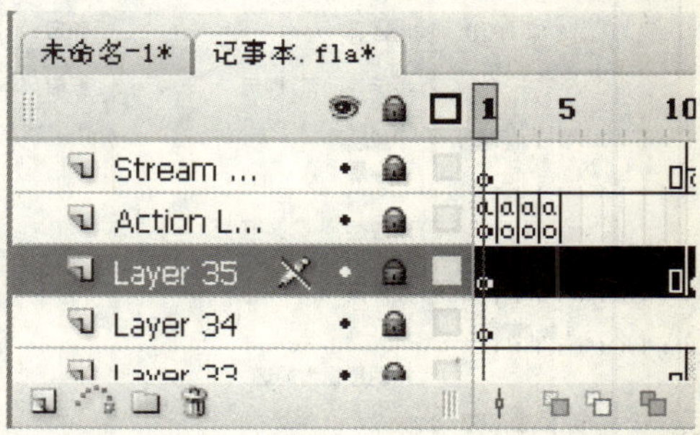

5 改变层的叠放顺序，如果要改变层的顺序，只要使用鼠标在时间轴上拖动层名称到指定位置即可。

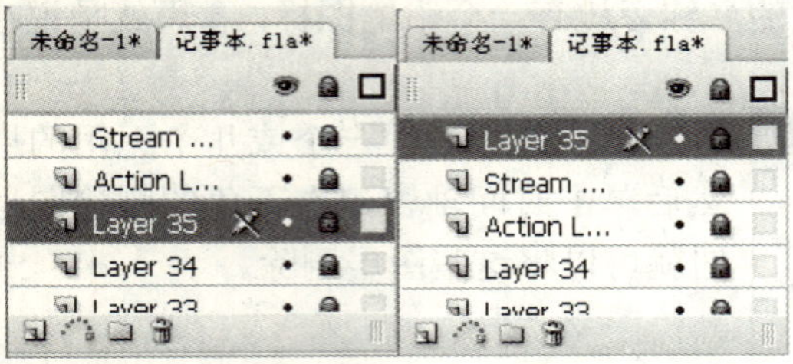

提示:

复制层的过程中，也会把层名称复制进去，成为相同名称的层。

如果要选择多个层，只要按住“Shift”键，在时间轴窗口中单击要选择的层名称即可。

以上所有介绍有关层操作的方法都可以在图层中单击鼠标右键，在弹出的快捷菜单中执行相应的命令。

2.4.4 设置层的属性

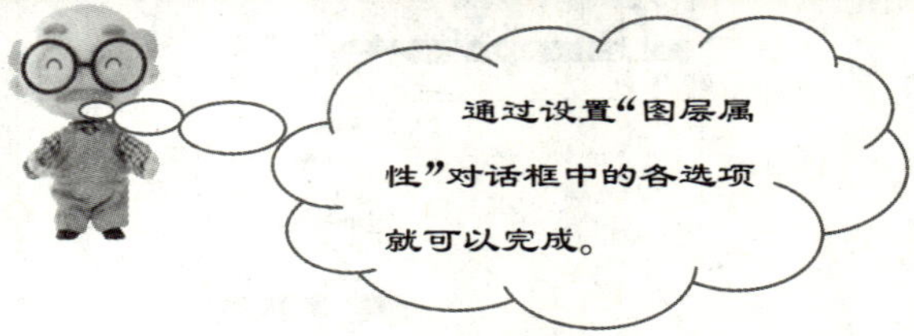

“图层属性”对话框用于设置层的显示和编辑特性，其中绝大部分特性也可在时间轴窗口中设定。其具体的操作步骤如下。

1 在层窗口上的某一层中单击鼠标右键，在弹出的右键菜单中选择“属性...”选项，会弹出一个属性对话框。

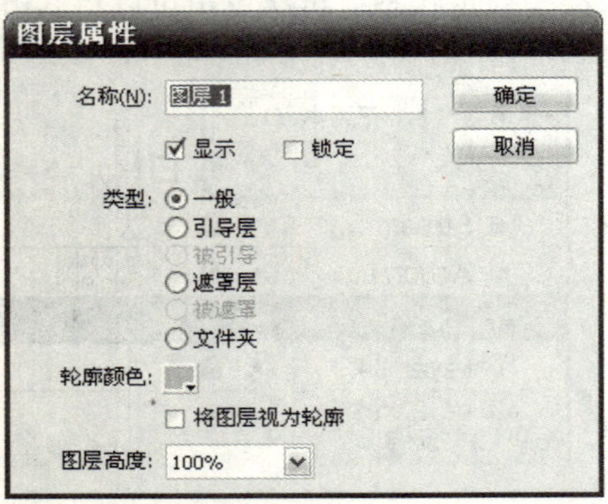

2 在该对话框的“名称”文本框中可以输入层的名称，勾选“显示”复选框，用于确定显示或隐藏层；勾选“锁定”复选框，用于是否锁定层。

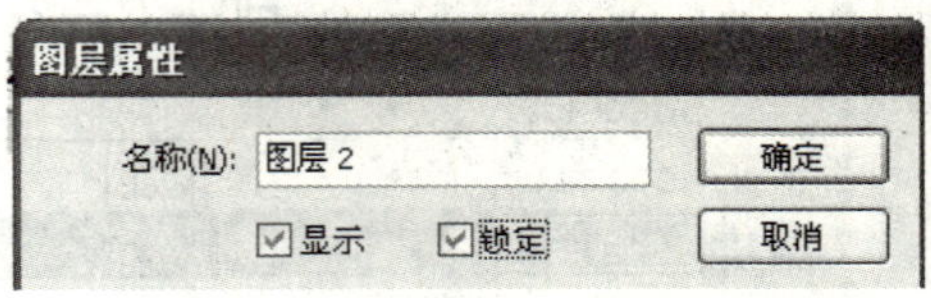

3 “类型”选项区，在该选项区可以选择层的类型。“一般”是系统默认层的类型；“引导层”将层作为引导层使用；“被引导

4 单击颜色按钮会弹出一个颜色板，从中可以设置在以轮廓线的方式显示图层时轮廓线的颜色。它仅在该选项下面的

层”与某一个引导层关联的普通层；“遮罩层”选择该选项，可以将这个层作为遮罩层。“被遮罩”将一个常规层与遮罩层连接起来。

“☑将图层视为轮廓”复选框被选中以后才有效。

5 “图层高度”在显示的百分比列表中可以对选择层的高度比例进行显示，即与其他层的单元格的高度比，设置层的高度比为200%。

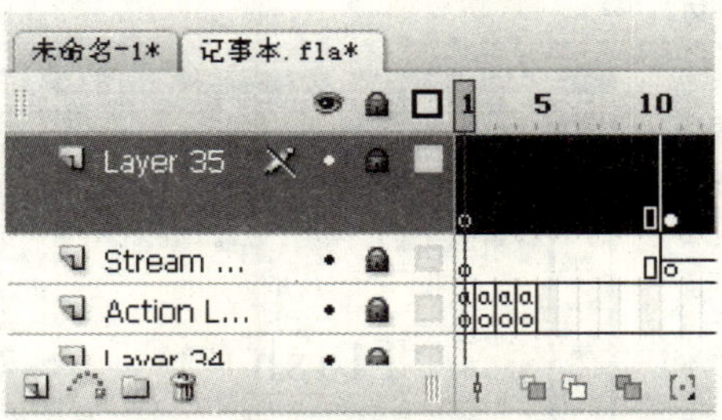

提示：

如果要选择不相邻的多层，在时间轴窗口中按Ctrl键单击层的名称。

2.4.5 层操作实例剖析

下面我们就来练习一下前面所讲的各种层的操作，以实例来练习能更形象地说明层的操作。其具体步骤如下。

1 首先打开一个工作窗口，会发现就有一个“图层 1”存在，选择“文本工具”在文本框中输入文字，并通过重命名操作将“图层 1”改名为“文字”。

2 然后单击时间轴窗口左下角的添加图层按钮，即可在选中的图层上添加一个新层“图层 2”。在这一层中画一个小球，将“图层 2”重命名为“圆圈”，会发现圆圈在文字上面。

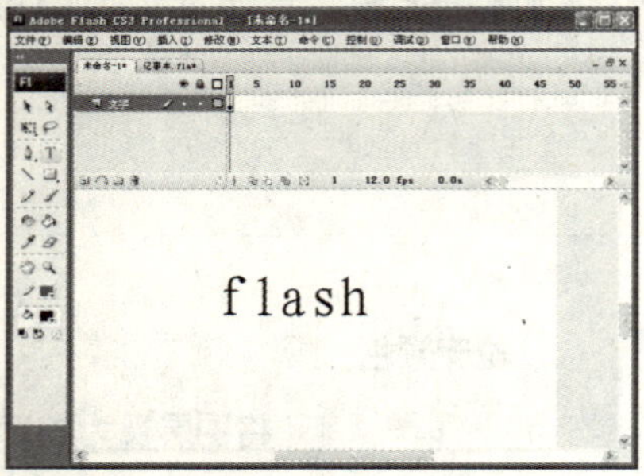

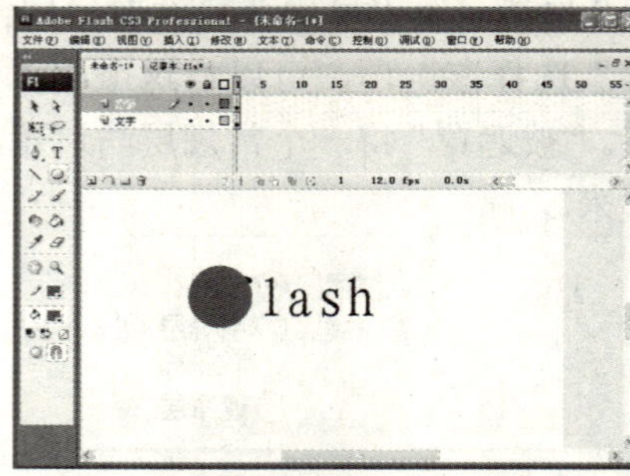

3 用鼠标拖动层，使这两个层的上下顺序调换，这时会发现“文字”在“圆圈”上面。

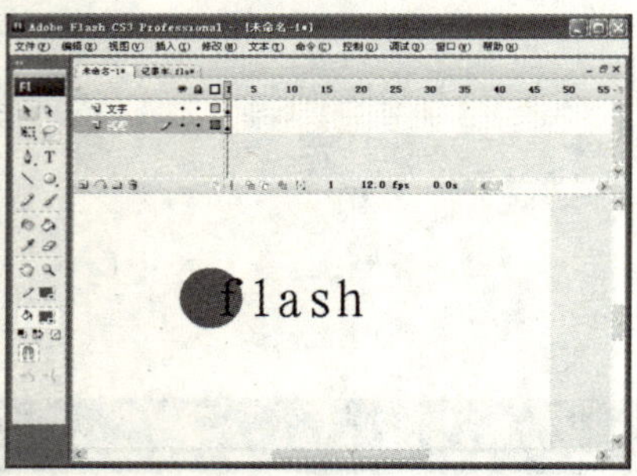

4 然后用鼠标单击圆圈层右边的显示或隐藏图标“👁”下的小黑点，这时会发现出现了一个红色的叉“×”，同时舞台上的圆圈也不见了，就表示这一层已处于隐藏状态；如果再次单击“×”，就可以恢复显示。

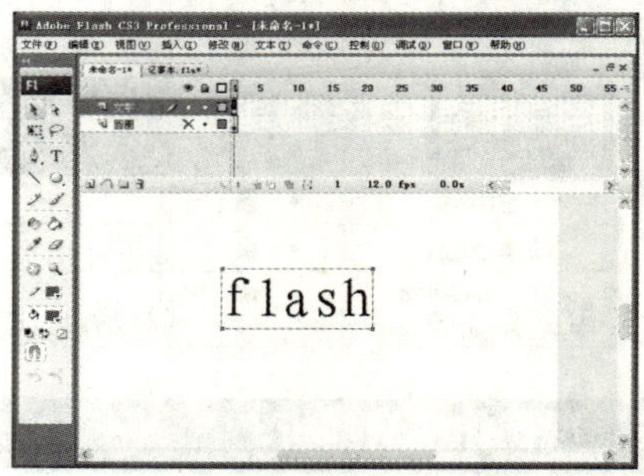

5 如果用鼠标单击文字层右边的锁定/解锁图标“🔒”下的小黑点，这时小黑点变成了图标“🔒”。可以在舞台上看到文字，但无法对它进行任何编辑，这表示图层已被锁定；如果再次单击“🔒”就可以解锁。

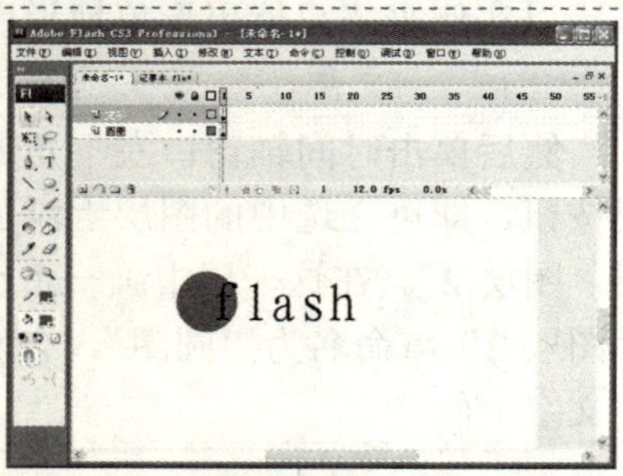

6 用鼠标单击圆圈层右边的以轮廓线方式显示图层“□”图标下的彩色方框“■”，这时圆圈会以轮廓线的方式显示，只看见圆圈的边框，看不到填充部分。如果再次单击“■”就可以恢复显示。

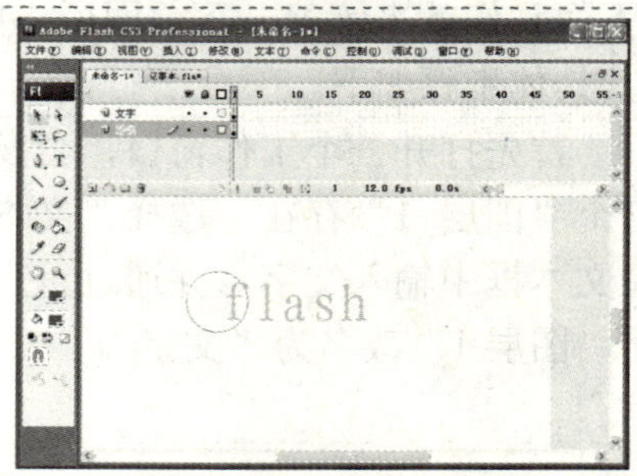

2.5 对象的基本操作

对象操作就是指在 Flash 舞台中，对所选的图形进行一些设置和编辑来达到预设的效果。然而在具体的操作中，很可能需要对舞台上的对象进行进一步的组织和管理。在本章中我们将一一介绍具体操作。

2.5.1 对象的概念

对象是什么呢？
对象就是指选中的操作图形。

在 Flash 舞台中，被选中的物件都被称为对象。比如，在舞台上绘制一个圆，那么这个圆就是一个对象。它具有一些属性和所处状态。把多个对象组合在一起就叫群组对象，群组对象是一个组合对象。可以对组合对象中的某一元素进行独立操作。群组对象的一个元素称为组合对象的子对象。把通过工具箱直接绘制的对象称为组合对象的基本对象。简而言之，对象就是文档中地位相对比较独立的元素。

在 Flash 中，对象实际上分为两大类，一类称为舞台级对象；一类称为遮挡级对象。

舞台级对象的特点是多个对象位于同一级别，可以相互影响。我们先在舞台绘制一个方形，然后在上面再绘制一个圆，当我们用选择工具选择方形的路径时，圆也被选中了，也就是说，两个对象发生了融合，如下左图所示。当我们用箭头工具选中圆并将其移开，会看到圆虽然被移开了，但其下面的正方形也不再完整，如下右图所示。

遮挡级对象就是将几个图形重叠在一起，当我们移动上面红色的圆，位于其下面的方形对象完好无损。这就是遮挡级对象的特点，对于遮挡级对象来说，它们都有自己的独立空间，可以相互遮挡，但不会相互遮盖。

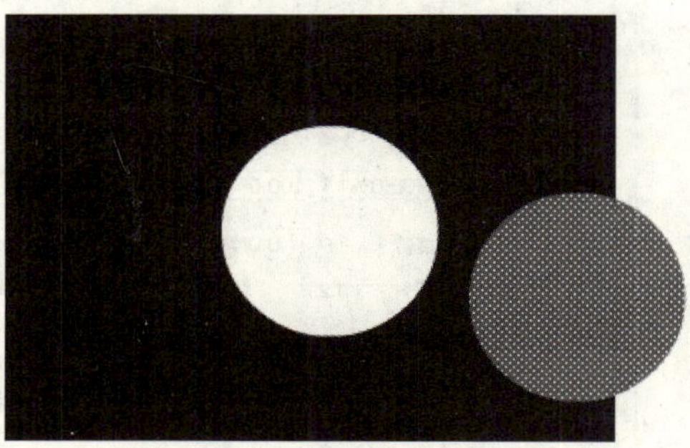

相互融合的舞台级对象

相互独立的遮挡级对象

2.5.2 对象的基本操作

对象的基本操作有：移动对象、复制对象，或是将多个图形对象组合在一起合成新对象等，在下面我们将介绍具体操作。

1　移动和复制对象，选择要移动或复制的对象，按住“Alt”键，将原对象拖动到新的位置。

2　改变对象的排列，对象的排序决定对象相互遮盖时的显示方式。选择对象，执行“修改/排列”菜单命令，在弹出的子菜单中选择需要移动的位置。

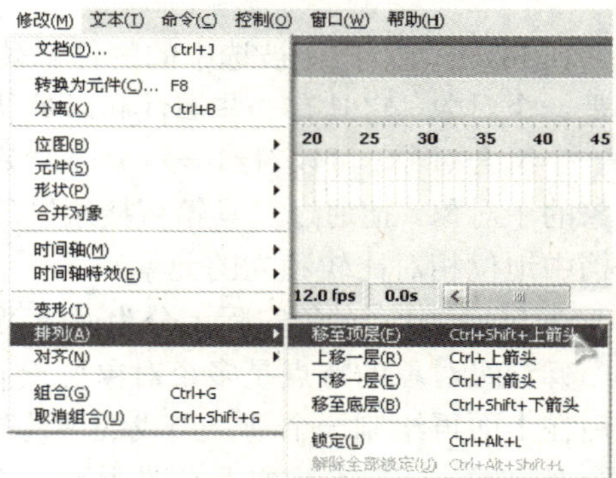

3　旋转和缩放对象，选择要缩放和旋转的对象，单击工具箱中的任意变形工具“▣”按钮，拖动控制点，选择要旋转和缩放的方向，拖动即可。

4　利用变形面板旋转和缩放对象，选中要转换的对象，在对齐变形面板中设置对象的旋转度、倾斜度和缩放百分比等。

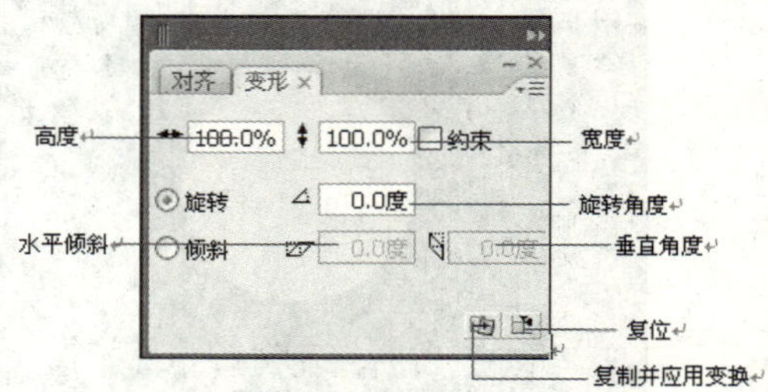

5 封套对象，选中要封套的对象，单击工具箱中的任意变形工具按钮“□”，然后在工具箱底部选中封套工具按钮“▣”。这时对象四周出现变换框，并有控制点和中心点。拖动控制点或控制杆，即可实现对象的封套操作。

6 对齐对象，利用对齐面板，可以将多个对象按照特定的规则重新排列。选中要重新排列的对象，在对齐面板上单击相应的按钮即可。

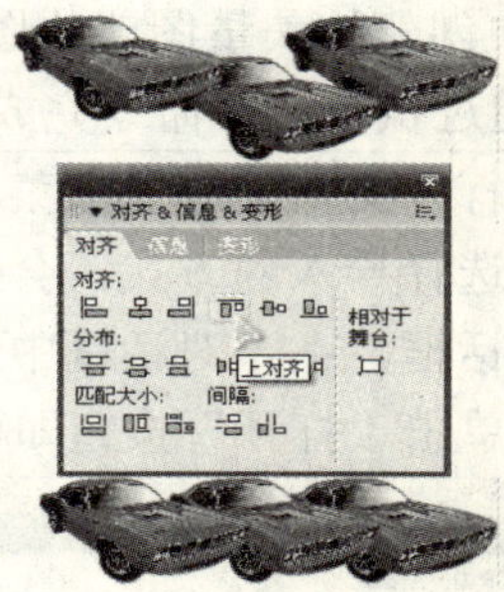

7 组合对象，可以将图形、文本等对象组合，使对象相互之间不再影响，以便于编辑。选择舞台上要组合的对象，执行“修改／组合”菜单命令即可。

8 分解对象，分解也称为打散，主要用于将组合、文本、位图对象等分割成独立的可编辑元素。选中要分解的对象，执行“修改／取消组合”菜单命令即可。

提示：

组合对象是一个整体，如果要对组合对象中的某一元素进行编辑。执行“编辑/编辑所选项目”菜单命令，或选择箭头工具后双击组合对象。

完成编辑后，执行“编辑/全部编辑”菜单命令，或用箭头工具双击舞台空白处，这时被编辑的对象又重新组合对象。

分解对象要注意的是，不要将分解与取消组合的拆分理解为一个意思，取消组合的拆分操作，只能将组合操作中的各个区重新拆分为组合前的各个部分，但对于参与组合中的各个元素并不会修改，也就是说，组合和拆分操作是可逆的。而分解操作不是一个完全可逆的操作，如果将一个对象进行分解，然后重新组合，最终生成的对象与原先的对象不一定完全一样。

2.5.3 外部素材对象导入

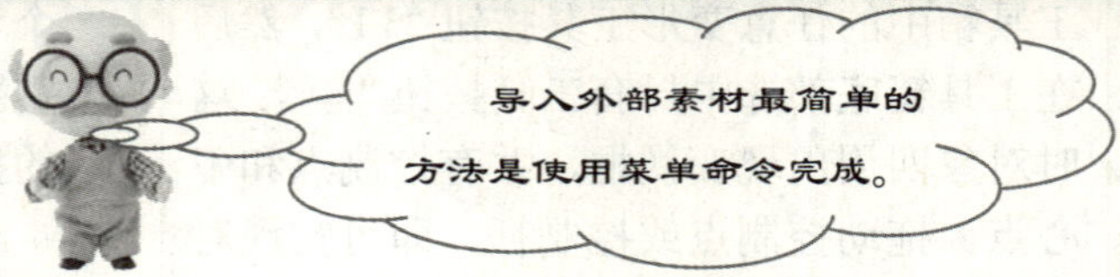

Flash 为用户提供了从程序外调入其他软件制作的素材通道，在 Flash 影片中可以使用在其他软件中创建的矢量图或位图，还可以把导入的位图转换为矢量图并进行修改，标准的导入操作是通过执行菜单命令完成的。

1　执行“文件 / 导入”菜单命令，在子菜单中选择导入的方式，会弹出“导入到库”对话框，在该对话框中选择要导入的文件，单击“打开”按钮即可。

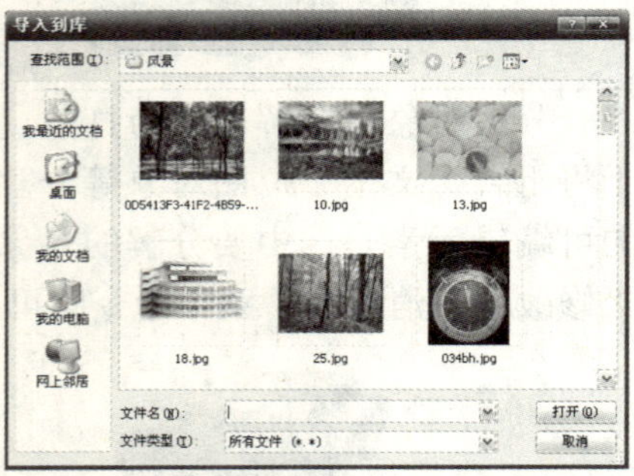

2　可以将位图转换为矢量图，执行“修改 / 位图 / 转换位图为矢量图”菜单 命令，在弹出的对话框中设置各选项，单击“确定”按钮。

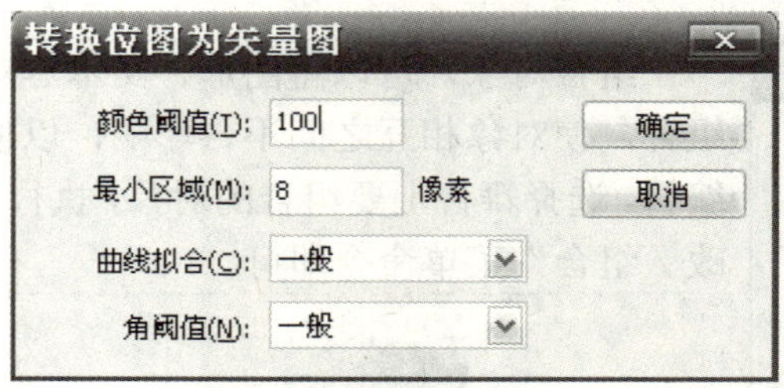

3　执行“文件 / 导入 / 导入到库”菜单命令。在弹出的对话框中选择要导入的声音文件即可。只有在导入声音文件后，才能利用库面板中的声音来给动画配乐。

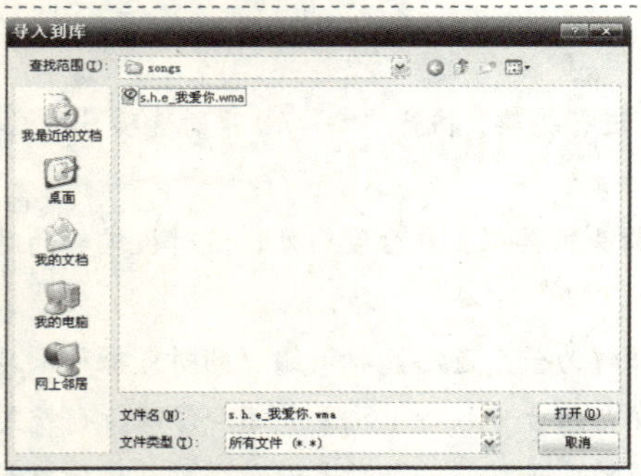

4　当声音文件正常导入后，打开库面板，就可以看到导入的声音文件。

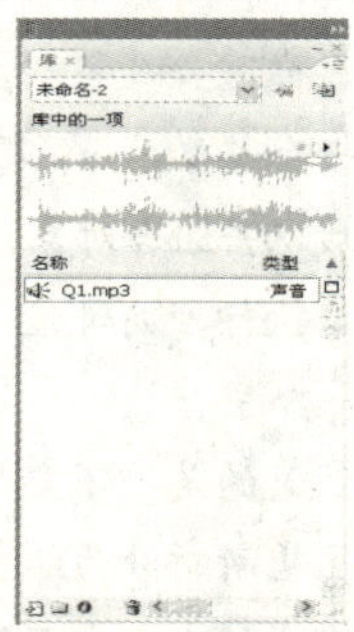

电脑即学即用

教你学电脑

第 3 章 Flash CS3 基础绘图工具

本 章 要 点：

- 绘制直线、椭圆、矩形
- 铅笔与钢笔工具
- 刷子工具、橡皮擦工具
- 线条的优化
- 颜色处理工具、颜色编辑

电脑博士，怎样才能在 Flash 中绘制图形呢？

小丽，在 Flash 中要绘制漂亮好看的图形，需要用到各种各样的工具，本章将教你如何使用这些工具。

3.1 矢量图和位图

计算机中显示的图形一般可以分为两大类——矢量图和位图。矢量图使用直线和曲线来描述图形，这些图形的元素是一些点、线、矩形、多边形、圆和弧线等，它们都是通过数学公式计算获得的，所以矢量图形文件体积一般较小。矢量图形最大的优点是无论放大、缩小或旋转等不会失真。

位图图形使用彩色网格即像素来表现图像，每个像素都具有特定的位置和颜色值。位图图形跟分辨率有关，在比图像本身的分辨率低的输出设备上显示位图图形时也会降低它的品质。

3.2 绘制直线、椭圆、矩形

直线、椭圆和矩形是构造图形的最基本要素，因此熟练运用 Flash CS3 的绘图工具绘制这些图形是制作 Flash 动画的基本技能。

3.2.1 绘制直线

直线有三种属性：线条颜色、线条样式和线条粗细。

1 首先设置线条属性，在工具箱中选择“线条工具” ，然后在“属性”面板中对线条进行设置。

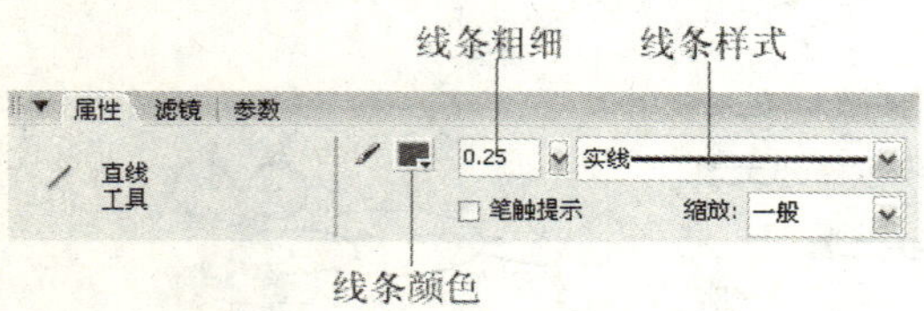

2 设置完成后，在舞台上拖动鼠标就可以画出一条直线，使用线条工具可以绘制出各种角度的直线。

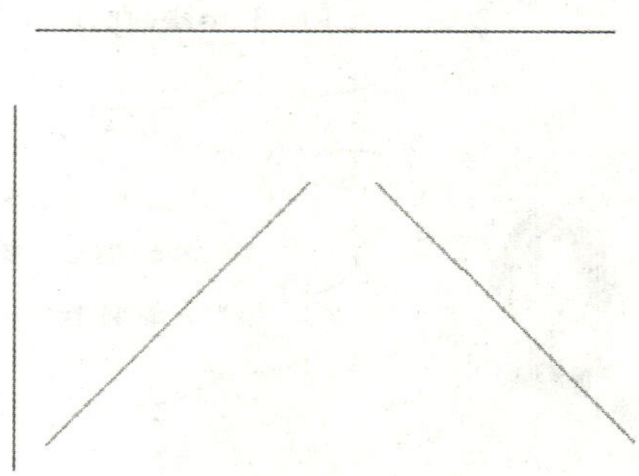

3.2.2　绘制椭圆

怎样绘制椭圆呢？
绘制椭圆最简单、最快捷的方法是选择工具箱中的“椭圆工具”来完成。

椭圆是由轮廓线和填充颜色组成，在绘制之前要设置轮廓线的属性和填充色，轮廓线的属性与直线一样，不再重述。

1　在工具箱中选择“椭圆工具” ○ ，然后在舞台上拖动鼠标，就可以画出一个椭圆。按住“Shift”键的同时按住鼠标左键拖动就可以绘制出圆形。

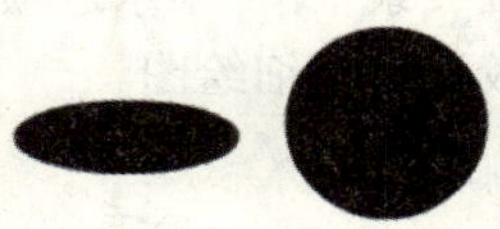

2　如果不需要颜色填充，单击“颜色”面板的填充色按钮 ，选择无填充色选项，然后在舞台上拖动鼠标，就可以绘制出空心圆了。

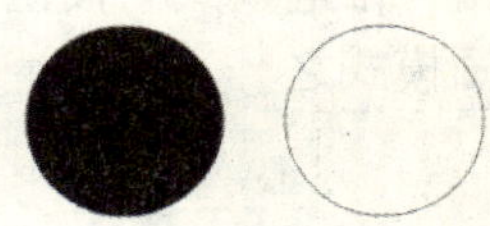

3.2.3　绘制矩形

怎样绘制矩形呢？
在工具箱选择“矩形工具”就可以绘制矩形。

矩形也是由轮廓线和填充色构成的，轮廓线和填充色的设置方法和椭圆相同。

1　在工具箱中选择“矩形工具” □，然后在舞台上拖动鼠标，就可以绘制矩形。按住“Shift”键的同时按住鼠标左键拖动绘制出正方形。单击“颜色”面板的无填充色按钮，绘制出空心的矩形。

2　还可以选择“基本矩形工具”，在“属性”面板中设置边角半径“30”，然后在舞台上拖动鼠标就可以绘制圆角矩形。

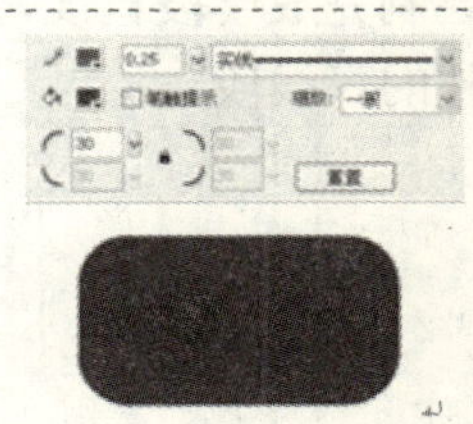

3.3 铅笔与钢笔工具

铅笔与钢笔工具也是比较常用的绘图工具，用铅笔工具可以绘制出任意曲线和直线，用钢笔工具可以绘制贝塞尔曲线，还能够精确地绘制出直线路径和曲线路径。

3.3.1 铅笔工具的使用

怎样自由的
绘制线条呢？
使用“铅笔工具”，
可以自由地绘制线条。

在工具箱中，铅笔工具也是功能比较强的一种工具，使用铅笔工具可以绘制任意曲线和直线。使用铅笔工具需要重点掌握铅笔属性的用途。

1 选择“铅笔工具”，在选项面板上单击“铅笔模式”按钮，即可选择三种绘画模式之一。

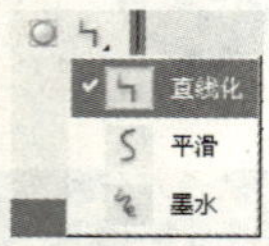
直线化
平滑
墨水

2 伸直选项自动将所画线条拉直；平滑选项自动将所画线条平滑；墨水选项可以自由绘制曲线，比较适合精细绘图。

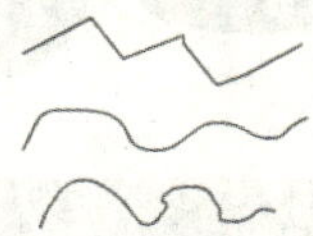

3.3.2 钢笔工具的使用

钢笔工具有
什么用途呢？
使用钢笔工具可以
绘制很精细的图形。

使用钢笔工具可单击直线段来添加节点，也可在曲线段上单击并拖动来创建节点。移动线条上的节点，可调整直线或曲线线段。

1 绘制直线，选择“钢笔工具”，在舞台上创建第一个节点，在终点处再单击，绘制完成一段直线，继续单击，绘制另外的直线段。

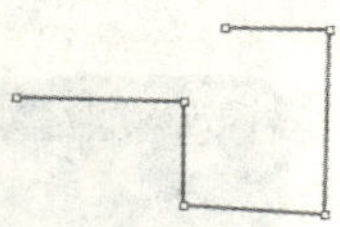

2 绘制曲线，选择“钢笔工具”，在舞台上建立第一个节点，然后在相反的方向上拖动钢笔建立的第二个节点，就可以绘制一段曲线。

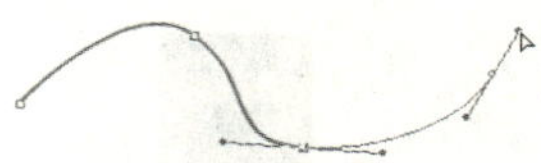

3.4 刷子工具

刷子工具可以在舞台上刷出不同色彩的图形，同时还可以使用多种着色功能和修改图形的颜色。

使用刷子绘制线条与着色

1 在工具箱中选择“刷子工具”，然后在颜色嵌板的填充色按钮中选择颜色。在选项嵌板下选择刷子的大小和形状。

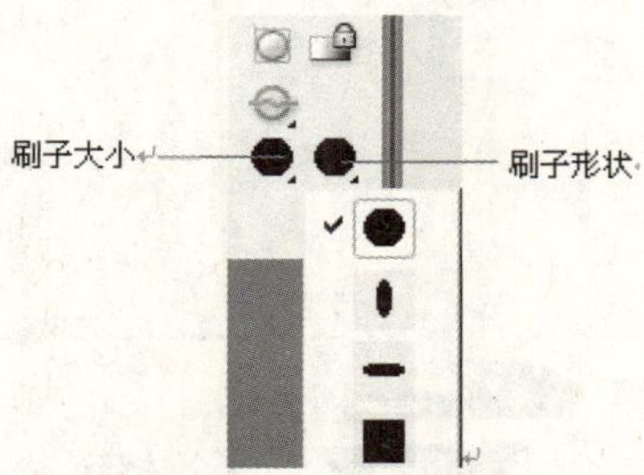

2 设置好刷子的属性后，将鼠标移到舞台，拖动鼠标，就可以画出不同粗细、形状和颜色的线条。

3 在工具箱底部选择刷子的绘画模式，可以给图形对象进行不同效果的着色。

4 刷子工具的五种着色模式效果。

3.5 橡皮擦工具

使用橡皮擦工具可以擦除舞台中的图形对象，它提供了多种擦除模式及水龙头模式来擦除图形对象的轮廓线和填充色。

擦除模式

橡皮擦工具有几种擦除模式呢？
橡皮擦工具有“标准擦除”、“擦除填色”、“擦除线条”、“擦除所选填充”、“内部擦除”5种擦除模式。

1 在工具箱中选择“橡皮擦工具”，在工具箱下方的“选项”选区中显示橡皮擦的修改器，其中可以设置橡皮擦的擦除模式及水龙头和橡皮擦形状等。单击擦除模式按钮，在弹出的快捷菜单中有5种擦除模式。

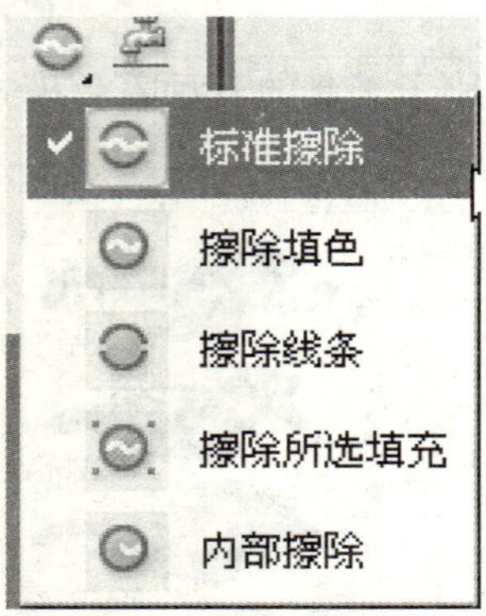
标准擦除
擦除填色
擦除线条
擦除所选填充
内部擦除

2 橡皮擦工具的五种擦除模式效果。

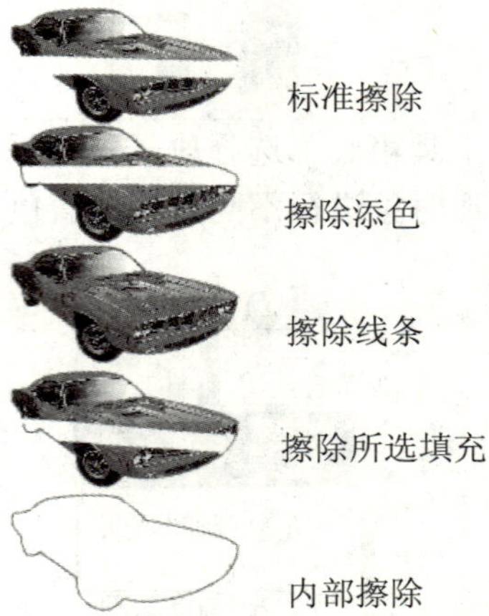
标准擦除
擦除添色
擦除线条
擦除所选填充
内部擦除

提示：

（1）组合后的文字和图形是不能擦除的。

（2）擦除针对所有图层，没有当前图层的概念。

3　水龙头模式用于擦除选择区域或封闭区域内的整块填充色。单击选项板中的水龙头按钮“ ”，然后将鼠标移动到需要擦除的区域单击即可。

4　还可以选择橡皮擦的各种形状，以擦除不同形状和大小的图形。在工具箱中选择“橡皮擦工具”后，在选项板的橡皮擦形状“ ”下拉列表框中选择橡皮形状。

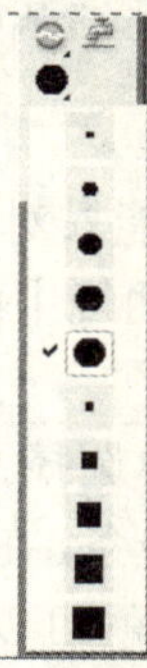

3.6　线条的优化

Flash 和其他的绘图软件不同，它没有给用户提供具体的句柄点来调整线条。但这并不是一个缺点，这就意味着你可以通过线条上的任意一点来调整线条。

3.6.1　使用箭头工具调整线条

怎样来调
整线条呢？
调整线条就是通
过鼠标移动到对象上，
来对它进行调整。

1　在工具箱中选择“箭头工具” ，将鼠标移动到对象的不同位置上，这时你会发现鼠标箭头发生了变化，呈现出以下不同的形状。

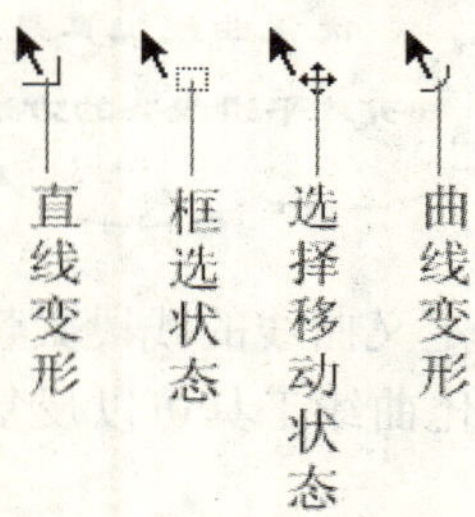
直线变形
框选状态
选择移动状态
曲线变形

2　将鼠标移动到线条上的任意一点，按住左键拖动，Flash 将自动调整线条的弯曲度，还可以通过移动线条终点来改变线条的长短。

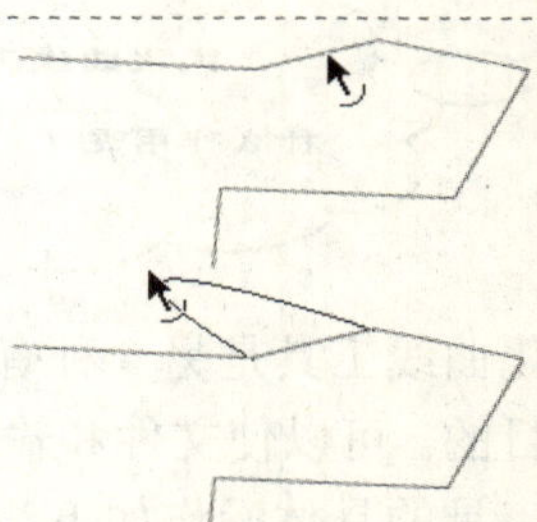

3.6.2 伸直和平滑线条

伸直和平
滑是什么呢？
伸直就是把线条
拉直，平滑可以减少线
条中的凸起点。

线条的伸直功能只对曲线产生作用，可以使图形变得更规则一些。平滑功能则对直线不起作用，它可以减少曲线中的凸起点，使曲线更平滑更容易调整。它的另一个有用的功能是减少曲线中线段的数量。

1 在工具箱中选择“箭头工具”，单击需要拉直的线条，在选项面板中单击“伸直”按钮，就可以伸直线条。

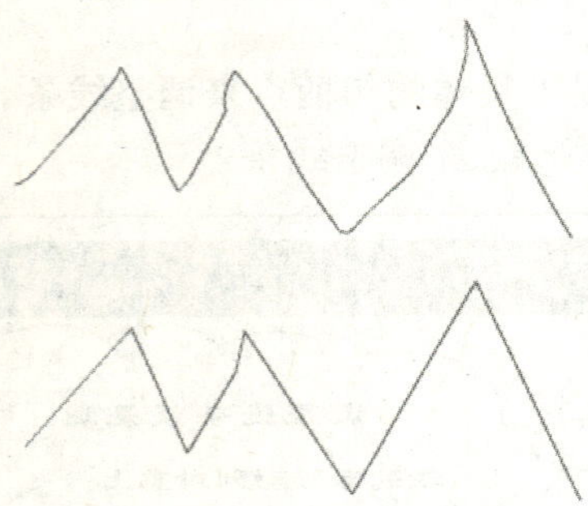

2 同样，选择选项面板中单击“平滑”按钮，就可以平滑线条。

提示：伸直和平滑工具都是可以反复使用的，多次使用伸直和平滑工具可以使线条变得更规则或更平滑。

3.6.3 优化曲线工具

优化曲线工具有
什么作用呢？
优化曲线工具是另一
种有效平滑线条的方法。

优化曲线工具是另一种有效平滑线条的工具，通过减少定义曲线的线段数量，来达到平滑曲线的目的。可以使文件和输出的动画文件都显著减小。优化曲线工具可以反复使用。使用优化曲线工具的具体操作如下。

1 选择需要优化的曲线，然后执行“修改/形状/优化”菜单命令。将弹出“最优化曲线”对话框。

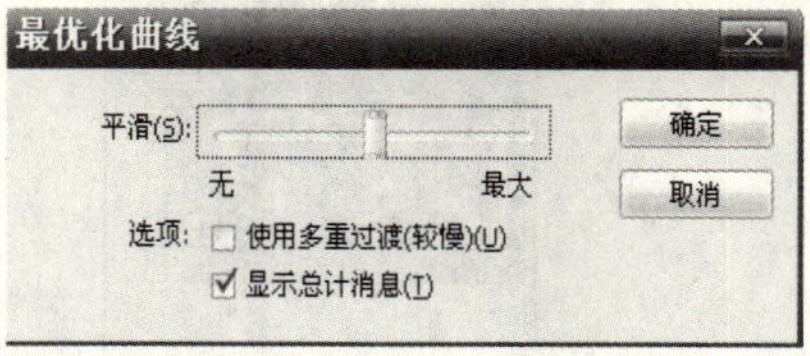

2 “平滑”选项区：可以通过拖动属性条来调节平滑的程度，“无”代表不进行平滑，“最大”代表最大可能的程度。

3 “选项”选项区：勾选“使用多重过渡（较慢）”复选项，则反复使用优化功能，直到没有曲线可以优化；勾选“显示总计信息”复选项，曲线优化完毕后，将显示所有的优化信息。

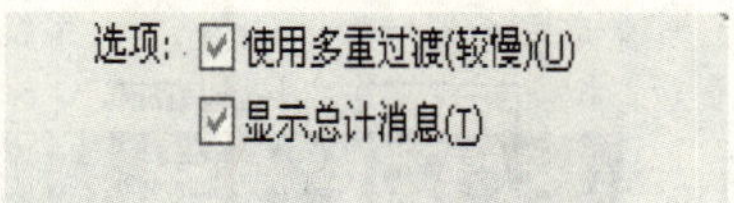

4 在该对话框中设置各选项后，单击“确定”按钮，将弹出线条优化后的所有优化信息。

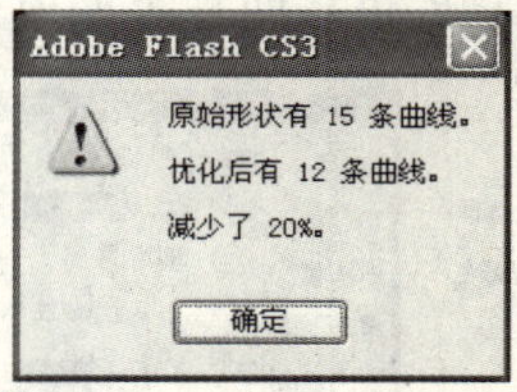

3.7 颜色处理工具

在 Flash 中每一个文件都有自己的颜色属性，填充属性可以在工具箱中选择“填充工具”来填充，也可以用“颜料桶工具”和“墨水瓶工具”来设置，还可以通过属性面板和调色板来完成。如果要修改填充的样式或粗细，需在属性面板上进行。而使用渐变填充或位图填充，就要使用调色面板。另外，填充属性是可以复制的。使用“吸管工具”可以将一个对象的填充属性复制到另一个对象上。

3.7.1 填充工具的使用

在我们选择了一个非成组的图形的时候，可以通过工具箱中的“填充工具”对图形进行填充内容的编辑。

1 在工具箱中选择“填充工具”或使用属性面板进行填充。

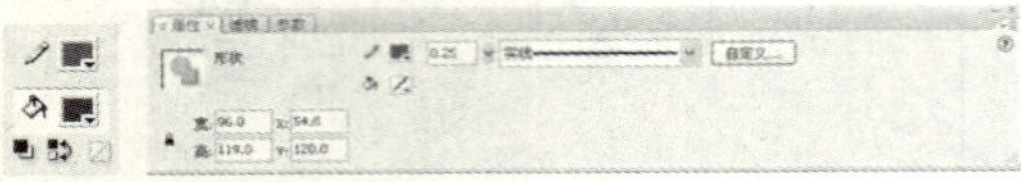

2 还可以执行“窗口/颜色”菜单命令，在弹出的“样本”面板中，选取合适的颜色填充。

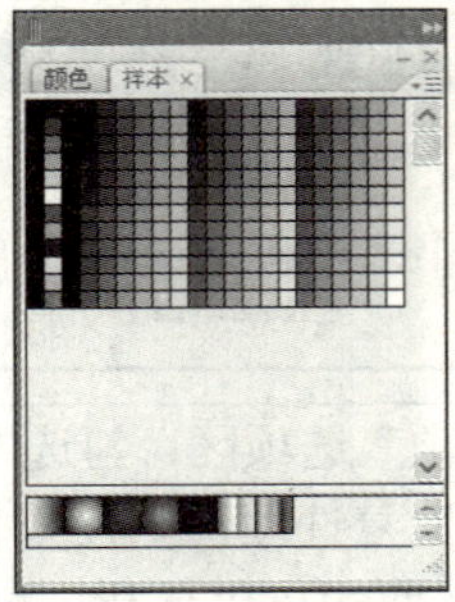

3 如果需要调整渐变颜色、调节色样或填充位图的时候，就需要利用到“颜色”面板，它提供了四种类型填充。

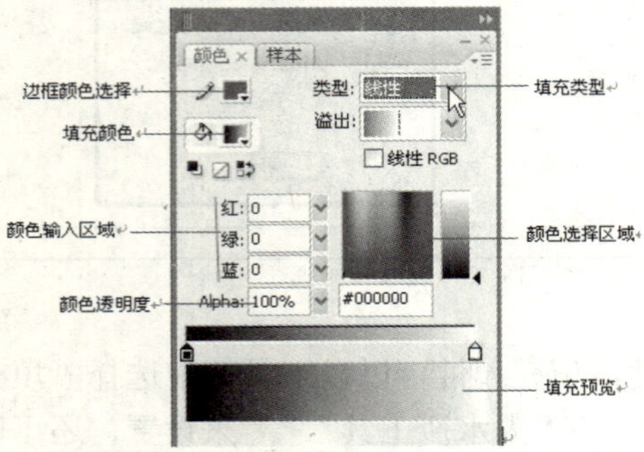

4 选择“纯色”填充类型后，单击颜色按钮“”，可以从调色板上选取一种颜色来填充。

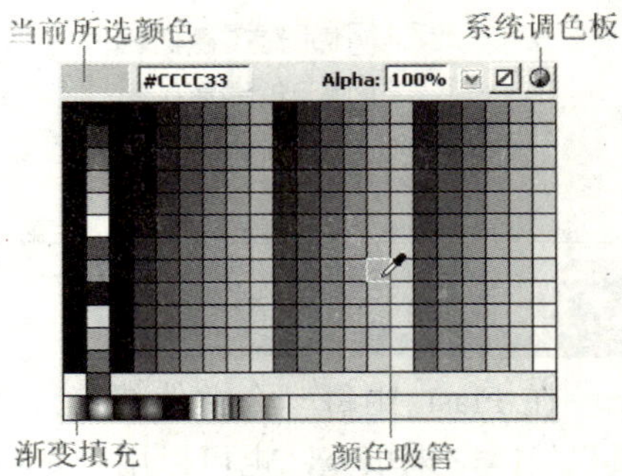

5 选择“线性”填充类型，系统默认的颜色填充是从左到右的线性渐变。

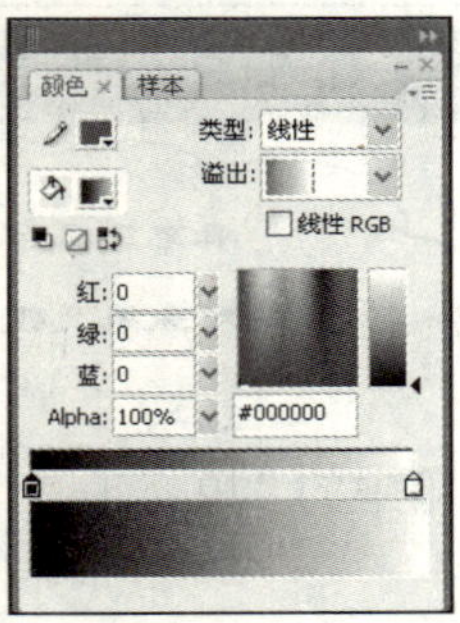

6 选择“放射状”填充类型，系统默认的颜色填充是从填充中心向四周扩散的放射状渐变。

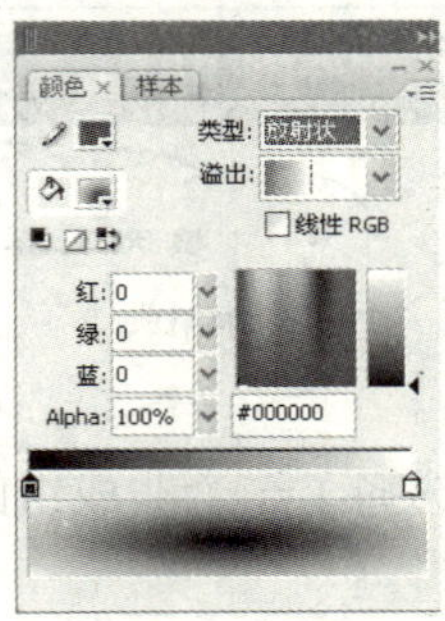

7 选择“位图”填充类型，先导入要填充的图像文件，导入的图像会出现在填充面板上。

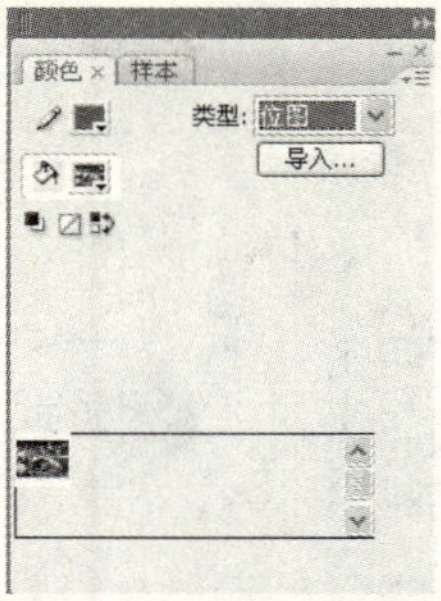
颜色 ×
样本
类型: 位图
导入...

8 选择导入的任何一张图像作为填充，从而得到各种各样的填充效果。

3.7.2 颜料桶工具的使用

颜料桶工具
有什么用呢？
颜料桶工具可用颜
色填满封装的区域，并
改变原来存在的颜色。

使用颜料桶工具可以用颜色来填充封闭的曲线，还可以对非完全封闭的区域进行填充，非完全封闭的程度由颜料桶工具的设置决定。

1 在工具箱中选择“颜料桶工具”，然后在选项嵌板中选择需要的属性。

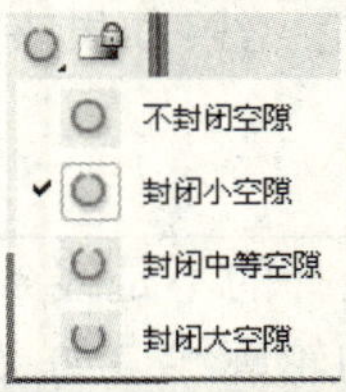
不封闭空隙
封闭小空隙
封闭中等空隙
封闭大空隙

2 不同的属性有不同的效果，下面是不封闭空隙和封闭小空隙的效果。

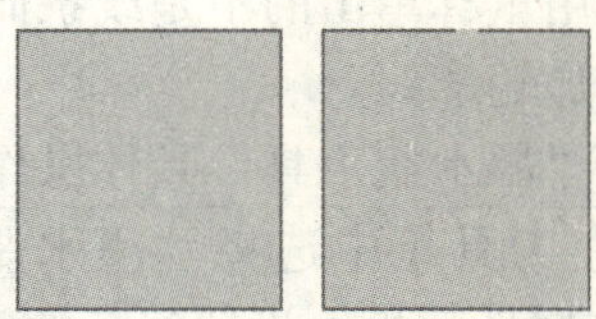

3.7.3 填充变形工具的使用

填充变形工具
是做什么的呢？
填充变形工具是用来
编辑渐变色和位图填充的
方向、大小和中心位置的。

“渐变变形工具” 主要用来编辑渐变色和位图填充的方向、大小和中心位置。下面介绍其具体操作步骤。

1 在工具箱中选择“渐变变形工具”，再单击要编辑的渐变色或位图的填充区域，在该区域上会出现带有编辑手柄的示意框。这些示意框表示了填充区域的有效范围。

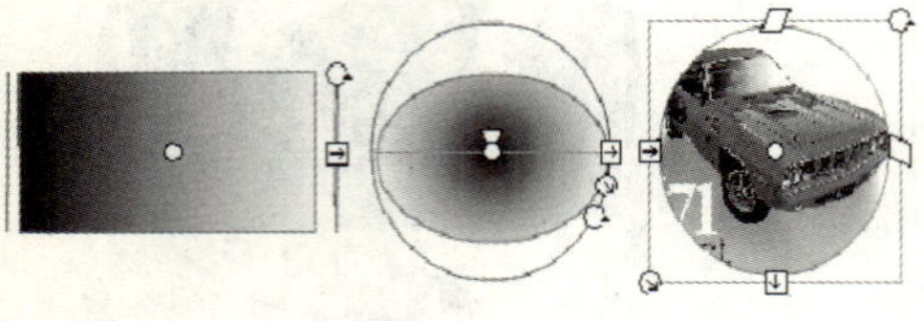

线性填充方式　放射状填充　位图填充方式

2 拖动示意框上的手柄，就可以改变该区域的渐变色或位图的有效范围、位置和角度。

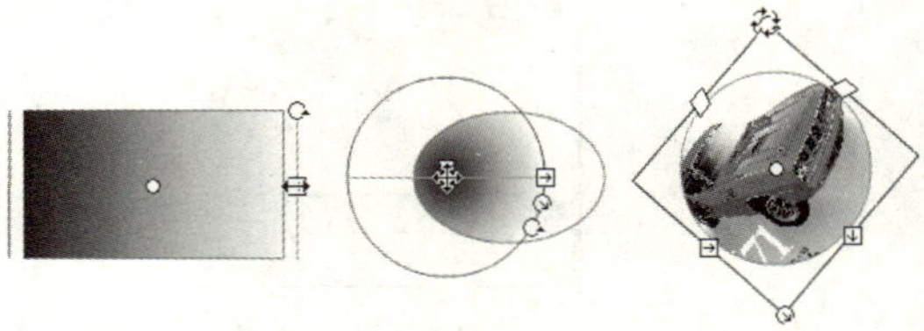

调整宽度　调整中心　调整方向

3.7.4 墨水瓶工具的使用

墨水瓶工具是
做什么的呢？
墨水瓶工具可以用来改
变线条形状、颜色粗细等。

墨水瓶工具也是一种颜色填充工具，用于填充线或图形边框的颜色和改变线的形状选择要填充的对象，还可以同时修改多个对象的线条属性，主要用于修改矢量线条的颜色、形状和宽度。

如果用鼠标单击的不是线条而是区域，则将修改该区域的轮廓线；如果该区域没有轮廓线，则自动增加轮廓线。

使用“墨水瓶工具”具体操作步骤如下。

1 在工具箱中选择“墨水瓶工具”后，在属性面板上设置线条的颜色、样式、粗细等，然后用鼠标单击要修改的线条，就可以将所设置的属性应用于该线条。

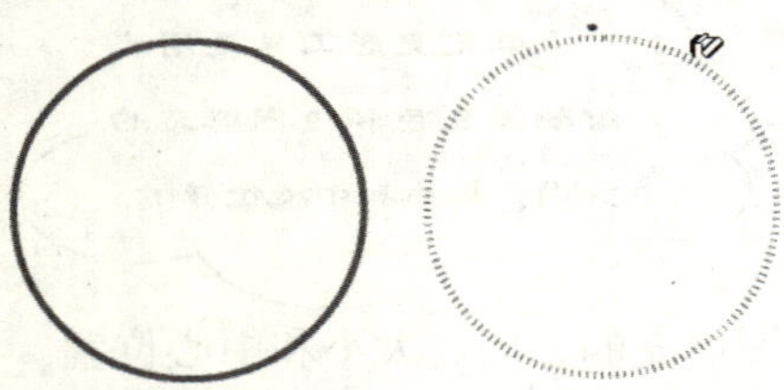

2 如果选择的不是线条而是区域，则将修改区域的轮廓线，如果该区域没有轮廓线，则会增加轮廓线，如果有则会改变所设置的线条属性。

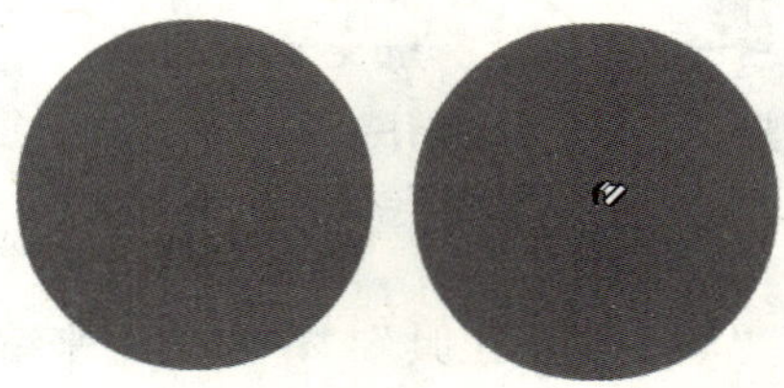

3.7.5 吸管工具的使用

吸管工具有
什么作用呢？
吸管工具可以吸
取目标区域的颜色及
属性用于其他目标。

吸管工具可以将作品中已有的图形、位图或字符的属性复制下来供其他的绘图工具或编辑工具使用。

1 在工具箱中选择“滴管工具”，然后单击要吸取颜色属性的目标区域，即可吸取该区域的颜色属性。这时，绘图工具自动切换为“颜料桶”工具，就可以用吸取来的颜色对目标进行填充。

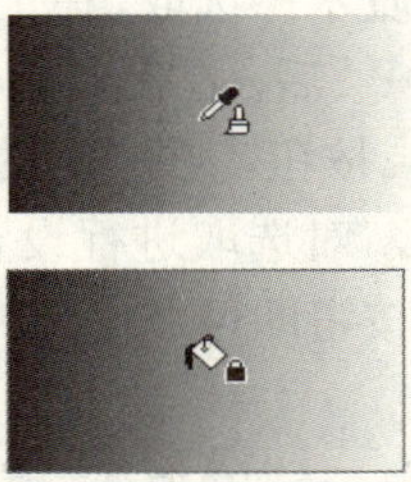

2 如果吸取的是线条，则绘图工具会自动切换为“墨水瓶”工具，这时，单击其他线条，则会变成与吸取线条一样的颜色、粗细和样式。

3 利用“滴管工具”还可以吸取位图图形作为填充内容，吸取位图之前要将导入的位图打散，然后才能进行吸取操作，否则只能吸取单击位置上的颜色。

4 如果吸取的是舞台上的字符对象时，即可吸取该字符对象属性，然后将绘图工具切换成“文本”工具，这时可以用吸取的字符属性建立新的字符对象。

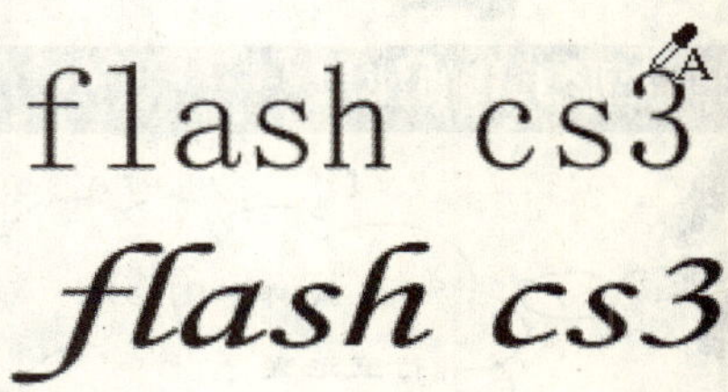
flash cs3
flash cs3

3.8 其他工具

Flash 中还有其他不同的绘图工具，在绘制图形的过程中，了解并使用它们也能帮助用户更好地绘制图形。

3.8.1 套索工具的使用

套索工具有什么作用呢？
套索工具可以自由的选择需要编辑或修改的区域。

“套索工具” 可以对图形进自由选择或以多边形的方式进行选择；对于打散的图，除使用这种两种方式选择外，还可以使用魔术棒选取。

1 在工具箱中选择“套索工具”，然后选择需要选取的部分即可。

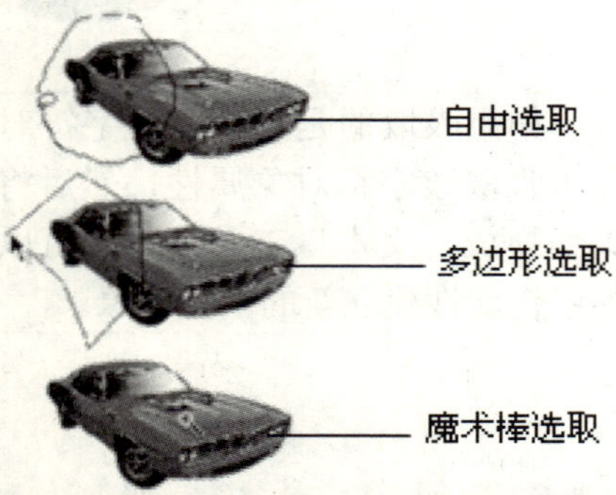
自由选取
多边形选取
魔术棒选取

2 利用魔术棒选取，在工具箱中选择“套索工具”后，在工具箱的下方单击“魔术棒” 按钮，在弹出的“魔术棒设置”对话框中，对选取进行设置完成后，单击“确定”按钮即可。

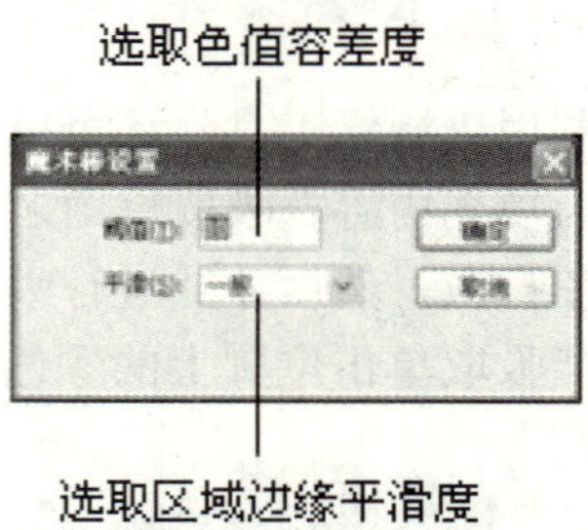
选取色值容差度
选取区域边缘平滑度

3.8.2 变形工具的使用

怎样对图形进行变形呢？
变形图形最简单的方法是使用“任意变形”工具来完成。

任意变形工具可以对舞台上所有的元素进行旋转、缩放、扭曲、倾斜等操作。

1 在工具箱中选择“任意变形工具”，然后单击需要缩放或旋转的对象，对象四周会出现 8 个控制点，拖动控制点来对对象进行操作。

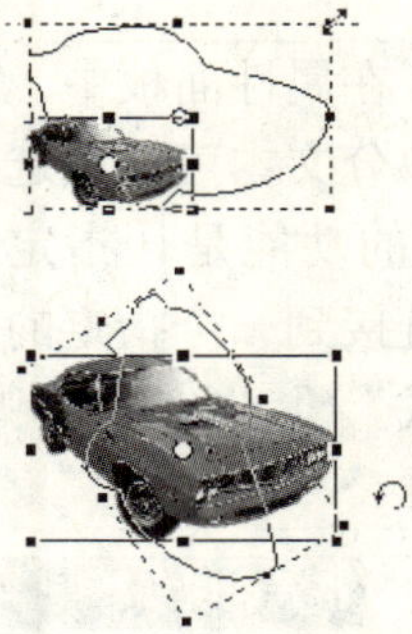

2 如果选择的对象是非符号、非成组的图形时还可以进行倾斜和扭曲等操作。

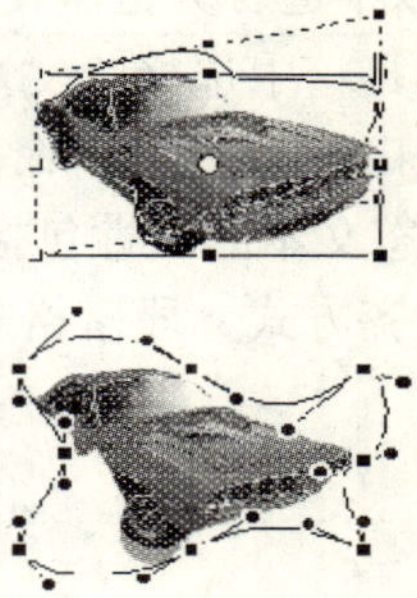

提示：对图形进行变形操作，除了可以使用变形工具外，还可以执行菜单命令进行操作。

3.8.3 预览工具的使用

怎样预览
图形呢？
预览图形最简单的方法
是使用“预览”工具来预览。

预览工具包括了手形和放大镜工具。手形工具“ ”用于平移当前的画面，而放大镜工具“ ”用于对当前的场景进行放大或缩小的操作，这两个工具比较容易使用，就不做更详细地介绍了。

3.9 使用文本对象

文本是 Flash 经常使用的元素之一。我们在 Flash 中利用文本工具进行排版，在输出的时候排版内容保持不变，在 Flash 影片中使用的文字信息将自动被包含到 Flash 影片中。另外，文本本身就是一个对象，所以也可以像处理其他对象一样对文本进行处理。

3.9.1 静态文本

什么是静
态文本呢？
静态文本是可以将
文字嵌入到 SWF 文件中
的一种文本格式。

在 Flash 中，文本的类型分为三种：

静态文本：是将文本对象转换成静态文本对象。

动态文本：是将文本对象转换成动态文本对象。

输入文本：选择该项，是将文本对象转换成可供用户输入文字的文本对象。

在 Flash 中，静态文本是比较普遍应用的一种文本格式，由于静态文本会将文字嵌入 SWF 文件中，所以不适合大范围使用。

1 在工具箱中选择“文本工具” T 后，执行“窗口/属性”菜单命令，打开“属性”面板。静态文本的属性包括字体、文字尺寸、颜色、对齐方式、段落格式和排列方向等信息。

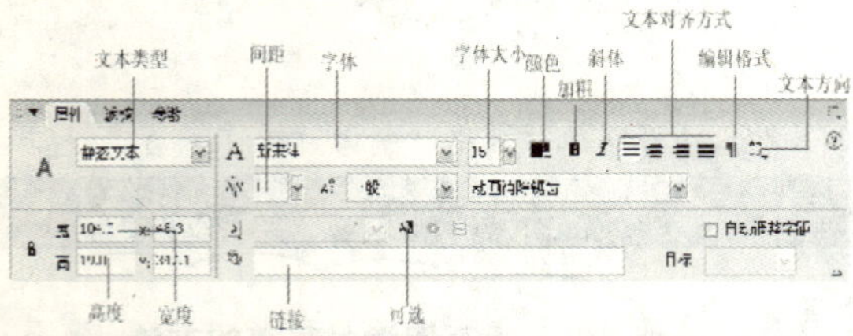

2 在属性面板中，“可选” 按钮是让部分文本可以被选择或复制；“链接” 的功能是让指定文字或整个文本段落链接到一个指定的 URL；单击“编辑格式” ¶ 按钮，会弹出“格式选项”对话框。

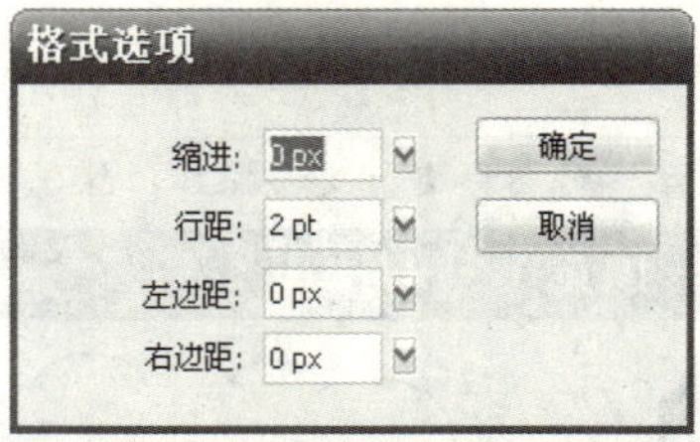

3.9.2 动态文本

动态文本就是指文本中的内容可以自动被更新的对象，在这些对象中，文本不是事先输入好的，而是在播放电影的过程中，根据用户动作或当前数据自动计算填入的。动态文本可以用于显示一些经常变化的信息。

1 动态文本除了具有静态文本的属性外，还具有线条类型、HTML 按钮、显示边框和变量名称等属性。

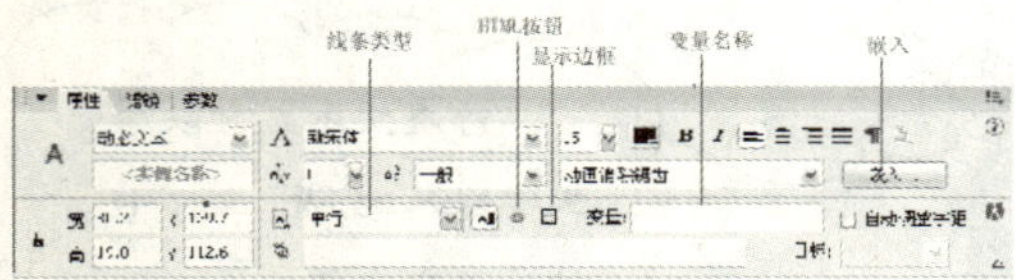

2 从文本对象的边界上，就可以看出对象是静态还是动态文本。静态文本的控制柄位于文本的右上角；而动态文本的控制柄位于文本的右下角。

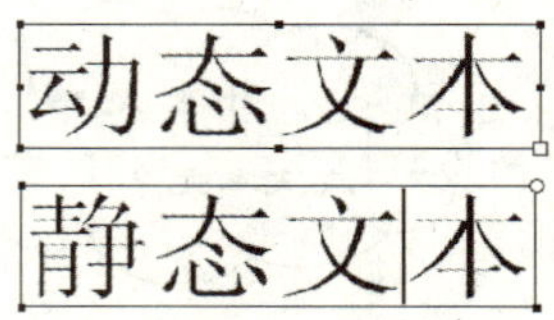

3.9.3 可输入文本

可输入文本
是什么呢？
可输入文本就是指可以
由用户直接输入的文本。

所谓可输入文本，就是指可以由用户直接输入文字并递交的文本格式，可以通过输入得到特定的信息。在可输入文本中“线条类型”还包括了密码显示的选项。

1　在文本属性面板上可以看出，可输入文本选项与动态文本的属性面板选项大同小异。这里简单介绍其中意义不同的部分。

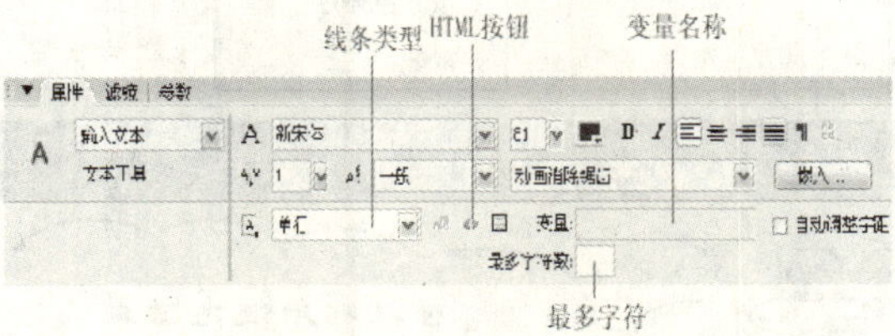
线条类型
HTML按钮
变量名称
最多字符

2　如果选择密码，则所输入的内容将全部用“*”进行显示。而最多字符则规定了输入字符的最大数目。

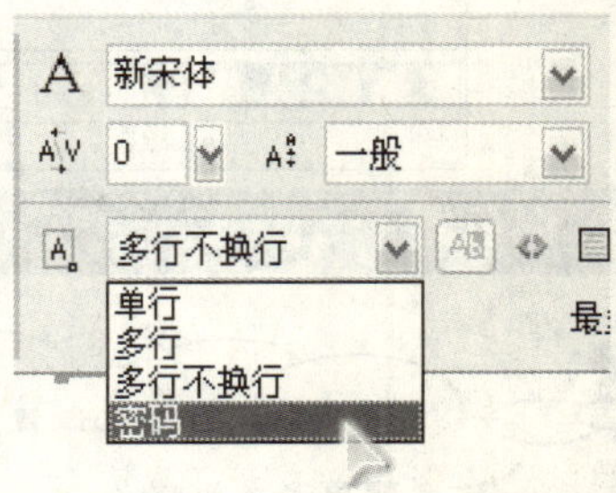
新宋体
一般
多行不换行
单行
多行
多行不换行
密码

提示：动态文本对象主要用于显示文本，而输入文本对象主要用于输入文本，这两种文本对象的使用目的是截然不同的。

3.10 颜色编辑

在 Flash 中每个文件都有自己的颜色样本，在前面的章节中已经初步介绍了颜色的使用，如使用颜色填充、使用颜色绘图等。在本节中将主要介绍如何使用颜色样本和调色板来进行颜色编辑。

3.10.1 使用颜色样板

如果要添加一种
颜色该怎么办呢？
可以利用颜色样
板来对颜色进行添加
或删除等命令操作。

颜色样本存在于每个 Flash 文件中，它不会影响文件大小。在 Flash 中提供颜色样本面板来进行颜色编辑。

1 执行“窗口/样本”菜单命令，会弹出颜色样本面板。

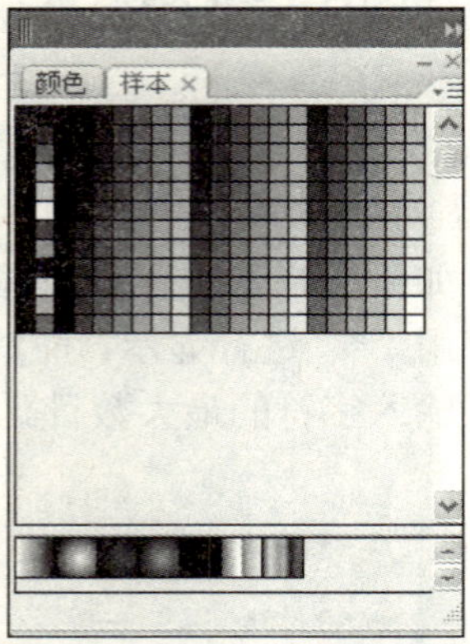

2 单击“样本”右上角的右拉式菜单按钮 ，在弹出的菜单中，可以对颜色样本进行各种编辑操作。

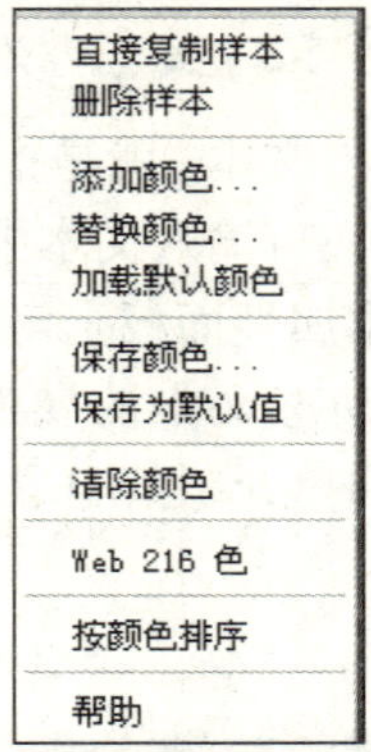

3.10.2 混色器

混色器面板，主要是对颜色进行色彩分量的设置，或创建自己喜欢的颜色和查看颜色的RGB值。RGB也就是显示的颜色参数值，分别由R（红色）、G（绿色）、B（蓝色）这三种颜色组成。

1 执行“窗口/颜色”菜单命令，会弹出混色器面板。

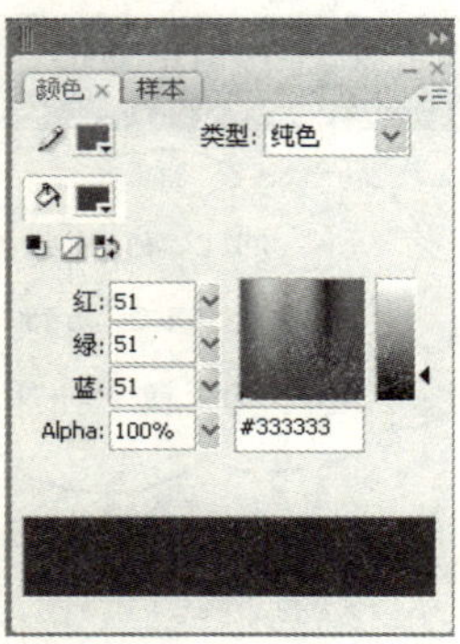

2 单击“混色器面板”右上角的右拉式菜单按钮“”，在弹出的菜单中，可以对混色器进行各种编辑操作。

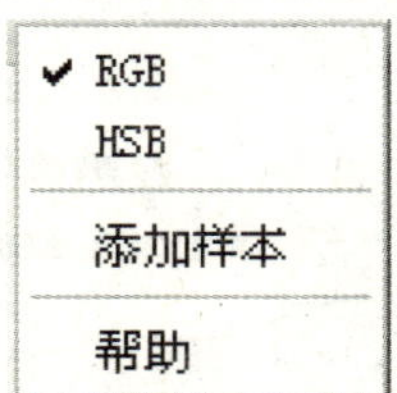

3.11 绘图综合练习

通过本章学习，可以将前面所学的各种基本工具知识进行针对性的练习。

• 新建图形元件

1　新建一个 Flash 影片文档，保持文档的默认设置。

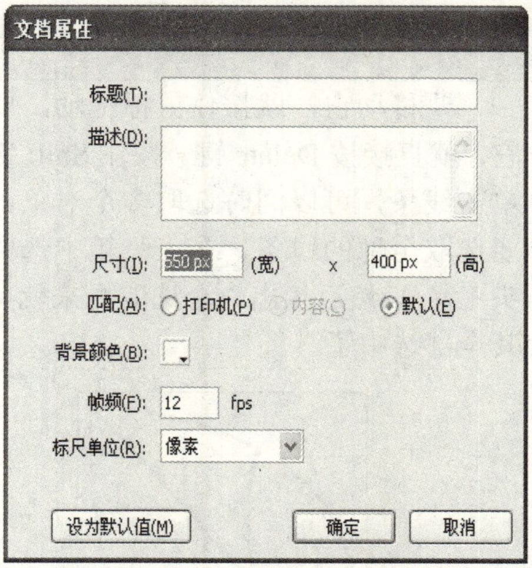

2　执行“插入/新建元件”命令，弹出“创建新元件”对话框，在“名称”文本框中输入“树叶”，选择类型“图形”，单击“确定”按钮，进入树叶图形元件编辑场景。

• 绘制树叶图形

1　在工具箱中选择“线条工具”，设置笔触颜色为“深绿色”，在场景中画一条直线，然后用“箭头工具”将它拉成曲线。

2　再用“线条工具”绘制一条直线，连接曲线的两端点。用“箭头工具”将这条直线也拉成曲线。

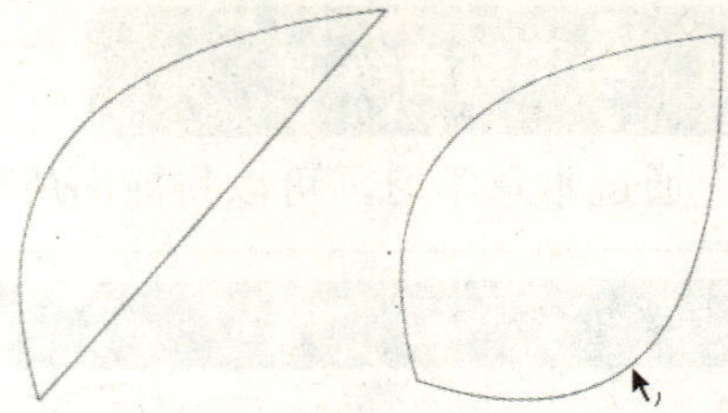

3 一片树叶的基本形状已经出来了，现在画叶脉，在两端点间画直线。

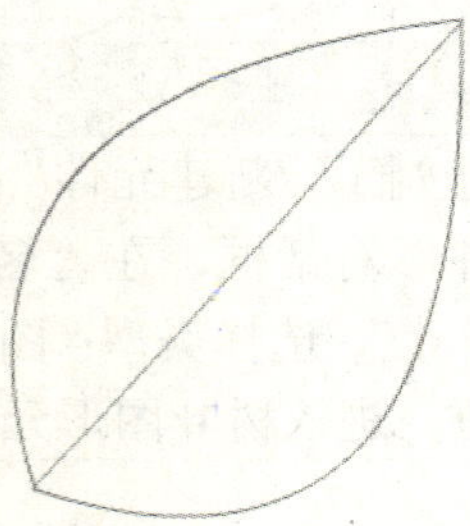

4 再画旁边的细小叶脉，可以全用直线，也可以略加弯曲，这样，一片简单的树叶就画好了。

• 编辑和修改树叶

1 如果画出的叶脉不是你所希望的样子，执行“编辑/撤销”菜单命令，撤销前一步的操作，或者使用“箭头工具”单击你想要删除的直线，这条直线变成网点状，说明它已经被选取，你可以对它进行各种修改。

2 要移动它，就按住鼠标拖动，要删除它，就直接按 Delete 键。按住 Shift 键连续单击线条，可以同时选取多个对象。如果要选取全部的线条，在工具箱中选取“箭头工具”，然后拉出一个选取框来就可以将其全部选中了。

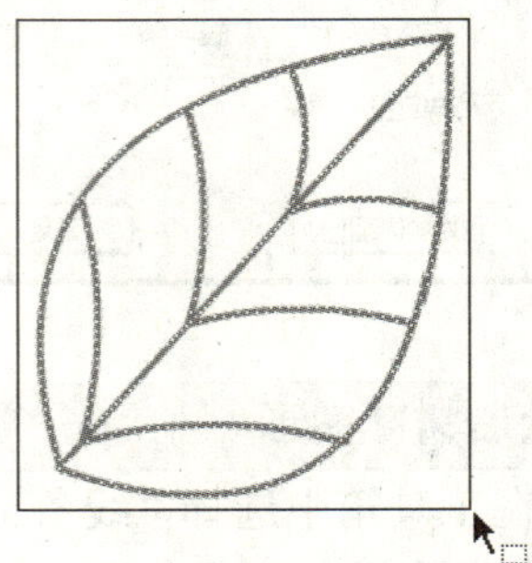

提示：按 Ctrl+A 组合键，可以选取舞台上的所有对象。

• 给树叶上色

1 单击工具箱中的“填充颜色”按钮，会出现一个调色板，同时光标变成吸管状。如果你觉得调色板的颜色太少不够选，单击一下调色板右上角的“颜色选择器”按钮，会弹出一个“颜色”对话框，其中有更多的颜色选项。

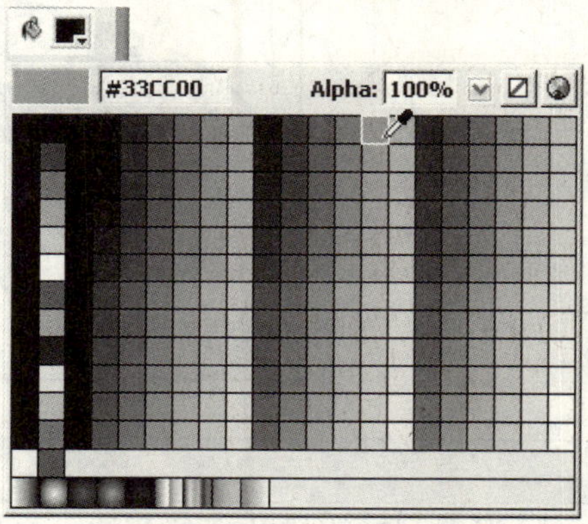

2 在“基本颜色”选项下单击一个自定义色块，该色块会被虚线包围，在“颜色”对话框右边的“调色板”中单击你喜欢的颜色，上下拖动右边颜色条上的箭头，移到你需要的深浅度上，单击“添加到自定义颜色”按钮，这个色块就被你收藏起来了。下一次要使用时，打开这个“颜色”面板，在自定义色中可以方便地选取你中意的颜色。现在我们在调色板里选取绿色。

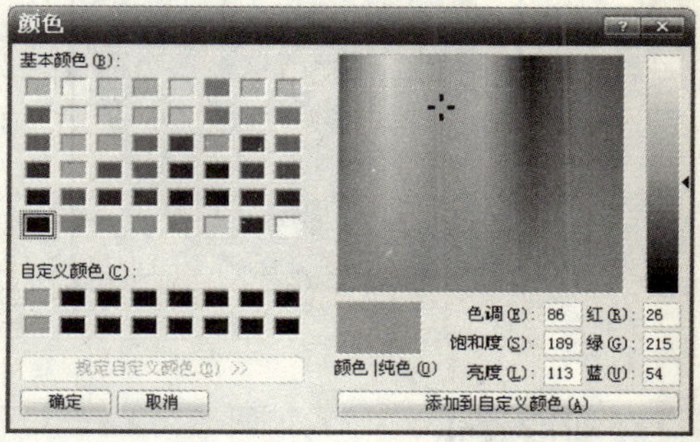

3 在工具箱中选择“颜料桶工具”，在画好的叶子上单击一下，将看到只在一个封闭的空间里填上了颜色。原来，连接在一起的线条把空间分割开了。继续单击其他区域即可。

4 至此，一个树叶图形就绘制好了。

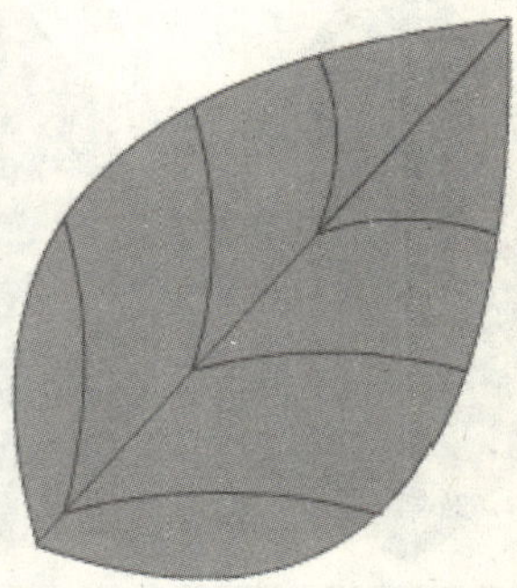

• 旋转树叶

1 在工具箱中选择“任意变形工具”，单击舞台上的树叶，这时树叶被一个方框包围着，中间有一个小圆圈，这就是变形点，当我们进行缩放旋转时，就以它为中心。

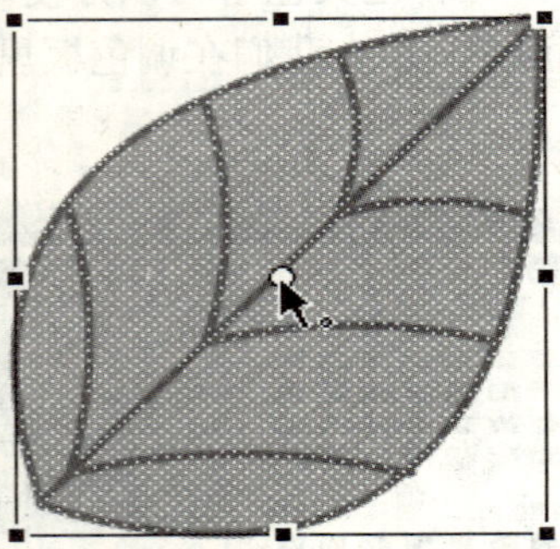

2 中心点是可以移动的。将光标移近它，光标下面会多一个圆圈，按住鼠标，将它拖到叶柄处，再把鼠标指针移到方框的右上角，当鼠标变成圆弧状就可以进行旋转了。向下拖动鼠标，叶子绕控制点旋转，到合适位置松开鼠标。

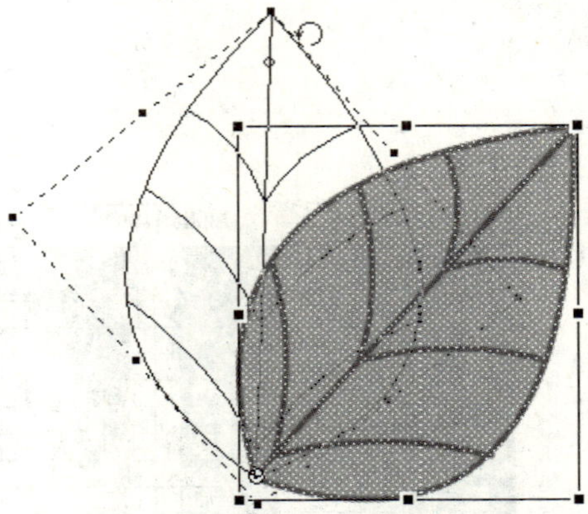

• 复制树叶

1 在工具箱中选择“箭头工具”，单击舞台上的树叶图形，执行“编辑/复制”菜单命令，然后再执行“编辑/粘贴”菜单命令，这样就复制得到一个同样的树叶。

2 将复制好的树叶拖到旁边，再用“任意变形工具”进行旋转。拖动任意一角上的缩放手柄，可以将对象放大或缩小。拖动中间的手柄，可以在垂直和水平方向上放大缩小，甚至翻转对象。

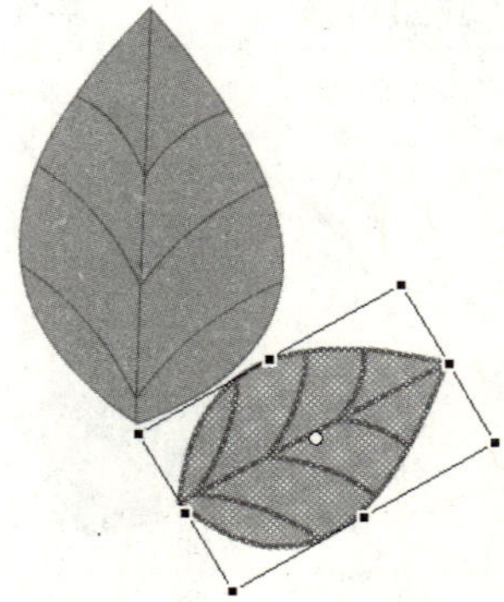

• 创建“三片树叶”图形元件

1 再复制一张树叶，在工具箱选择“任意变形工具”，将三片树叶的形状、位置调整成如下图所示。

2 选中所有对象，执行“修改/转换为元件”菜单命令，在弹出的对话框中命名为“枝叶”，选择“图形”类型，单击“确定”按钮。

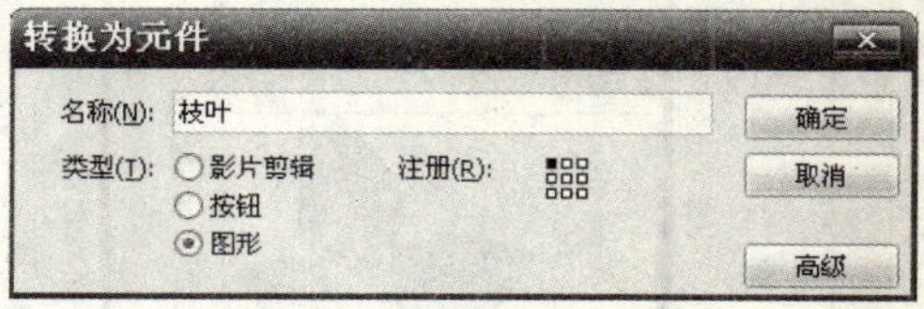

提示：以上的绘图操作都是在“树叶”编辑场景完成的，现在我们返回到主场景。

• 绘制树枝

1 回到主场景如下图所示。

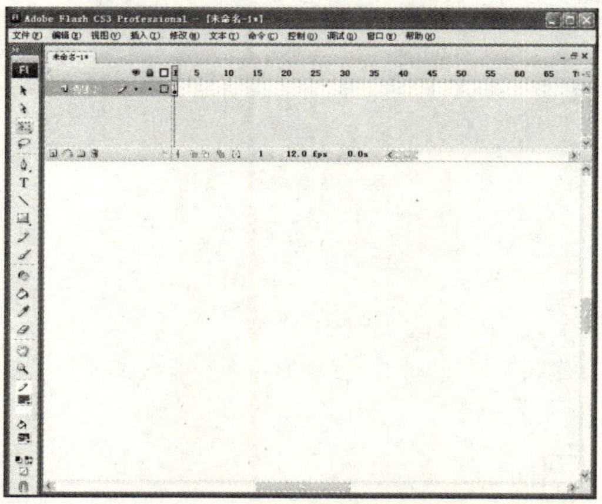

2 在工具箱中选择“刷子工具”，选择刷子形状为圆形，大小自定，并选择“后面绘画”模式，在场景中画出树枝形状如下图所示。

• **组合树叶和树枝**

1 执行“窗口/库”菜单命令，或者使用快捷键 Ctrl+L，打开“库”面板，你可以看到，在“库”面板中出现两个图形元件，这两个图形元件就是我们前面绘制的“树叶”和“枝叶”图形元件。

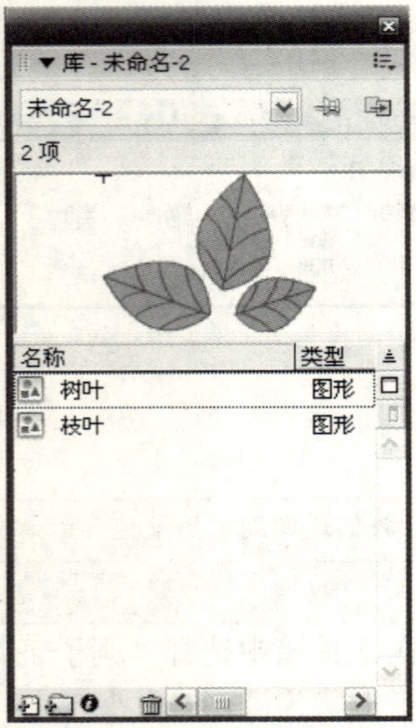

2 单击“树叶”图形元件，将其拖放到场景的树枝图形上，用“任意变形工具”进行调整，最终效果如下图所示。

电脑即学即用

教你学电脑

第4章 基础动画制作

本章要点：

- ◆ 逐帧动画
- ◆ 形状补间动画
- ◆ 动作补间动画

电脑博士，基本工具我都已经掌握了，下面可以制作动画了吗？

小丽，从本章起将逐渐给大家介绍 Flash CS3 中的几种常见的动画形式：逐帧动画、形状补间动画、动作补间动画等基础动画。

4.1 逐帧动画

逐帧动画是由位于时间轴上同一动画轨道上的一个连续的关键帧序列组成。对于动画帧序列的每一帧中的内容都可以单独进行编辑，使得各帧展示的内容不完全相同，在作品播放时，由帧序列上的关键帧播放产生动画效果。这样就可以制作复杂的动画，如同动画片一样。制作逐帧动画会使 Flash 文件变得非常大，所以在实际制作中应尽量少使用。

4.1.1 逐帧动画的概念

逐帧动画是什么形式的呢？
在时间轴上进行一帧一帧绘画的形式称为逐帧动画。

在时间帧上逐帧绘制帧内容称为逐帧动画，由于是一帧一帧的画，所以逐帧动画具有非常大的灵活性，几乎可以表现任何想表现的内容。

逐帧动画在时间帧上表现为连续出现的关键帧。

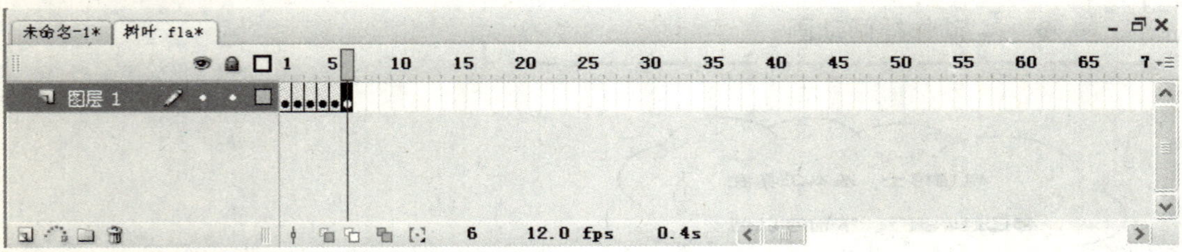
未命名-1*
树叶.fla*
1 5 10 15 20 25 30 35 40 45 50 55 60 65 7
图层 1
6
12.0 fps
0.4s

创建逐帧动画的几种方法：

1. 用导入的静态图片建立逐帧动画

用 jpg、png 等格式的静态图片连续导入 Flash 中，就会建立一段逐帧动画。

2. 绘制矢量逐帧动画

用鼠标或压感笔在场景中一帧一帧地画出帧内容。

3. 文字逐帧动画

用文字作帧中的元件，实现文字跳跃、旋转等特效。

4. 导入序列图像

可以导入 gif 序列图像、swf 动画文件或者利用第 3 方软件（如 swish、swift 3D 等）产生的动画序列。

4.1.2 绘图纸的功能

如果要看到前一帧或后一帧有什么办法呢？
你可以通过“绘图纸功能”就可以看到编辑动画的帧了。

绘画纸功能是一个帮助定位和编辑动画的辅助功能，这个功能对制作逐帧动画特别有用。通常情况下，Flash 在舞台中一次只能显示动画序列的单个帧。使用绘画纸功能后，你就可以在舞台中一次查看两个或多个帧了。

下面是使用绘画纸功能后的场景，可以看出，当前帧中内容用全彩色显示，其他帧内容以半透明显示，它使我们看起来好像所有帧内容是画在一张半透明的绘图纸上，这些内容相互层叠在一起。当然，这时你只能编辑当前帧的内容。

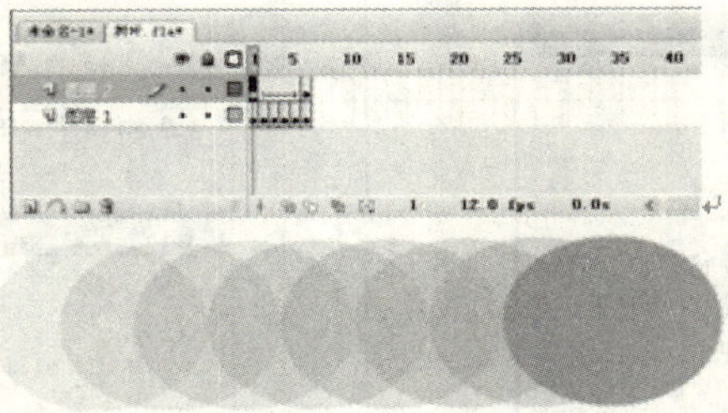

绘图纸各个按钮功能介绍如下：

1. 绘图纸外观按钮 ：按下此按钮后，在时间帧的上方，出现“{ }”绘图纸外观标记。拉动外观标记的两端，可以扩大或缩小显示范围。

2. 绘图纸外观轮廓按钮： 按下此按钮后，场景中显示各帧内容的轮廓线，填充色消失，特别适合观察对象轮廓，另外可以节省系统资源，加快显示过程。

3. 绘图纸显示多帧按钮：按下此按钮后，可以显示全部帧内容，并且可以进行“多帧同时编辑”。

4. 修改绘图纸标记按钮：按下此按钮后，弹出菜单中有以下选项：

“总是显示标记”选项会在时间轴标题中显示绘图纸外观标记，无论绘图纸外观是否打开。

“锚定绘图纸”选项会将绘图纸外观标记锁定在它们在时间轴标题中的当前位置。通常情况下，绘图纸外观范围是和当前帧的指针以及绘图纸外观标记相关的。通过锚定绘图纸外观标记，可以防止它们随当前帧的指针移动。

“绘图纸 2”选项会在当前帧的两边显示两个帧。

“绘图纸 5”选项会在当前帧的两边显示五个帧。

“绘制全部”选项会在当前帧的两边显示全部帧。

4.1.3 创建逐帧动画

前面已全面介绍了逐帧动画的特点和创建方法，现在，我们来动手制作一个逐帧动画实例，以加深对逐帧动画的认识。

1 新建一个影片文档，在“属性”面板上设置文件大小为550×400像素，背景色为白色，单击“确定”按钮。

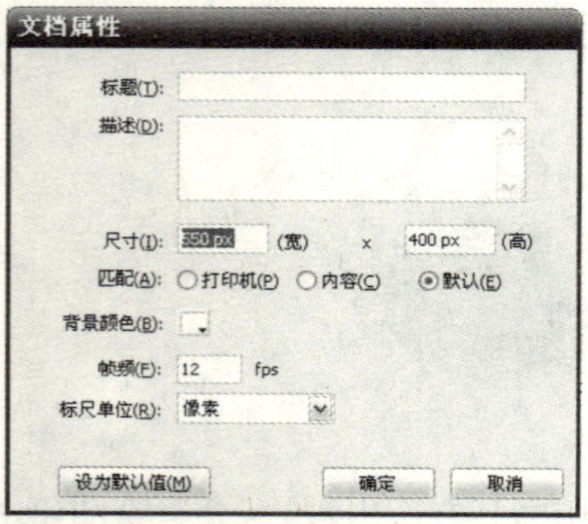

2 创建背景图层。选择添加图层按钮“”，单击图层第1帧，选择“矩形工具”，然后在舞台上绘制一个矩形，将图层命名为“背景”。然后在第8帧处按F5功能键，加过渡帧使帧内容延续。

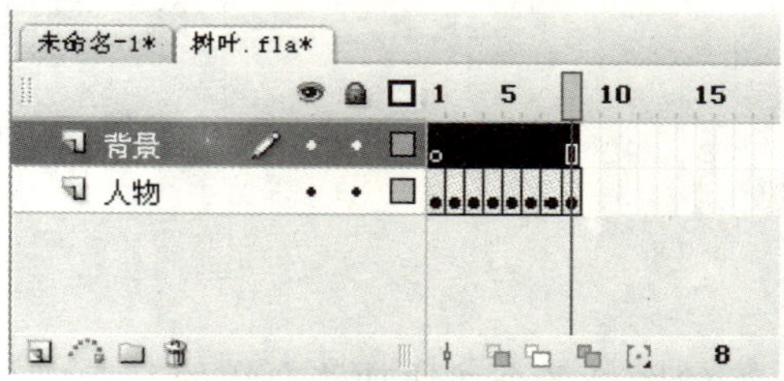

3 新建一层，选择第1帧，执行“文件/导入到舞台”菜单命令，在弹出的“导入”对话框中选择需要的文件，单击“打开”按钮即可将图片导入到场景中。

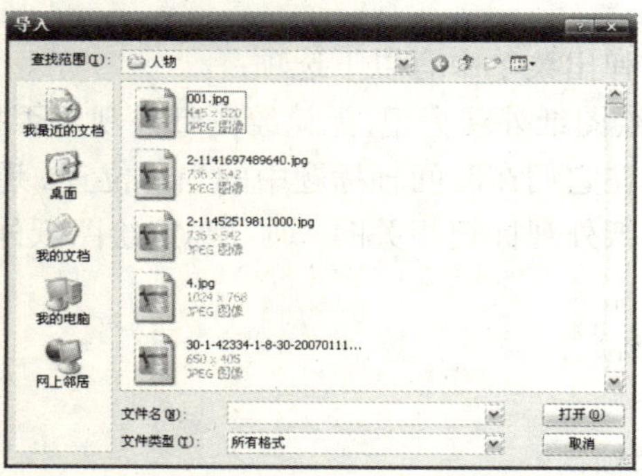

4 用同样的方法，将所需的其他图片导入后，将它们分配在7个关键帧中。

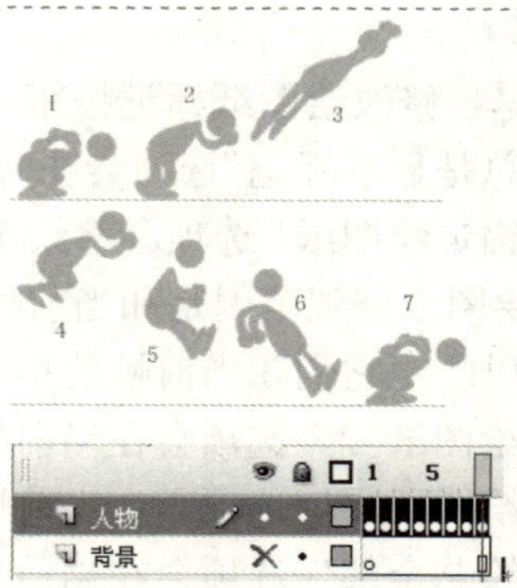

5	此时，时间轴区出现连续的关键帧，但是，被导入的图片位置尚未处于需要的地方，必须移动它们。先把“背景”图层加锁，然后按下时间轴面板下方的“绘图纸显示多帧”按钮，再单击“修改绘图纸标记”按钮，在弹出的菜单中选择“绘制全部”选项。	6	最后执行“编辑/全选”菜单命令，此时时间轴和场景效果如下。用鼠标左键按住场景中的人物拖动，就可以一次把 7 帧中的图片，全移动到场景中需要的地方。这时，从左向右拉动播放头，将出现一个跳跃的完整动作。
	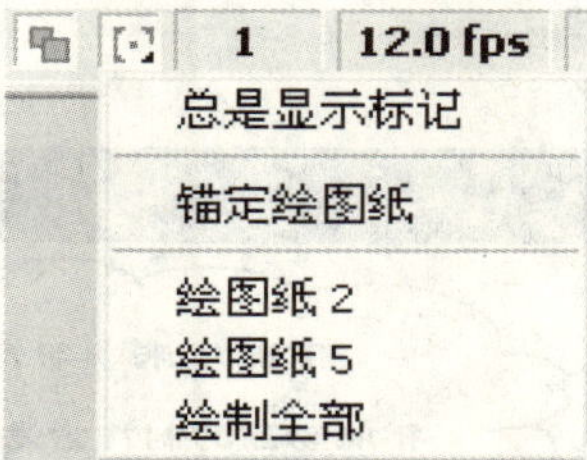		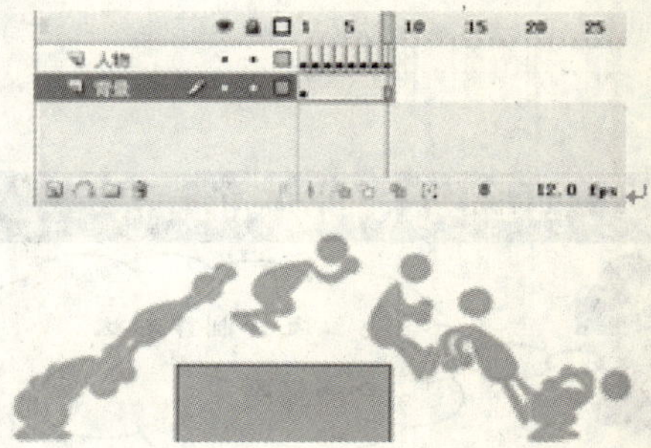

提示：

完成 Flash 动画制作后，执行“控制/测试影片”命令，对影片进行测试。如果对影片的效果满意，执行“文件/保存”命令，对文件进行保存；如果要导出 Flash 的播放文件，执行“导出/导出影片”命令，保存为 *.swf 的文件。

4.2 形状补间动画

形状补间动画是 Flash 中非常重要的表现手法之一，运用它，你可以变幻出各种奇妙的不可思议的变形效果。本节从形状补间动画基本概念入手，教你认识形状补间动画在时间帧上的表现，了解补间动画的创建方法，学会应用“形状提示”让图形的形变自然流畅，最后，提供了一个实例练习，帮助读者更深地理解形状补间动画。

4.2.1 形状补间动画的概念

在 Flash 的时间帧面板上，一个关键帧绘制一个形状，然后再绘制另一个关键帧形状。补

间动画可以实现两个图形之间颜色、形状、大小、位置的相互变化，其变形的灵活性介于逐帧动画和动作补间动画两者之间，使用的元素多为用鼠标或压感笔绘制出的形状，如果使用图形元件、按钮、文字，则必须先“打散”再变形。

形状补间动画在时间帧面板上的表现。形状补间动画建好后，时间帧面板的背景色变为淡绿色，在起始帧和结束帧之间有一个长长的箭头。

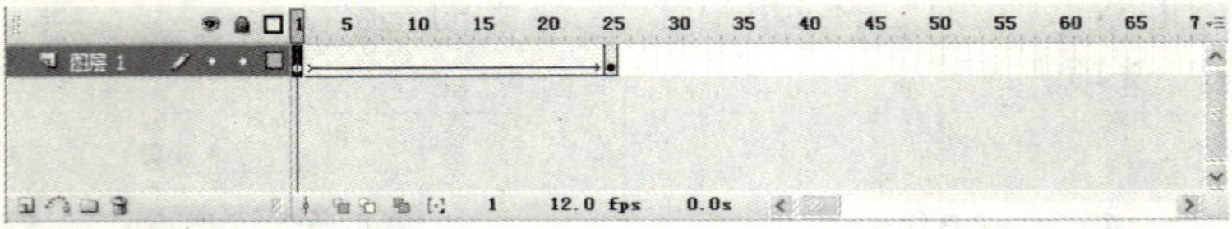

时间轴面板

4.2.2 创建形状补间动画的方法

在制作形状补间动画之前，首先了解和认识形状补间动画的属性面板。Flash 的属性面板随鼠标选定的对象不同而发生相应的变化。当我们建立了一个形状补间动画后，点击时间帧，属性面板如下图所示：

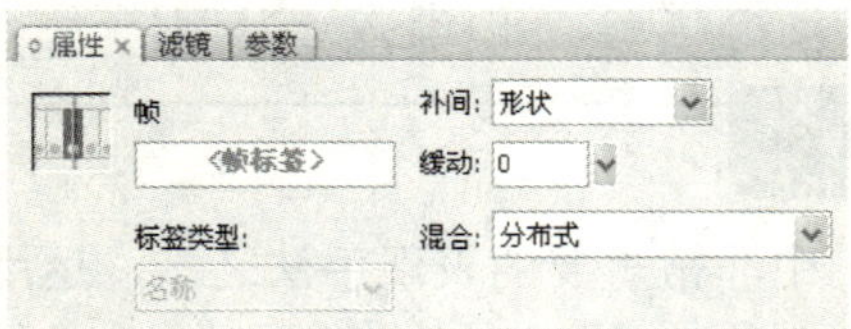

形状补间动画的“属性”面板上只有两个参数。

1.“缓动”选项

单击“缓动”右边的下拉箭头按钮，弹出拉动滑杆，拖动上面的滑块或直接在文本框中输入具体的数值，设置完后，形状补间动画会随之发生相应的变化。

（1）在 1～ -100 的负值之间，动画运动的速度从慢到快，朝运动结束的方向加速度补间。

（2） 在 1 ～ 100 的正值之间，动画运动的速度从快到慢，朝运动结束的方向减慢补间。

（3）默认情况下，补间帧之间的变化速率是不变的。

2.“混合”选项

（1）“角形”选项：创建的动画中间形状会保留有明显的角和直线，适合于具有锐化转角和直线的混合形状。

（2）“分布式”选项：创建的动画中间形状比较平滑和不规则。

1 选择绘图工具，在舞台上绘制出一个图形，这是补间动画的第 1 帧。

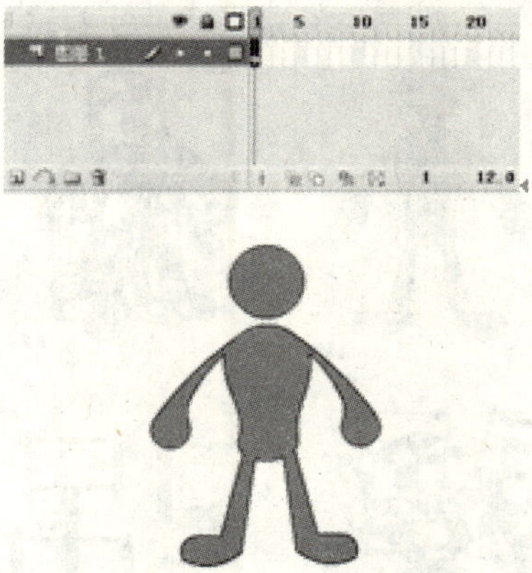

2 然后选中第 10 帧，按“F7”功能键，插入空白关键帧，在工具箱中选择“文本工具”，然后舞台上的输入文字“强”。按“Ctrl+B”键将文字打散，这样才能作为变形结束帧的图形。

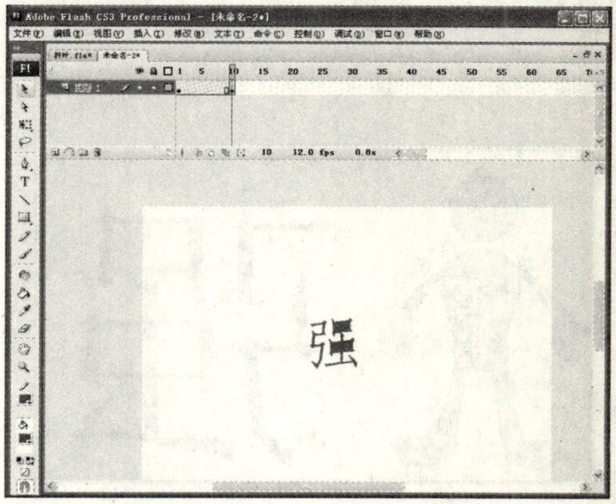

3 在“属性”面板的“补间”下拉列表中选择“形状”。然后选中第 1 帧执行相同的步骤。

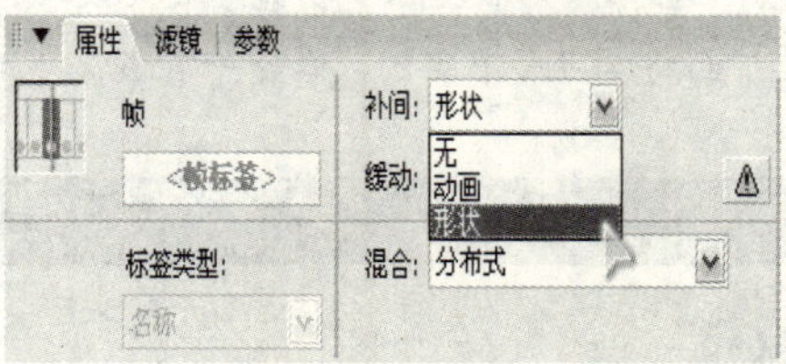

4 变形动画生成后，用鼠标拖动播放头，可以查看变形过程。

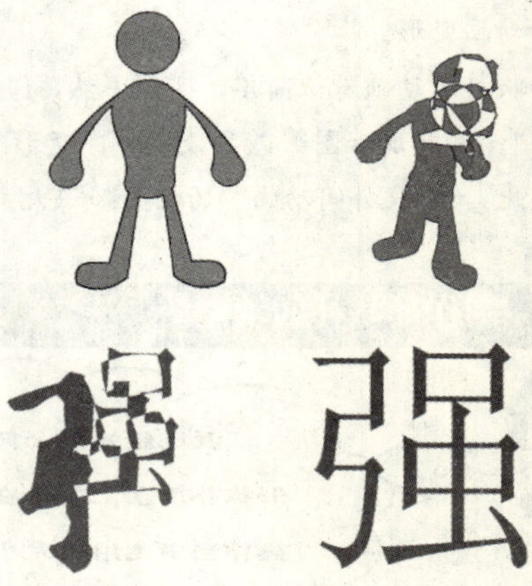

提示：

如果认为上述变形效果不理想，那么可以使用 Flash 中的变形提示点，变形提示点可以控制复杂的变形。变形提示点用字母表示，主要用于确定在开始和结束形状中的对应点，最多可以设定 26 个变形提示点。

1 选中第 1 帧，执行“修改/形状/添加形状提示”菜单命令。在舞台上将出现变形提示点“a”，将其移动到合适的位置。再选择第 10 帧，然后将变形提示点“a”移动到相应的位置。

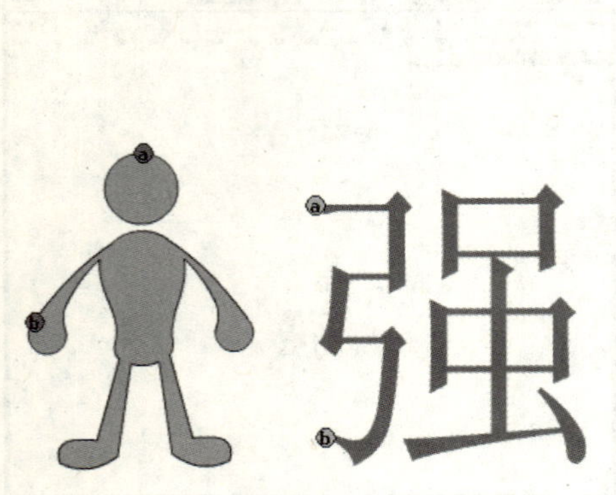
a
a
b
b

2 重复上述操作，增加更多的变形提示点，并分别设置它们在开始和结束形状的位置。再次拖动播放头，可以看到加上提示点后的变形动画。

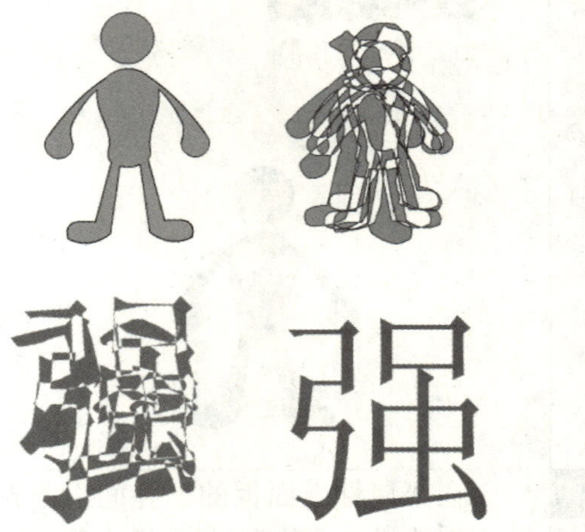

提示：

在 Flash 中不能对群组、符号、字符、位图进行动画变形，所以要先将这些对象进行分解打散后，才能对其进行动画变形。

形状补间动画看似简单，实则不然，Flash 在“计算”两个关键帧中图形的差异时，远不如我们想象中的“聪明”，尤其前后图形差异较大时，变形结果会显得乱七八糟，这时，“形状提示”功能会大大改善这一情况。至此，“形状补间动画”的相关知识大家都已经有所了解，下面将学习一个实例，体会一下形状补间动画的奇妙。

4.2.3 制作形状补间动画

我已经知道如何创建形状补间了，怎样在实际操作当中运用它呢？
接下来我们就来学习制作形状补间动画吧！

本实例主要通过创建矢量图形、形状补间动画和将文字转变为形状等操作，制作由图形逐渐变成文字的动画效果，其具体操作步骤如下。

1 执行“文件/新建”菜单命令，在弹出的面板中选择“常规/Flash 文档”选项后，单击“确定”按钮。新建一个影片文档，在“属性”面板上单击“550px×400 px”像素按钮，弹出“文档属性”对话框，在该对话中设置尺寸大小为 550 px×300 px 像素，“背景色”为白色。单击“确定”按钮。

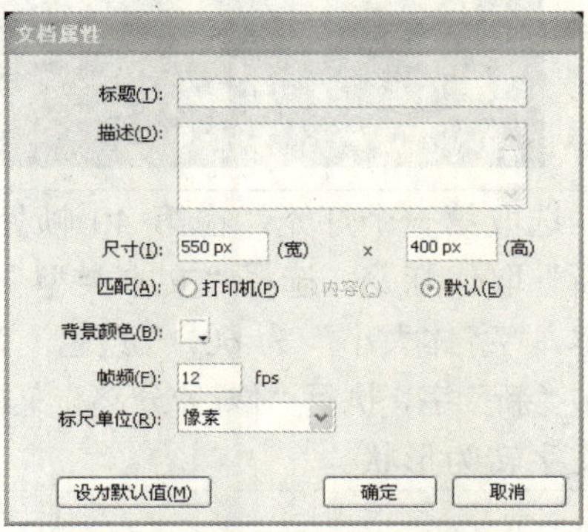

2 执行“文件/导入到舞台”菜单命令，将作为背景的图片导入到场景中（当然也可以自己动手绘制背景图片），在第 60 帧处按下“F5”，添加普通帧。

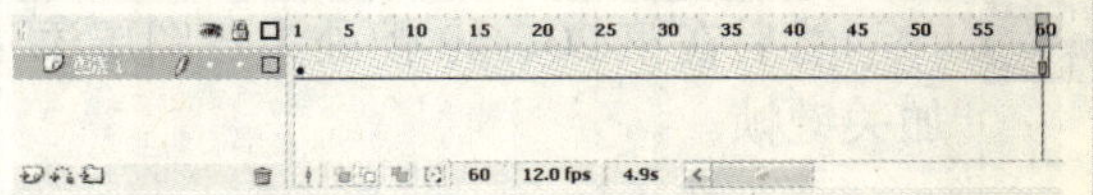

3 创建灯笼形状，执行“窗口/颜色”菜单命令，打开颜色面板，设置颜色面板的各项参数。

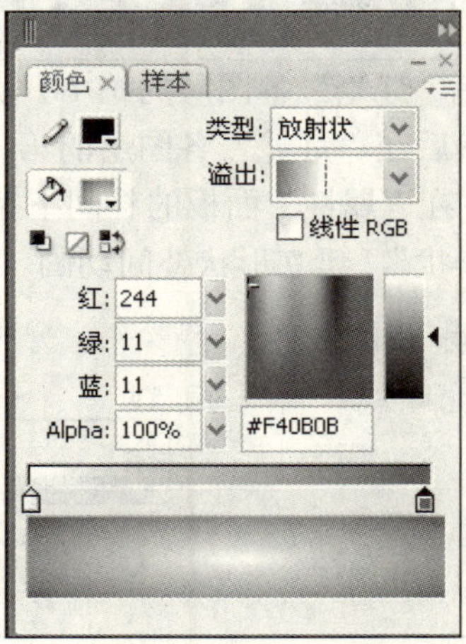

4 单击工具箱中的椭圆工具按钮，设置笔触颜色为无，在场景中画一个椭圆做灯笼的主体。接着我们来画灯笼上下的边，打开“颜色”面板，设置参数如下图所示。

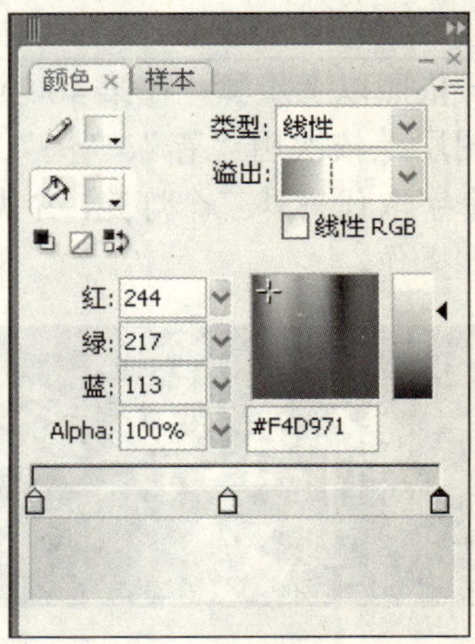

5 单击工具箱中的矩形工具“□”按钮，设置笔触颜色为无，在场景中画一个矩形，复制这个矩形，分别放在灯笼的上下方，最后用直线工具在灯笼的下面画几条黄色线条做灯笼穗，一个漂亮的灯笼就画好了。

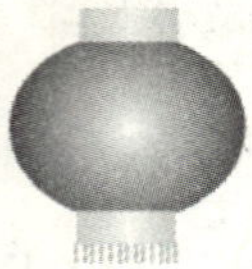

6 复制刚画好的灯笼，新建三个图层，在每个图层中粘贴一个灯笼，调整灯笼的位置，使其错落有致的排列在场景中。

7 然后在第 20、40 帧处为各图层添加关键帧。

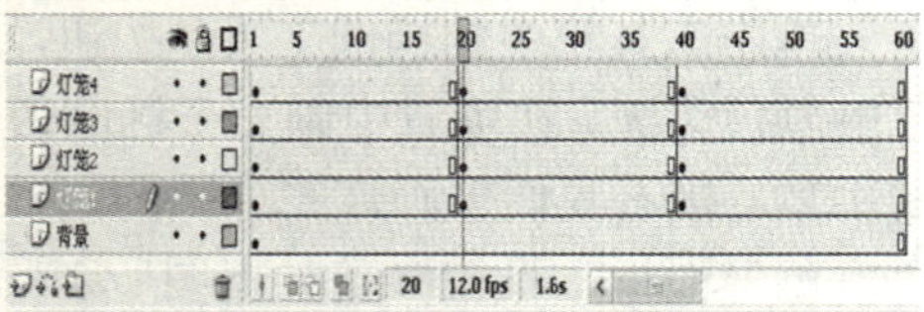

8 选取第一个灯笼，在第 40 帧处用文字“新”取代灯笼，选择“文本类型”为静态文本，“字体大小”为 60，“颜色”为黄色。选中“新”字，执行“修改/分离”菜单命令，把文字转为形状。

9 依照以上步骤，在第 40 帧处的相应图层上依次用“春”、“快”、“乐”三个字取代另外三个灯笼，并执行“分离”操作。

10 在“灯笼”各图层的第 60 帧添加关键帧，然后在“灯笼”各图层的第 20 帧处单击帧，在“属性”面板的补间下拉列表中选择“形状”，建立形状补间动画。

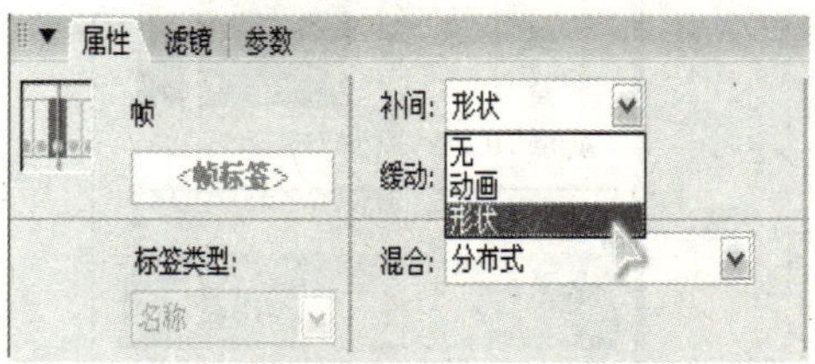

11　此时完成整个形状补间动画。时间轴上表示如下图所示。

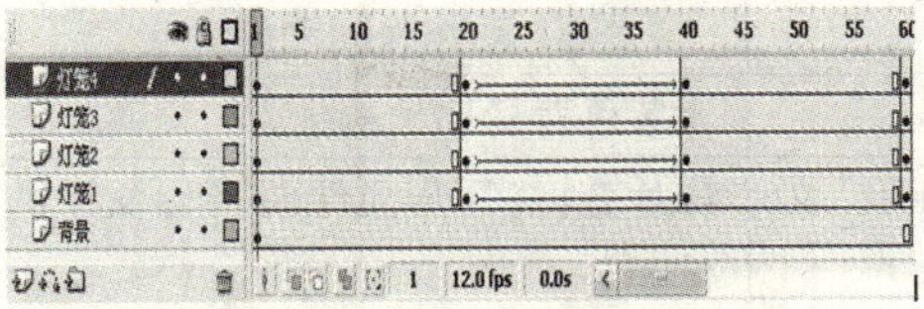

12　变形动画生成后，用鼠标拖动播放头，可以观看变形过程。

新春快乐
新春快乐

4.3　动作补间动画

动作补间动画也是 Flash 中非常重要的表现手段之一，与“形状补间动画”不同的是，动作补间动画的对象必须是“元件”或“成组对象”。

运用动作补间动画，可以设置元件的大小、位置、颜色、透明度、旋转等种种属性，配合别的手法，甚至能做出令人称奇的仿 3D 的效果。本节将详细讲解动作补间动画的特点及创建方法，并分析动作补间动画和形状补间动画的区别。

4.3.1　动作补间动画的相关概念

什么是动作
补间动画呢？

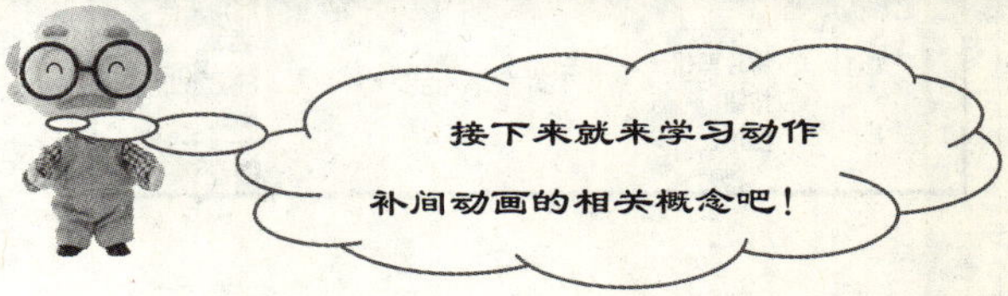
接下来就来学习动作
补间动画的相关概念吧！

在 Flash 的时间帧面板上，一个关键帧放置一个元件，然后在另一个关键帧改变这个元件的大小、颜色、位置、透明度等，Flash 根据关键帧的情况作插值计算，创建的动画被称为动作补间动画。

构成动作补间动画的元素是元件，包括影片剪辑、图形元件、按钮等，除了元件，其他元素包括文本、位图等都不能直接创建补间动画，必须转换成元件才能使用。只有把形状“组合”或者转换成“元件”后才可以做“动作补间动画”。

动作补间动画建立后，时间帧面板的背景色变为淡紫色，在起始帧和结束帧之间有一个长长的箭头。

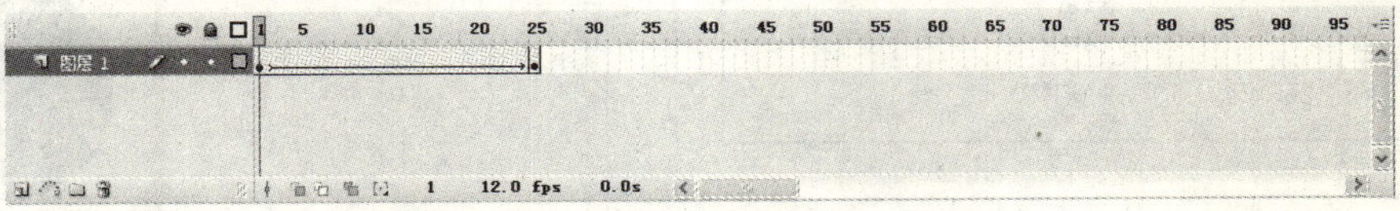

时间轴面板

形状补间和动作补间动画都属于补间动画。前后都各有一个起始帧和结束帧，两者之间的区别如下表所示。

形状补间动和动作补间动的区别

区别之处	形状补间动画	动作补间动画
在时间轴上的表现	淡绿色背景加长箭头	淡紫色背景加长箭头
组成元素	形状，如果使用图形元件、按钮、文字，则必须先打散再变形	影片剪辑、图形元件、按钮、文字、位图等
完成的作用	实现两个形状之间的变化，或一个形状的大小、位置、颜色等的变化	实现一个元件的大小、位置、颜色、透明度等的变化

1 选择一张空白帧，单击工具箱中的椭圆工具“○”按钮，在舞台左侧绘制一个圆，然后按“Ctrl+F8”键将圆转换成元件，并选择元件的类型为“图形”，单击“确定”按钮。

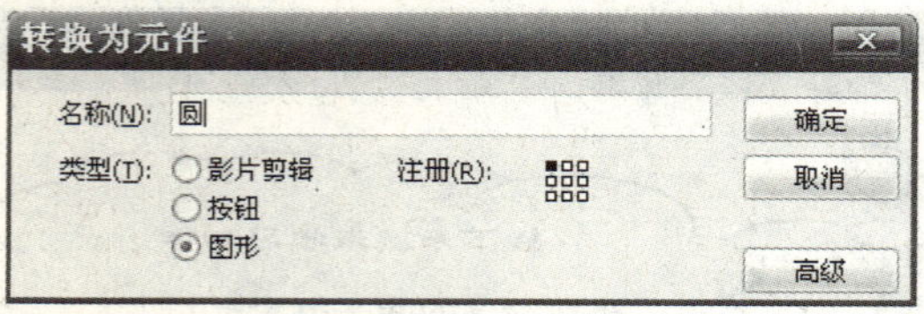

2 然后在时间轴上单击第 20 帧，按“F6”键插入关键帧，将圆拖动到舞台的右侧。

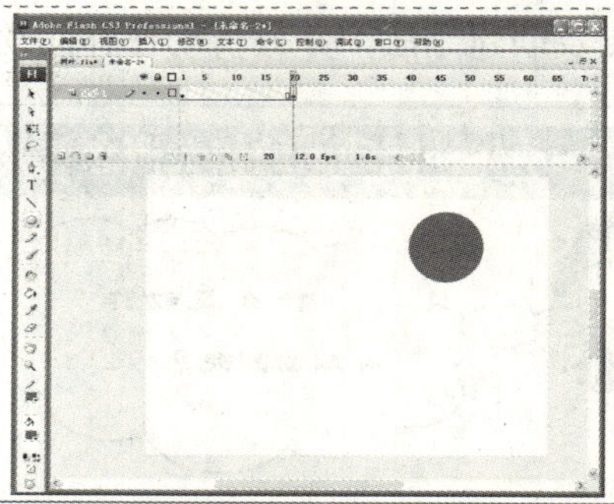

3 选中第 1 帧，在“属性”面板的补间下拉列表中选择“动画”，或在两帧之间单击右键，在弹出的快捷菜单中执行“创建补间动画”命令。

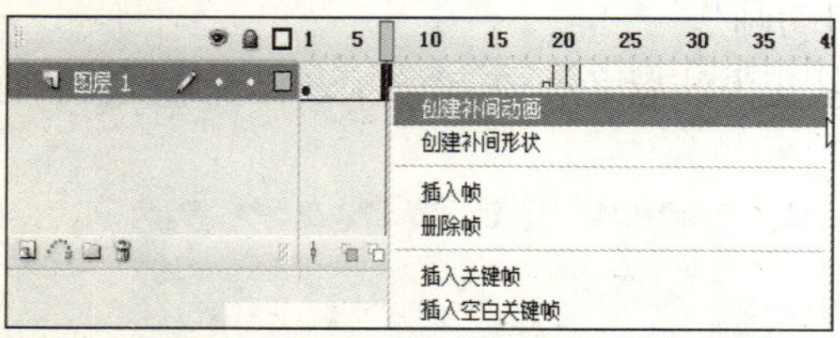

4 创建动作补间动画后，在时间帧面板上将看到背景色变为淡蓝色，在第 1 帧和 20 帧之间有一个长长的箭头。

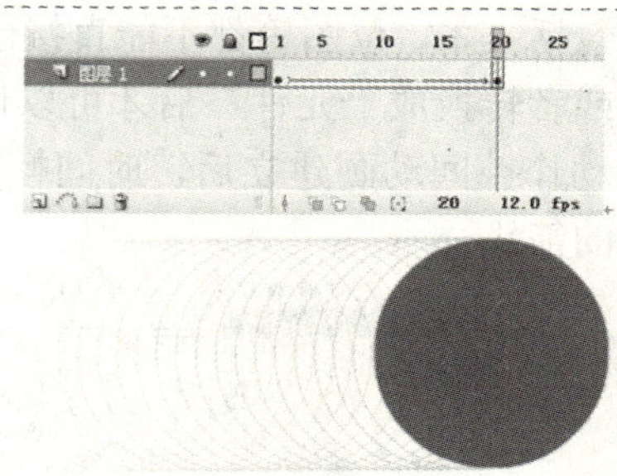

4.3.2 动作补间动画的属性面板

在时间轴“动作补间动画”的起始帧上单击，帧属性面板会变成如下图所示。

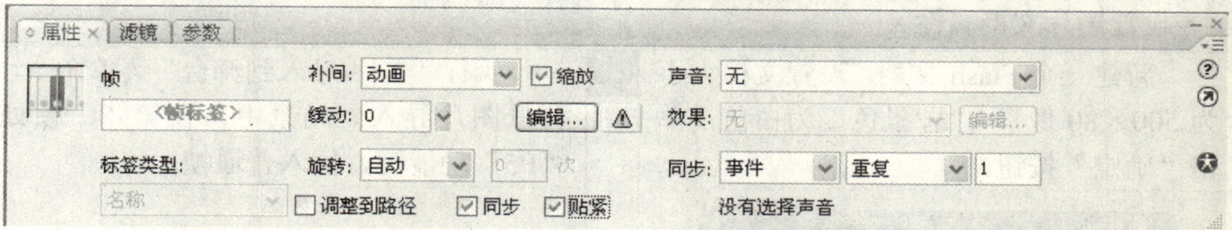

该面板的各选项介绍如下：

1.“缓动”选项

单击“缓动”右边的下拉箭头按钮，弹出拉动滑杆，拖动上面的滑块或直接在文本框中输入具体的数值，设置完后，动作补间动画效果会以下面的设置作出相应的变化。

（1）在 1～ -100 的负值之间，动画运动的速度从慢到快，朝运动结束的方向加速补间。

（2）在 1 ～ 100 的正值之间，动画运动的速度从快到慢，朝运动结束的方向减慢补间。

（3）默认情况下，补间帧之间的变化速率是不变的。

2.“旋转”选项

有四个选择，选择“无”（默认设置）禁止元件旋转；选择“自动”可以使元件在需要最小动作的方向上旋转对象一次；选择“顺时针”(CW) 或“逆时针”(CCW)，并在后面输入数字，可使元件在运动时顺时针或逆时针旋转相应的圈数。

3.“调整到路径”选项

将补间元素的基线调整到运动路径，此项功能主要用于引导线运动。

4.“同步”复选框

使图形元件实例的动画和主时间轴同步。

5.“对齐”选项

可以根据其注册点将补间元素附加到运动路径，此项功能主要也用于引导线运动。

4.3.3 制作动作补间动画

本实例将详细讲解动作补间动画的特点及创建方法，并分析了动作补间动画和形状补间动画的区别。使读者通过这个例子的学习，能够对 Flash 的动画制作有一个全面的了解，为以后进一步学习进阶动画制作打下扎实的基础。

• 设置影片文档属性

1 新建一个 Flash 文档，设置文档大小为 500×80 像素，“背景色”为白色，单击“确定”按钮。

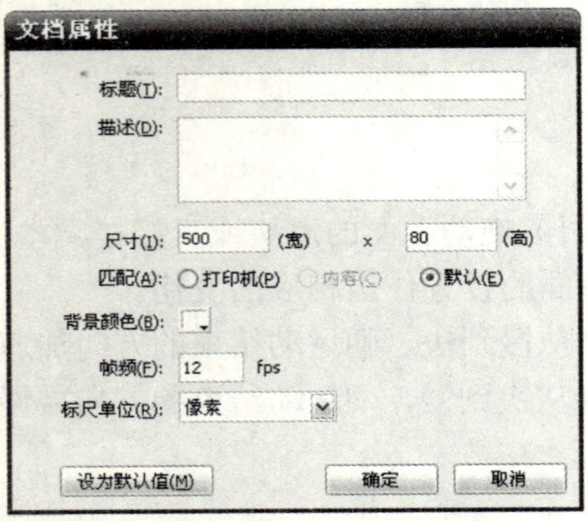

2 执行“文件/导入到舞台”菜单命令，将背景图片导入到场景中，在第 80 帧处按“F5”功能键，插入普通帧。

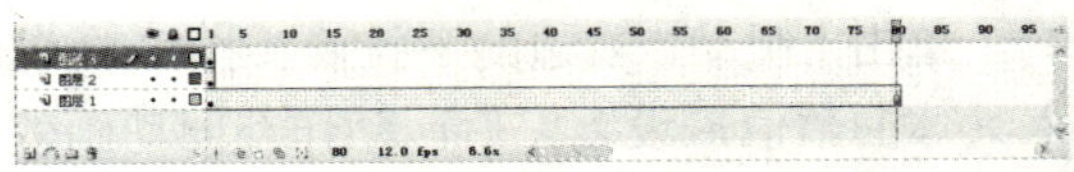

• 创建元件

1 执行“插入/新建元件”菜单命令，新建一个图形元件，名称为“吉祥如意”，单击“确定”按钮，即可进入元件编辑窗口。选择第 1 帧，单击工具箱中的文字工具 T 按钮，在场景中单击一下，然后在“属性”面板上设置“文本类型”为静态文本、“字体”为华文新魏、“字体大小”为 30、“颜色”为黄色，最后在场景中输入“吉祥如意”四个字。

2 执行“插入/新建元件”菜单命令，新建一个图形元件，名称为“花开富贵”。在编辑窗口选择第 1 帧，按上面的方法，在场景中输入“花开富贵”四个字，参数同上。

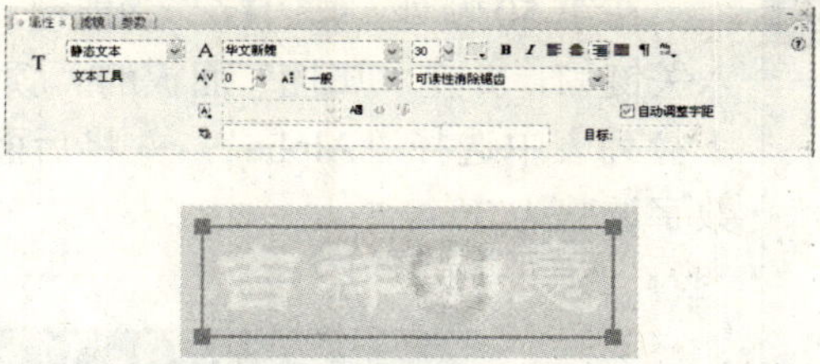

3 执行“插入/新建元件”菜单命令，新建一个图形元件，名称为“福”。在“新元件编辑窗口”中选择第 1 帧，单击工具栏上的文字工具 ，在场景中点击一下，并在“属性”面板中设置文本类型为“静态文本”，字体为“华文行楷”，大小为“32”，颜色为“黑色”，然后在场景中输入“福”字。

4 执行“插入/新建元件”菜单中的命令，新建一个图形元件，名称为“财到”。在编辑窗口选择第 1 帧，按上面的方法，在场景中输“倒财到”三个字，参数同上。

• 创建动画

1 在场景中新建一个图层。先在第 1 帧中，把库里的“吉祥如意”元件拖到场景的左边外面，在“属性”面板上设置元件的“Alpha”值为 3%。

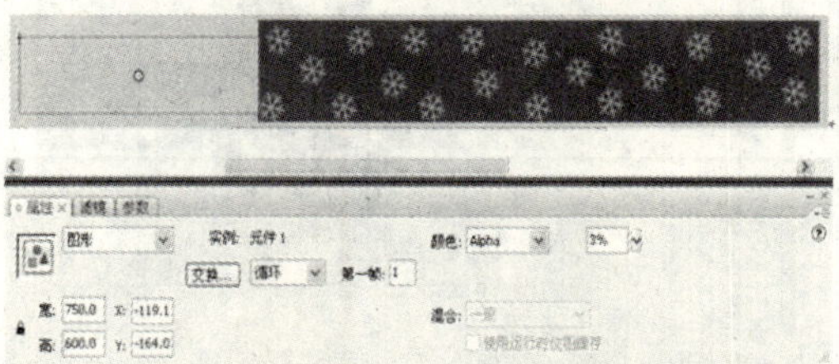

2 然后在第 20 帧处，按“F6”功能键，插入关键帧，把“吉祥如意”元件拖到场景的中间，设置“属性”面板的“Alpha”值为 100% 。在第 28 帧处，按“F6”功能键，插入关键帧，不改参数，这是为了给该文字对象一个停顿，让别人能看清楚。

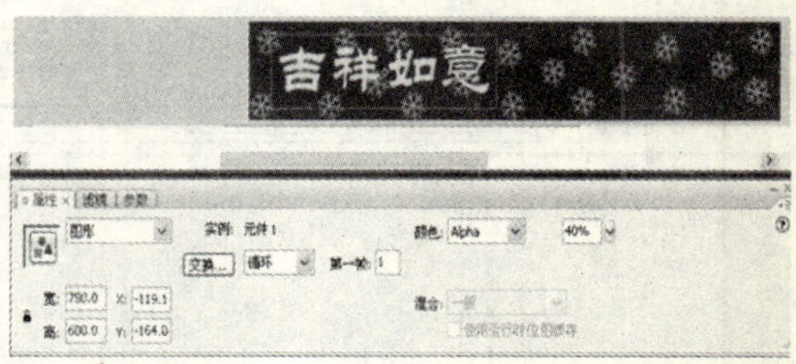

3 在第 38 帧处，按“F6”功能键插入关键帧，单击“属性”面板上颜色后的下拉按钮，在弹出的下拉列表中选择“色调”再单击颜色按钮，选择“黑色”。

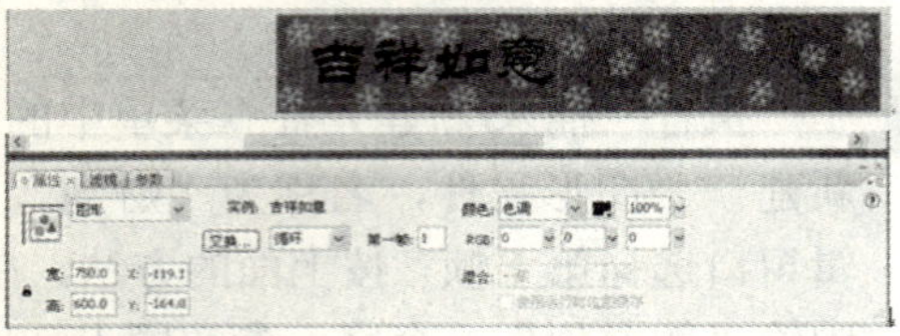

4 在第 50 帧处，按“F6”功能键，插入关键帧，并在“属性”面板的“颜色”下拉列表中选择“Alpha”，并将后面的数字调整为 3%。

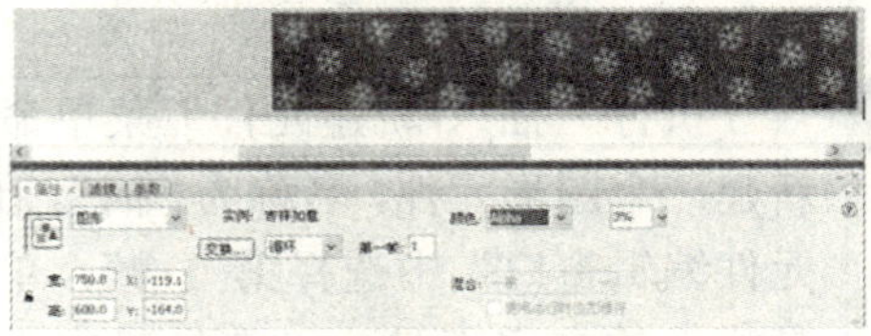

5 在第 1 帧、第 28 帧和第 38 帧处分别建立动作补间动画，在第 85 帧处，按“F5”键，插入普通帧使帧内容延续。

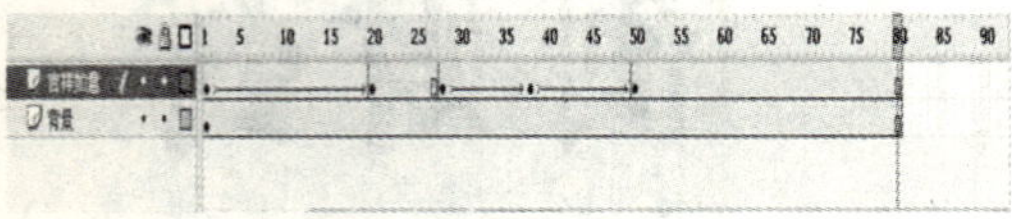

6 新建一个图层。选择第 1 帧，把库里的“花开富贵”元件拖到场景的右边外面，并在“属性”面板的“颜色”下拉列表中选择“Alpha”，并将后面的数字调整为 3%。

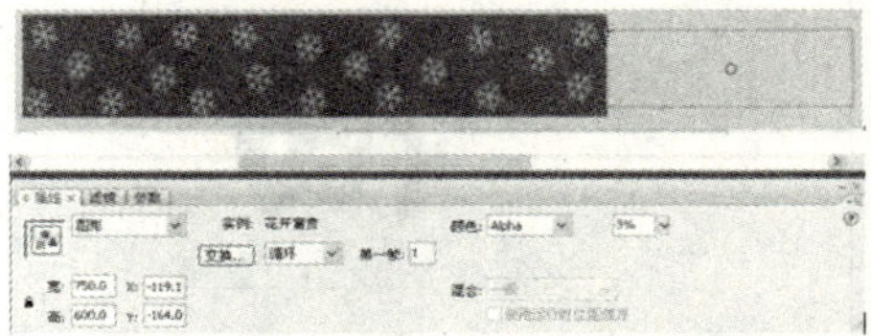

7 然后参照设置“吉祥如意”元件的步骤，设置“花开富贵”元件。设置完成后，时间轴上的表现如下图所示。

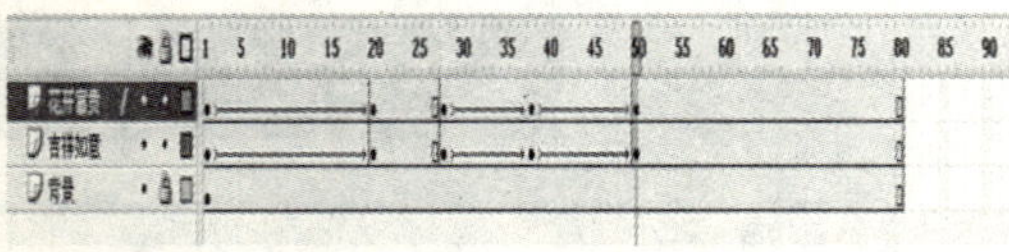

8 在场景中新建一个图层。在第 45 帧处，按“F6”功能键，插入关键帧，从“库面板”中将“福”元件拖到场景中。并利用“任意变形工具”将“福”字按一定比例放大。

9 在第 55 帧处，按“F6”功能键，插入关键帧，设置“属性”面板的参数不变。然后在工具箱中选择“任意变形工具”将“福”字按一定比例缩小，并旋转倒置。

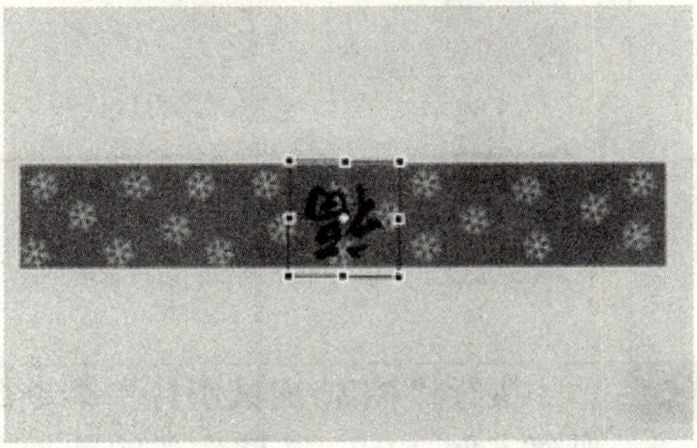

10 在第 45 帧处动作建立补间动画，顺时针旋转一圈。在第 60 帧处，按“F6”功能键，插入关键帧，这是为了给该文字对象一个停顿。

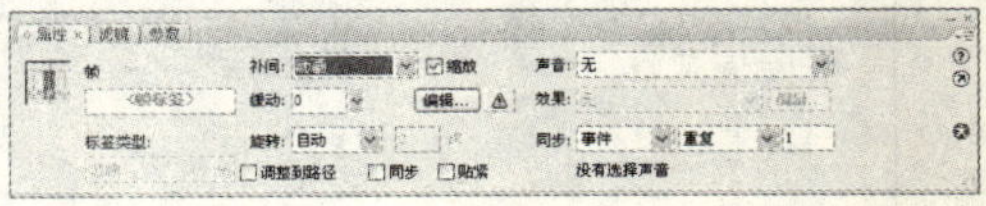

11 在第 70 帧处，按“F6”功能键插入关键帧，设置“属性”面板上的“颜色”选“色调”黄色。然后将“福”元件移动到场景的左边。

12 在第 60 帧处创建补间动画，然后在“属性”面板中的补间下拉列表中选择“补间”，并在第 80 帧处，按“F6”功能键，插入普通帧使帧内容延续。

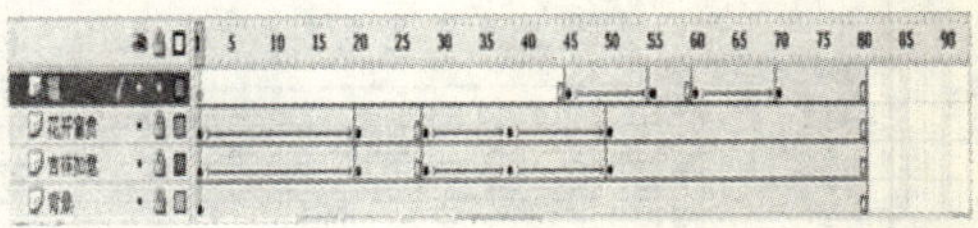

13 新建一个图层。选中第 70 帧，按“F6”功能键，插入关键帧，从“库”面板中将“福”元件拖到场景中，在“属性”面板上设置元件的“Alpha”值为 3%。

14 然后在第 80 帧处，按“F6”功能键，插入关键帧，从“库”面板中将“福”元件拖放到场景中，设置“属性”面板的“Alpha”值为 100%。

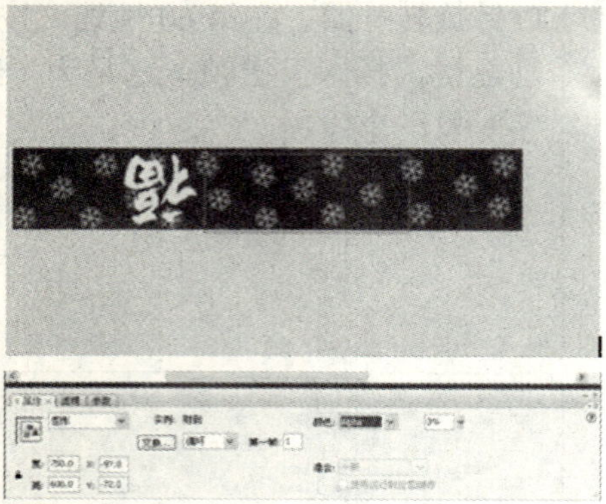

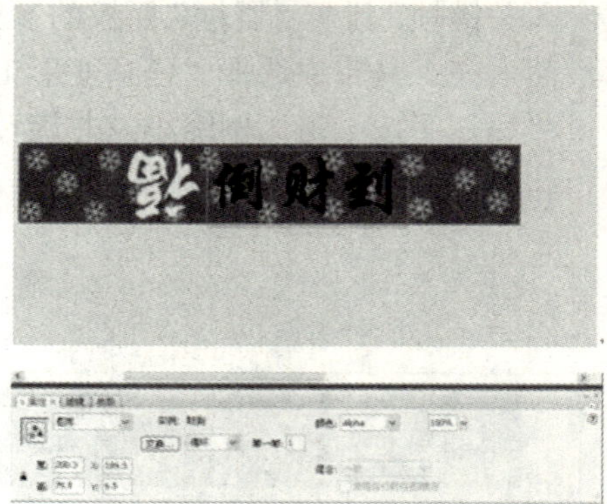

选中第 70 帧创建动作补间动画，然后在“属性”面板的补间下拉列表中选择“动画”，拖动播放头可以看到动画的运动过程。

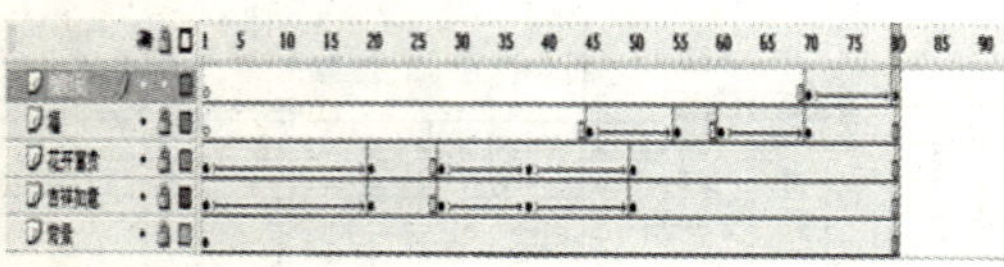

16 执行“控制/测试影片”菜单命令，观察本例 SWF 文件生成的动画有无问题，如果满意，执行“文件/保存”菜单命令，将文件保存为“福到.fla”文件存盘，如果要导出 Flash 的播放文件，执行“文件/导出/导出影片”菜单命令，保存为“福到.swf”文件。

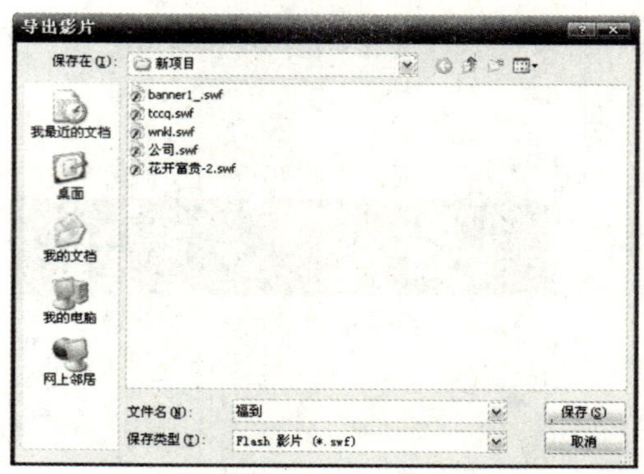

提示：

在实际制作中，本例中各图形元件的大小、位置均不必拘束于书中所示的数字，你可自行调整至满意为止。

电脑即学即用

教你学电脑

第 5 章　进阶动画制作

本章要点：

- 遮罩动画
- 引导路径动画
- 自定义缓入/缓出动画
- 按钮元件的应用

电脑博士，我已经学会基础动画的制作了，那么下一步将学什么知识来提高动画制作的水平呢？

小丽，从本章起将逐渐给大家介绍 Flash CS3 中经常会运用到的遮罩、引导路径、滤镜等特效动画的制作。

5.1 遮罩动画

在 Flash 的作品中，常常看到很多眩目神奇的效果，而其中不少就是用最简单的“遮罩”完成的，如水波、万花筒、百页窗、放大镜、望远镜等。

在本节中除了给大家介绍“遮罩”的基本知识外，还结合一些实际经验介绍一些“遮罩”的应用技巧。最后，提供一个很实用的范例，以加深对“遮罩”原理的理解。

5.1.1 遮罩动画的概念

什么是遮罩动画？
通过“遮罩层”来达到有选择地显示位于其下方的“被遮罩层”中的内容，就称为遮罩动画。

一个图层就像一张透明的纸张，透过上面的图层可以清晰地看到下面的图层，但是遮罩图层则不同，它就像不透明的纸张一样，将下面的被遮罩层遮住，而下面的被遮罩层若要显示出来，必须在上面的遮罩图层上挖一个洞，透过这个洞才能显示下面的图形。

遮罩层只对它下面的被遮罩层起作用，在一个遮罩动画中遮罩层只有一个，被遮罩层可以有任意一个。

遮罩层示例

在 Flash 动画中，“遮罩”主要有两种用途，一种是用在整个场景或一个特定区域，使场景外的对象或特定区域外的对象不可见；另一种是用来遮罩住某一元件的一部分，从而实现一些特殊的效果。

5.1.2 创建遮罩层的方法

如何创建遮罩层呢？
在 Flash 中没有一个专门的按钮来创建遮罩层，下面学习遮罩层的具体创建方法。

遮罩层其实是由普通图层转化的。你只要在某个图层上单击右键，在弹出菜单中把“遮罩”前打个钩，该图层就会生成遮罩层，“层图标”就会从普通层图标变为遮罩层图标“”，系统会自动把遮罩层下面的一层关联为“被遮罩层”，在缩进的同时图标变为“”，如果你想关联更多层被遮罩，只要把这些层拖到被遮罩层下面就行了。

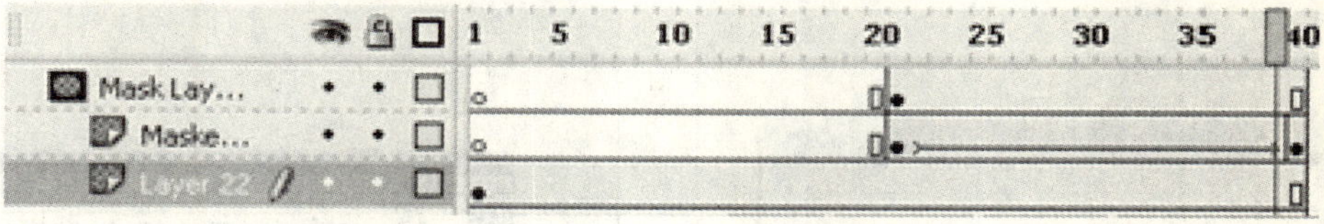

- **构成遮罩和被遮罩层的元素**

遮罩层中的图形对象在播放时是看不到的，遮罩层中的内容可以是按钮、影片剪辑、图形、位图、文字等，但不能使用线条，如果一定要用线条，可以将线条转化为“填充”。

被遮罩层中的对象只能透过遮罩层中的对象被看到。在被遮罩层，可以使用按钮、影片剪辑、图形、位图、文字、线条。

- **遮罩层中可以使用的动画形式**

可以在遮罩层、被遮罩层中分别或同时使用形状补间动画、动作补间动画、引导线动画等动画形式，从而使遮罩动画变成一个可以施展无限想象力的创作空间。

- **应用遮罩时的技巧**

1. 遮罩层的基本原理是：能够透过该图层中的对象看到“被遮罩层”中的对象及其属性（包括它们的变形效果），但是遮罩层中的对象中的许多属性如渐变色、透明度、颜色和线条样式等却是被忽略的。比如，我们不能通过遮罩层的渐变色来实现被遮罩层的渐变色变化。

2. 要在场景中显示遮罩效果，可以锁定遮罩层和被遮罩层。

3. 可以用“AS”动作语句建立遮罩，但这种情况下只能有一个“被遮罩层”，同时，不能设置“Alpha”属性。

4. 不能用一个遮罩层试图遮蔽另一个遮罩层。

5. 遮罩可以应用在 GIF 动画上。

6. 在制作过程中，遮罩层经常挡住下层的元件，影响视线，无法编辑，可以按下遮罩层时间轴面板的显示图层轮廓按钮，使遮罩层只显示边框形状。在这种情况下，你还可以拖动边框调整遮罩图形的外形和位置。

提示：在被遮罩层中不能放置动态文本。

1　执行“文件/新建”菜单命令，在弹出的面板中选择“常规/Flash 文档”选项后，单击“确定”按钮，新建一个影片文档，在“属性”面板上设置文件大小为 550×400 像素，背景色为白色，单击“确定”按钮。

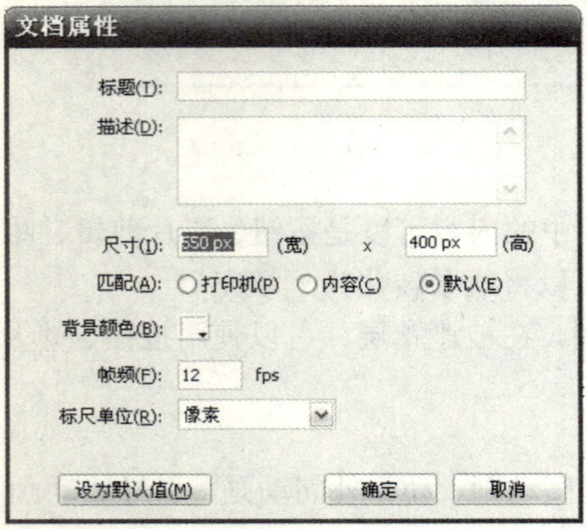

2　单击时间轴窗口中的“图层 1”，然后在工具箱中选择“文本工具”，并在舞台中输入文字“万水千山总是绿”，在“属性”面板中设置字体大小、颜色等。

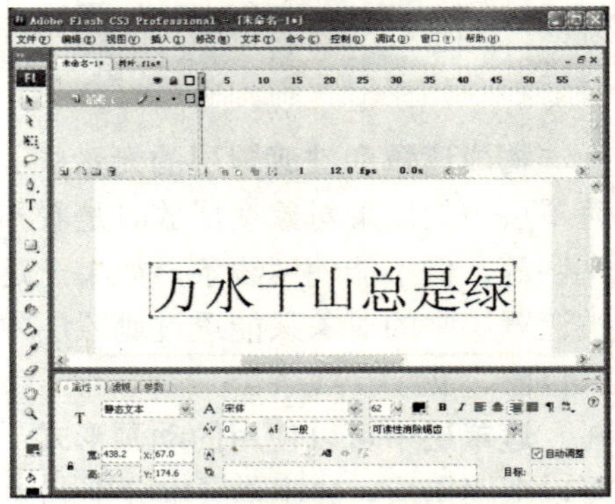

3　新建“图层 2”，选中第 1 帧，然后在工具箱中选择“椭圆工具” ○ ，并在舞台中绘制一个圆，执行“修改/转换为元件”菜单命令，弹出“转换为元件”对话框，在名称文本框中输入“闪光线”，并选择类型为“图形”，单击“确定”按钮。

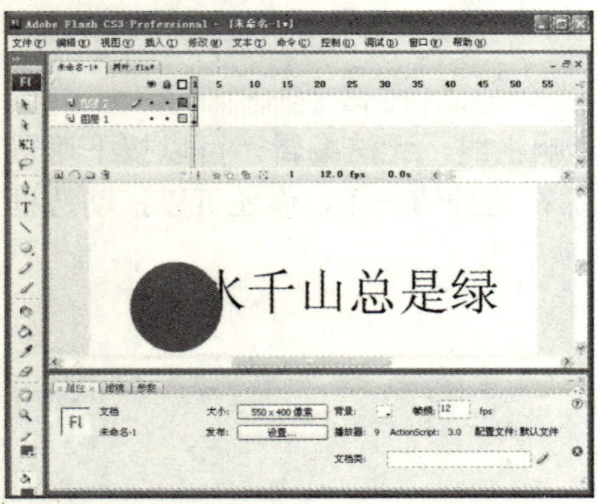

4　在“图层 1”的第 45 帧处，按“F5”功能键插入普通帧，在“图层 2”的第 45 帧处，按“F6”功能键插入关键帧。

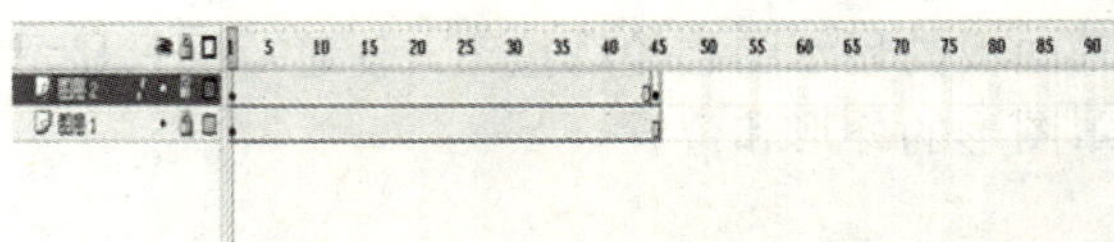

5　在“图层 2”的第 1～第 45 帧中的任何一帧上单击鼠标右键，在弹出的快捷菜单中执行“创建补间动画”命令。

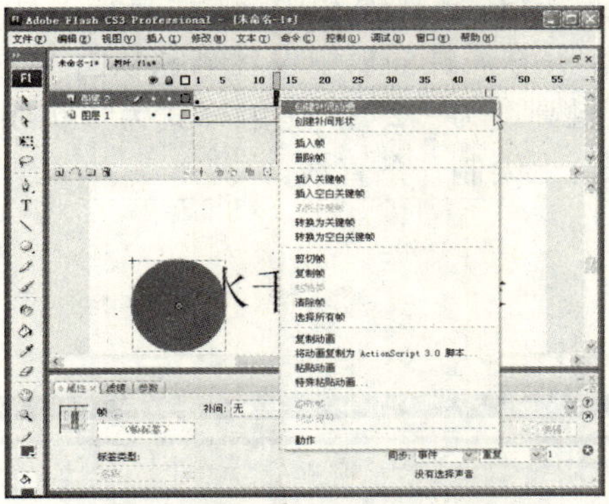
Adobe Flash CS3 Professional - [未命名-1*]

6　单击“图层 2”中的第 45 帧，将圆从左边拖动到右边。然后在“图层 2”上单击鼠标右键，在弹出的快捷菜单中执行“遮罩层”命令。

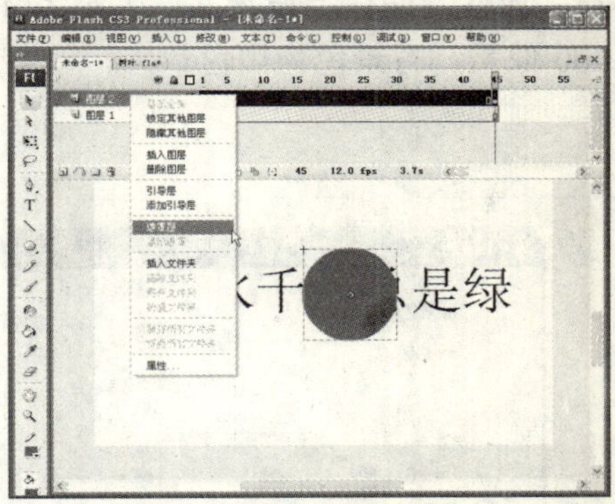
Adobe Flash CS3 Professional - [未命名-1*]

7　制作完成后，用鼠标拖动播放头，将会发现，只有在圆经过的时候，“图层 1”中的文字才会出现。

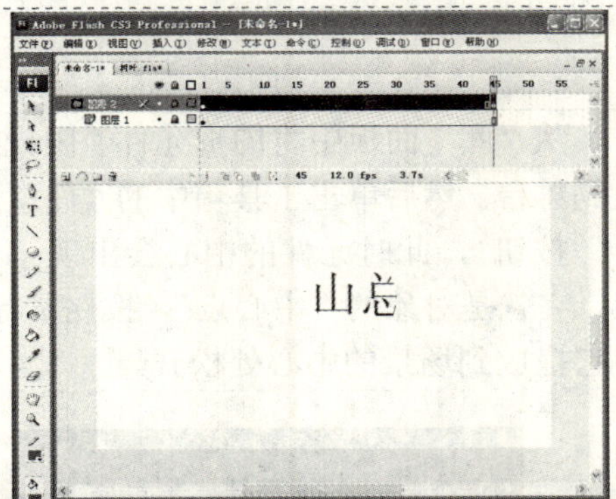
Adobe Flash CS3 Professional - [未命名-1*]
山岚

提示：

在移动遮罩层上的对象时，不可以使用引导层。

遮罩层中的对象只能是单一形体、组件实例或文本形体。

在遮罩层上，系统将忽略图像、渐变色、透明度设置和线型等属性。

5.1.3　制作遮罩动画

怎样制作遮罩动画效果呢？
本节我们通过一个实例来帮助你了解遮罩动画制作过程，以加深对遮罩动画的理解。

本实例主要通过创建遮罩动画、使用变形面板复制对象、使用橡皮工具中的“水笼工具”和擦除线条等操作，制作一个闪闪的红星。

1

执行“文件/新建”菜单命令，在弹出的面板中选择“常规/Flash 文档”选项后，单击“确定”按钮，新建一个影片文档，在“属性”面板上设置文件大小为 400×400 像素，背景色为黑色。

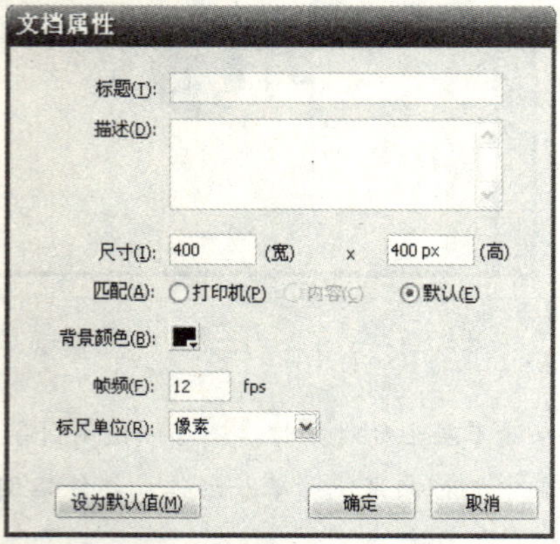

2

执行“插入/新建元件”菜单命令，弹出“创建新元件”对话框，在名称文本框中输入“闪光线”，并选择类型为“图形”，单击“确定”按钮。在工具箱中选择“直线工具” 按钮，并在属性面板中设置笔触颜色为“黄色”，笔触高度为“2”，笔触样式为“实线”，在舞台上绘制一条直线。

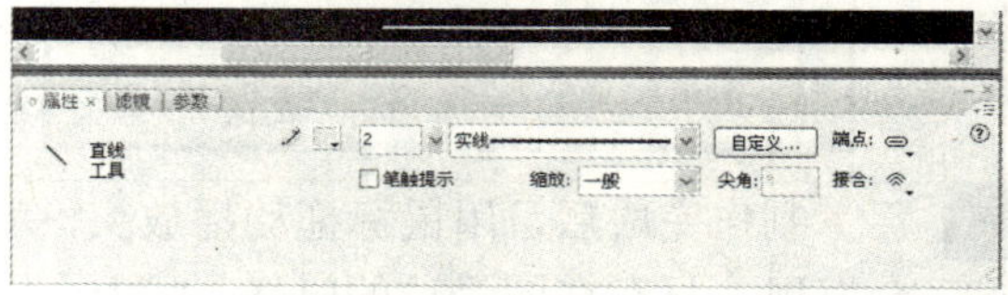

3

执行“插入/新建元件”菜单命令，新建一个图形元件，名称为“闪光线组合”，单击“确定”按钮。

4

从“库”面板中将图形元件“闪光线”拖放到舞台。然后单击工具箱中的“任意变形工具”按钮 ，此时元件的中心会出现一个小白点，它就是对象的“中心点”，按住鼠标左键，将它拖放到场景的中心处松开。

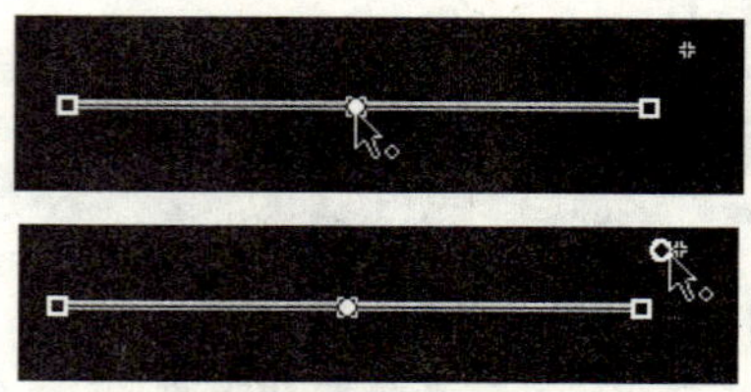

5

执行“窗口/变形”菜单命令，会弹出变形面板，然后选中场景中的直线，在“变形”面板中“旋转”文本框中输入旋转数值为“15”，再连续单击“复制并应用变形”按钮。直到得到如下图所示效果。

6

单击时间轴上的关键帧，选中全部图形并按下“Ctrl+B”键把线条打散，再执行“修改/形状/将线条转换为填充”菜单命令，将线条转变为形状。

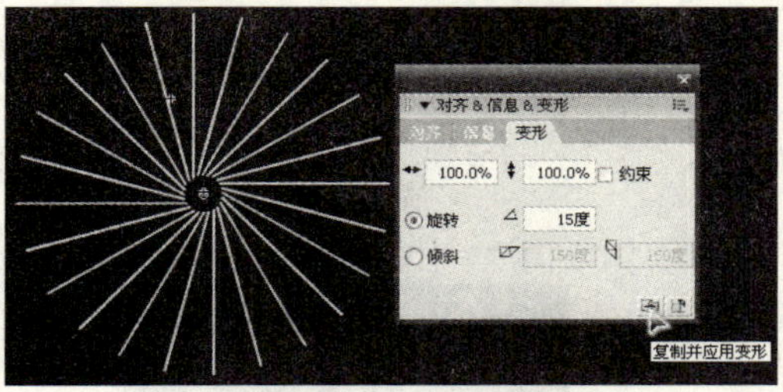

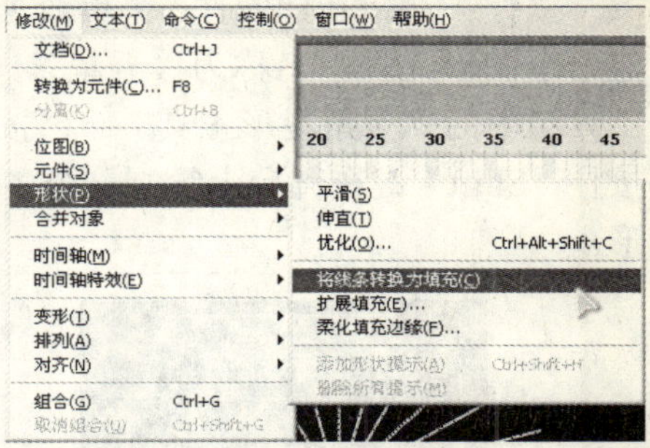

7 执行“插入/新建元件”菜单命令，新建一个影片剪辑，名称为“闪光”，单击“确定”按钮。

8 进入“新元件编辑窗口”，从库将图形元件“闪光线条组合”的元件拖到舞台上，对齐中心点，复制此元件，在第30帧处，按“F6”功能键，插入关键帧，选中第1帧，打开“属性”面板，在“属性”面板的补间下拉列表中选择“动画”，并在旋转下拉列表中选择“顺时针”，设置次数为1。

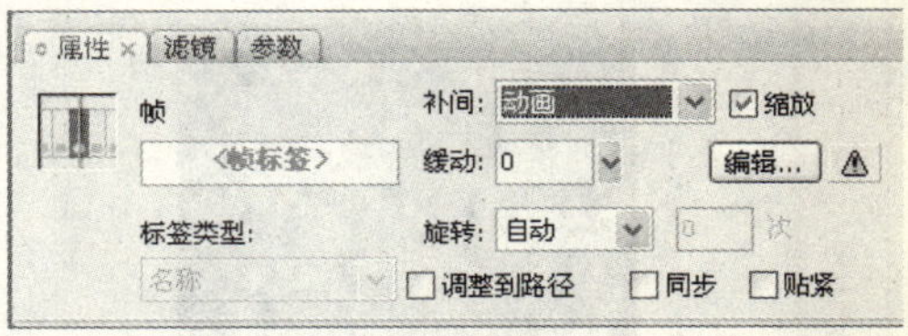

9 然后新建一层，选中第1帧，执行“编辑/粘贴到当前位置”菜单命令，使两层中的“闪光线条组合”完全重合，再执行“修改/变形/水平翻转”菜单命令，让复制过来的线条和第一层的线条方向相反，在场景中形成交叉的图形。

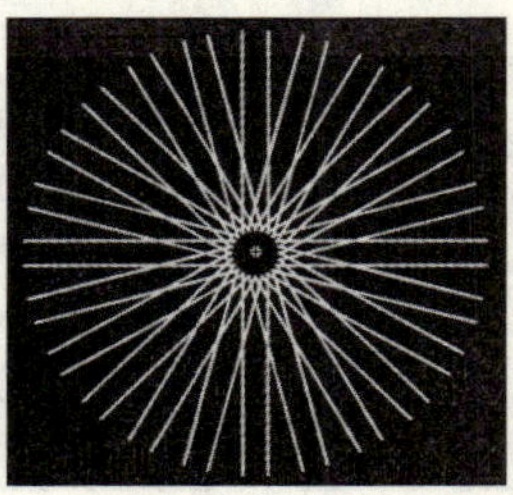

10 在第30帧处，按“F6”功能键，插入关键帧，然后选中第1帧，在“属性”面板的补间下拉列表中选择“动画”，并在旋转下拉列表中选择“逆时针”，设置次数为“1”。

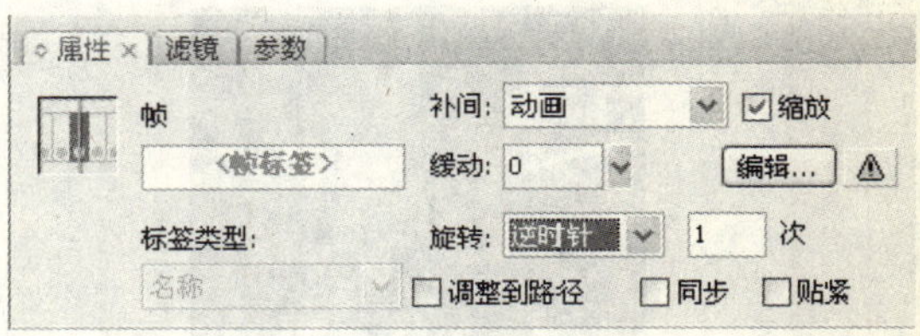

11 执行“插入/新建元件”菜单命令，新建一个图形元件，名称为“五星”。单击工具箱中的“多角星形工具” 按钮，按住“Shift”键在舞台上绘制一个多角星形。

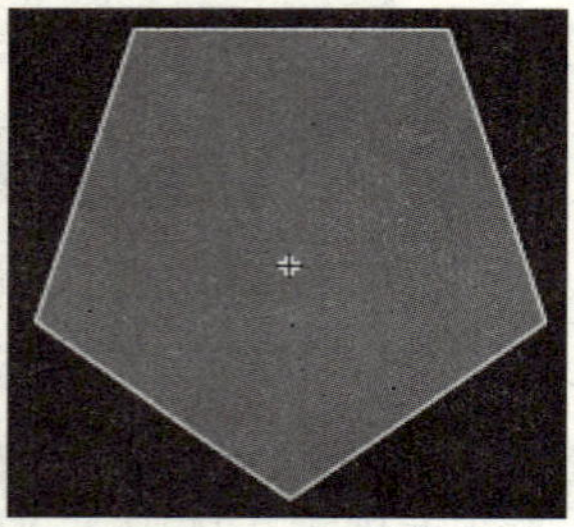

12 在工具箱中选择“线条工具” 按钮，绘制绿色线条分别连接五个角的顶端，五角星的模样已经出来了。

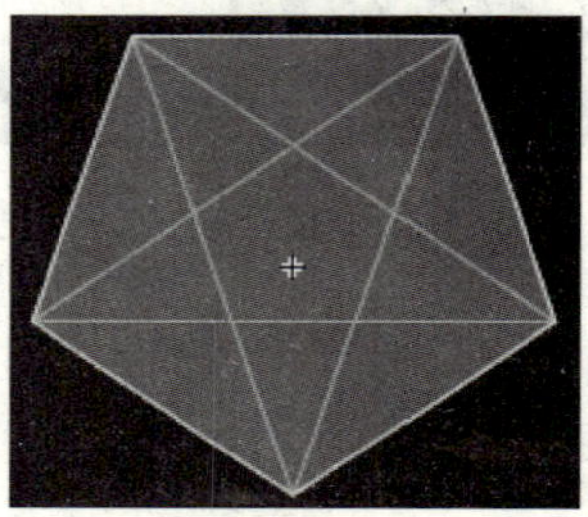

13 然后再绘制白色线条分别连接五角星的五个角和中心点。

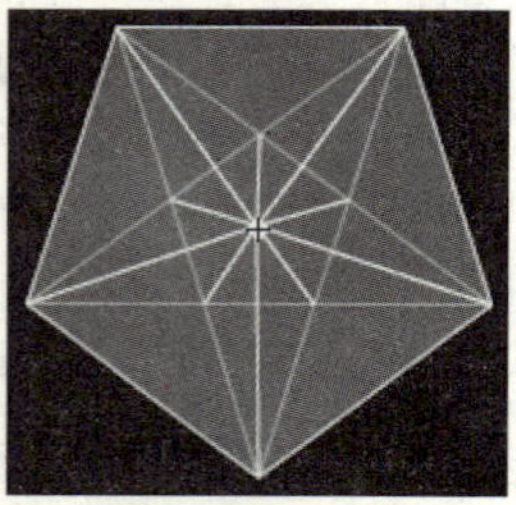

14 单击工具箱中的橡皮工具“”按钮，在选项面板中选择“水龙头”“”工具，在多余的线段上点一下，去除线段和填充色，然后在工具箱中选择“任意变形工具”，调整成如下图所示效果。

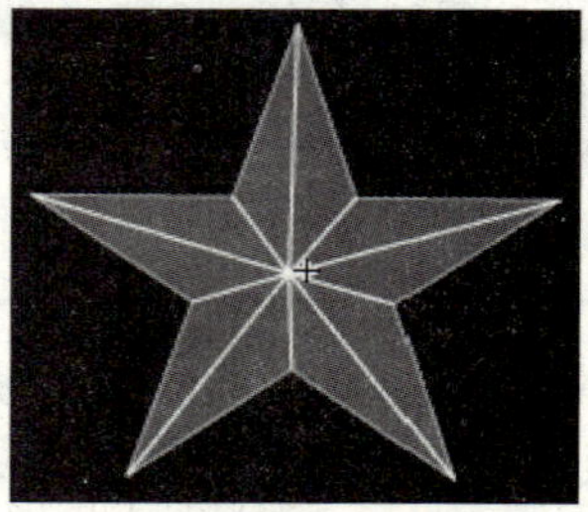

15 在工具箱中选择“油漆筒工具”，给五角星上色，每个角的左右颜色可略有区别，增加立体感。

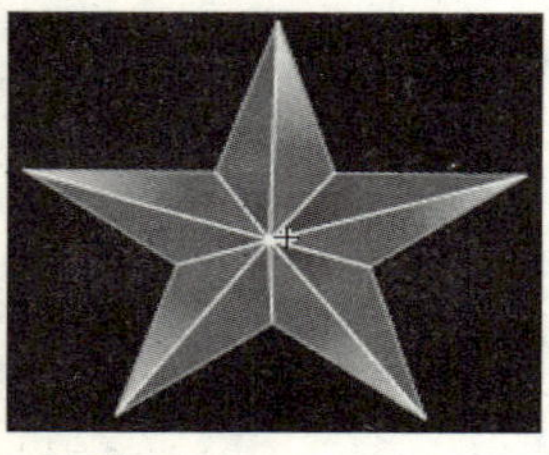

16 再选择“橡皮擦工具”，在选项面板上单击“”按钮，在弹出的选项“擦除线条”前打钩去除线条，最后五角星效果如下图所示。

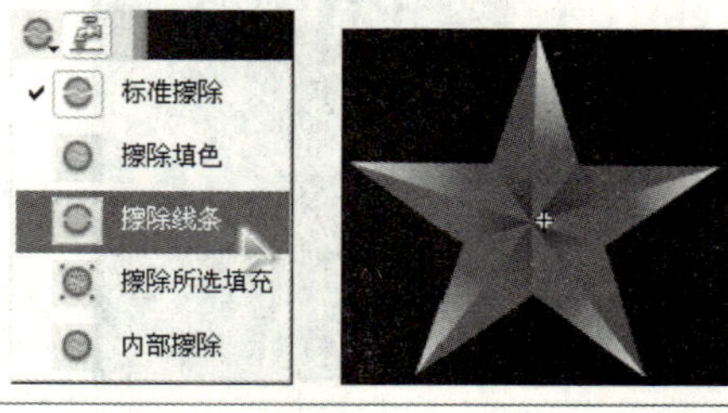

17 回到主场景中，新建“图层 2”、“图层 3”，把“闪光”元件拖入“图层 2”，将“五星”元件拖入“图层 3”，完成后的时间轴面板如下图所示。

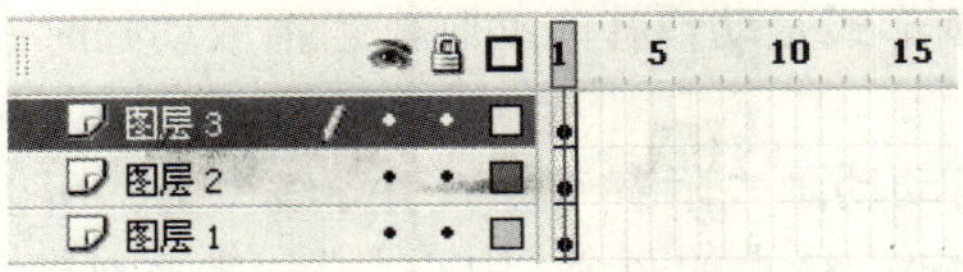
1 5 10 15
图层 3
图层 2
图层 1

18 按“Ctrl+Enter”组合键，测试动画。此时，你欣赏着自己亲手做的“红星闪闪”动画，再回想一下“遮罩”在动画中的作用，是否已经感受到“遮罩”这一功能的神奇。

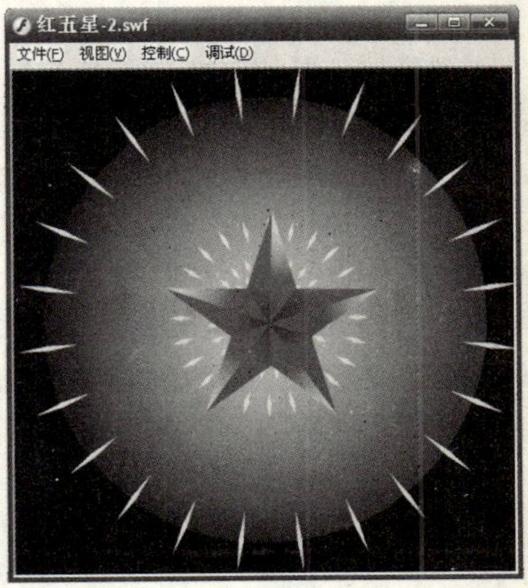
红五星-2.swf
文件(F) 视图(V) 控制(C) 调试(D)

5.2 引导路径动画

单纯依靠设置关键帧，有时仍然无法实现一些复杂的动画效果，有很多运动是弧线或不规则的，如月亮围绕地球旋转、鱼儿在大海里遨游等，在 Flash 中通过“引导线路径动画”就能制作这样的效果。

5.2.1 引导路径动画的概念

什么是引导路径动画呢？
在 Flash 中将一个或多个层链接到一个运动引导层，使一个或多个对象沿同一条路径运动的动画形式被称为“引导路径动画”。

一个最基本的“引导路径动画”由两个图层组成，“引导层”和“被引导层”。

“引导层”其实也是由普通图层转化的。你只要在普通图层上点击时间轴面板的“添加引导层”按钮“”，该层的上面就会添加一个引导层“”，同时该普通层缩进成为“被引导层”。

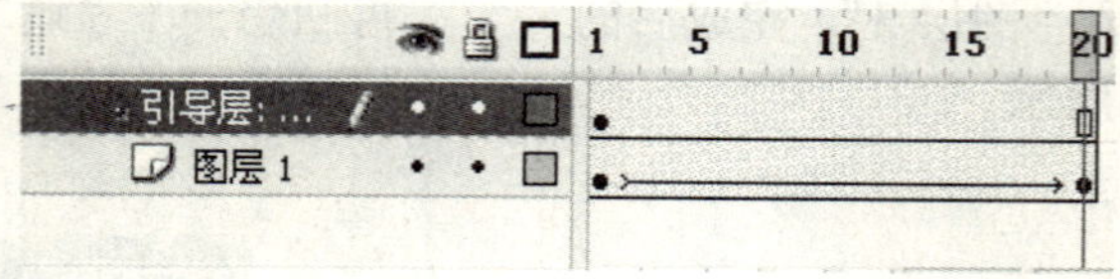

“引导层”是用来指示元件运行路径的，所以“引导层”中的内容可以是用钢笔、铅笔、线条、椭圆工具、矩形工具或画笔工具等绘制出的线段。而“被引导层”中的对象是跟着引导线走的，可以使用影片剪辑、图形元件、按钮、文字等，但不能应用形状。由于引导线是一种运动轨迹，不难想象，“被引导层”中最常用的动画形式是动作补间动画，当播放动画时，一个或数上元件将沿着运动路径移动。

“引导路径动画”最基本的操作就是使一个运动动画“附着”在“引导线”上。所以操作时特别得注意“引导线”的两端，被引导的对象起始、终点的两个“中心点”一定要对准“引导线”的两个端头这一点非常重要，是引导线动画顺利运行的前提。

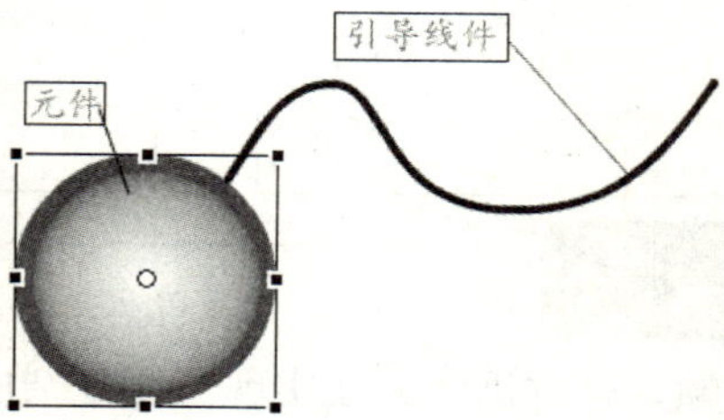

创建引导路径动画的技巧：

1．“被引导层”中的对象在被引导运动时，还可作更细致的设置。比如运动方向，把“属性”面板上的“调整到路径”前打上钩，对象的基线就会调整到运动路径。而如果勾选“贴紧”复选项，元件的中心点就会与运动路径贴紧。

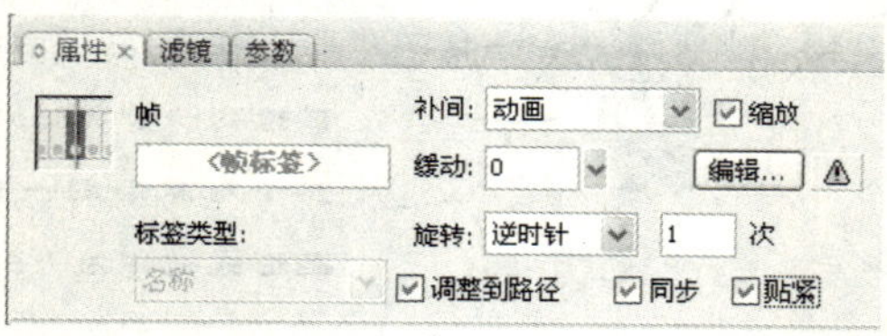

2．引导层中的内容在播放时是看不见的，利用这一特点，可以单独定义一个不含“被引导层”的“引导层”，该引导层中可以放置一些文字说明、元件位置参考等。此时，引导层的图标为“”。

3．在做引导路径动画时，按下工具栏上的“对齐对象”功能“ ”按钮，可以使“对象附着于引导线”的操作更容易成功。

4．过于陡峭的引导线可能使引导动画失败，而平滑圆润的线段有利于引导动画成功制作。

5．被引导对象的中心对齐场景中的十字星，也有助于引导动画的成功。

6．向“被引导层”中放入元件时，在动画开始和结束的关键帧上，一定要让元件的注册点对准线段的开始和结束的端点，否则无法引导，如果元件为不规则形，单击工具箱上的任意变形工具“ ”按钮，调整中心点。

7．如果想解除引导，可以把被引导层拖离“引导层”，或在图层区的引导层上单击右键，在弹出的快捷菜单上选择“属性”框中选择“一般”作为图层类型。

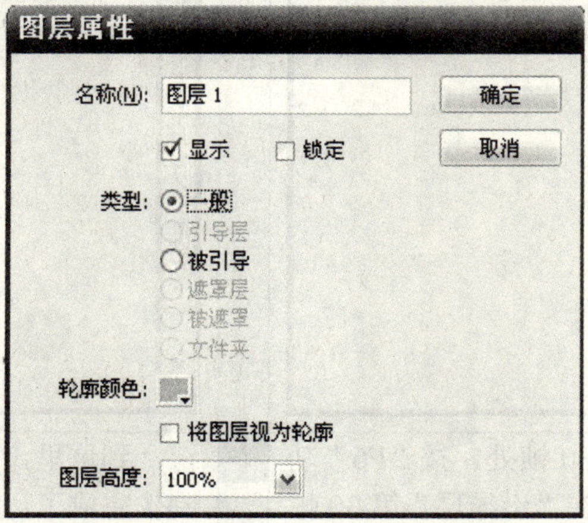

8．如果想让对象做圆周运动，可以在“引导层”画个圆形线条，再用橡皮擦去一小段，使圆形线段出现两个端点，再把对象的起始、终点分别对准端点即可。

9．引导线允许重叠，比如螺旋状引导线，但在重叠处的线段必须保持圆润，让 Flash 能辨认出线段走向，否则会使引导失败。

5.2.2 创建引导路径动画

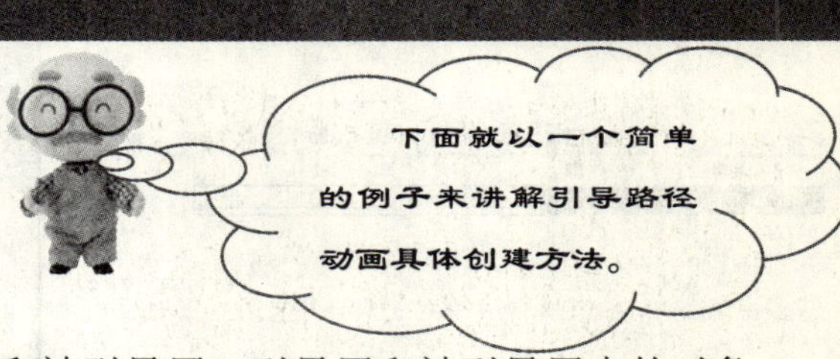

创建引导路径动画的方法：创建引导层和被引导层；引导层和被引导层中的对象。

下面介绍具体的操作步骤。

1 新建 Flash 文档，保持其默认设置。选中图层第 1 帧，单击工具箱中的“椭圆工具” 按钮，在舞台左侧绘制一个圆，然后执行“修改 / 转换为元件”菜单命令，弹出“转换为元件”对话框，在该对话框的名称文本框中输入“圆”，并选择类型为“图形”，单击“确定”按钮。

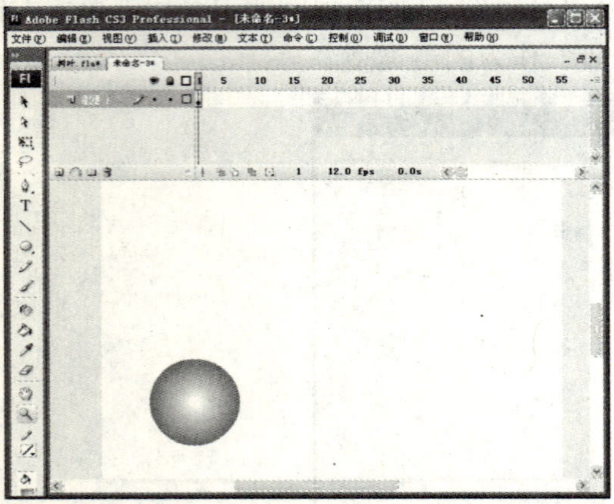

2 在时间轴上单击 按钮，系统将自动添加一个引导层。然后在工具箱中选择“直线工具” ，在舞台上绘制一条路径。

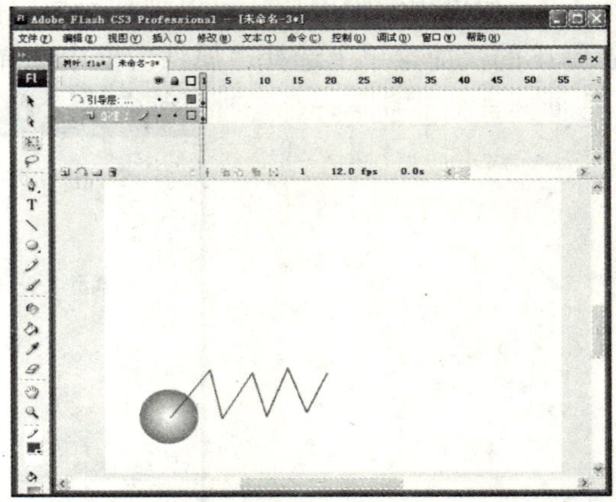

3 在“图层 1”第 30 帧处，按“F6”功能键，插入关键帧，在“引导层”第 30 帧处，按“F5”功能键插入普通帧。然后选中“图层 1”第 1 帧，单击鼠标右键，在弹出的快捷菜单中执行“创建补间动画”命令。

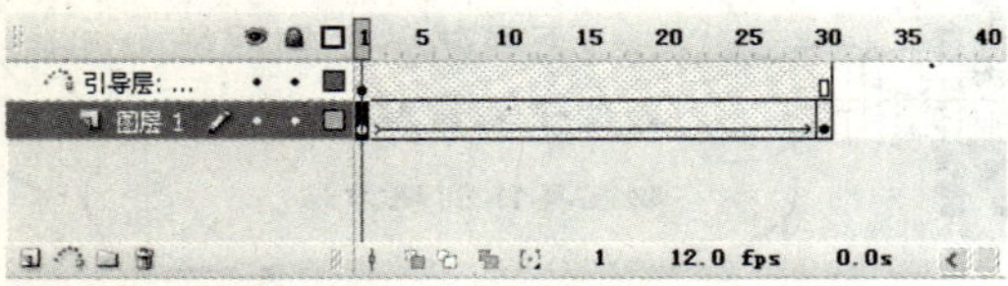

4 到这里，一个简单的引导路径动画就制作完成了，按“Ctrl+Enter”组合键，测试动画。引导线的作用就是让一个物体沿引导线的方向运动。

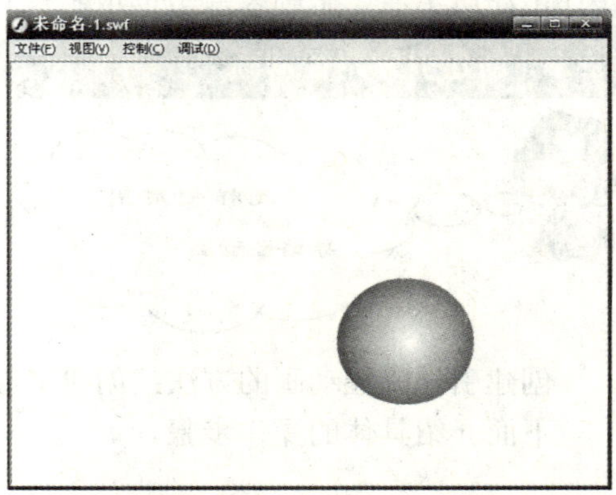

5.2.3 制作引导路径动画

本实例中包括了补间运动动画、补间形状动画、遮罩动画、引导路径动画等四种动画形式，制作上要比前面几例中的实例难度大一些，不过，它能综合复习前面学过的内容，操作原理也是我们熟悉的，相信你一定能顺利完成这个实例。

•本例中的元件较前面的实例要多一些，我们把它们分成“水泡部分”、“海底部分”、“游鱼部分”三个部分来叙述。先来创建水泡部分。

1 执行“文件/新建”菜单命令，在弹出的面板中选择“常规/Flash 文档”选项后，单击“确定”按钮，新建一个影片文档，在“属性”面板上设置文件大小为 500×400 像素，背景色为深蓝色。

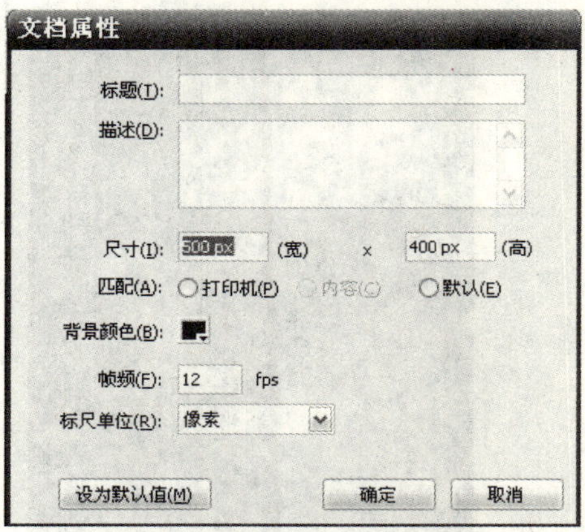

2 执行“插入/新建元件”菜单命令，新建一个图形元件，名称为“水泡”。在工具箱中选择“椭圆工具”，然后在场景中绘制一个无边的圆，再设置混色器面板的参数。四个调节手柄全为白色，“Alpha”值从左向右依次为 100%、40%、10%、100%。在工具箱中选择“颜料桶工具”，在圆的中心偏左上的地方单击，如对填充的颜色不满意，可以用填充“变形工具”进行调整。

3 执行“插入/新建元件”菜单命令，弹出“创建新元件”对话框。在该对话框中的名称文本框中输入“水泡引导线”，并选择类型“影片剪辑”，单击“确定”按钮。

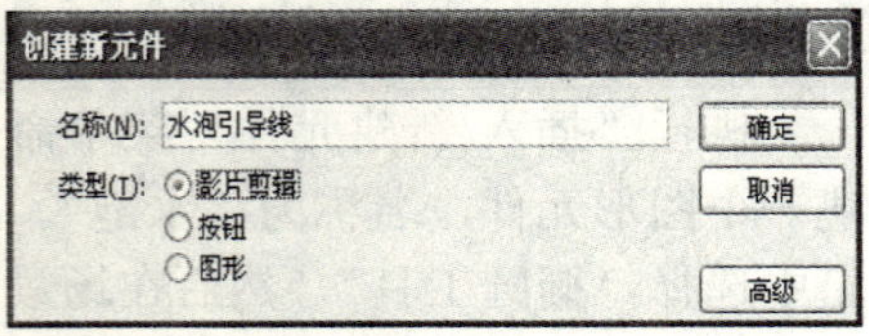

4 单击“添加引导层”按钮，新建引导层。在工具箱中选择“铅笔工具”，从舞台中心向上绘制一条曲线。在第 50 帧处，按“F5”功能键插入普通帧。选中被引导层的第 1 帧，将库中的“水泡”元件，拖放在引导线的下端，在第 50 帧处，插入关键帧，把“水泡”元件移到引导线的上端并设置 Alpha 值为 50%。

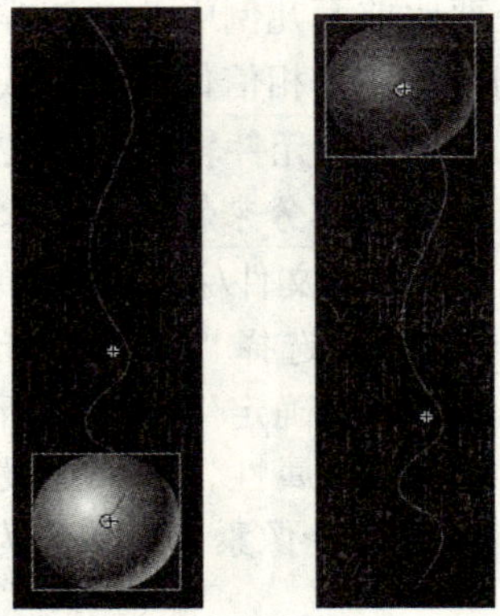

5 执行“插入/新建元件”菜单命令，弹出“创建新元件”对话框，在该对话框中的名称文本框中输入“水泡群”，并选择类型“影片剪辑”，单击“确定”按钮。

6 从“库”面板中拖放数个“水泡引导线”元件到舞台上，任意改变大小位置。

• 创建“鱼”和“鱼引导线”元件

1　执行“插入/新建元件”菜单命令，弹出“创建新元件”对话框，在该对话框的名称文本框中输入“鱼”，并选择元件类型为“图形”，单击“确定”按钮。进入元件编辑场景，先绘制出“鱼”的轮廓，然后在工具箱中选择性“颜料桶工具”填充颜色。也可以根据自己喜欢的样式任意绘制。

2　执行“插入/新建元件”菜单命令，弹出“创建新元件”对话框，在该对话框中的名称文本框中输入“鱼引导线”，并选择类型“影片剪辑”，单击“确定”按钮。

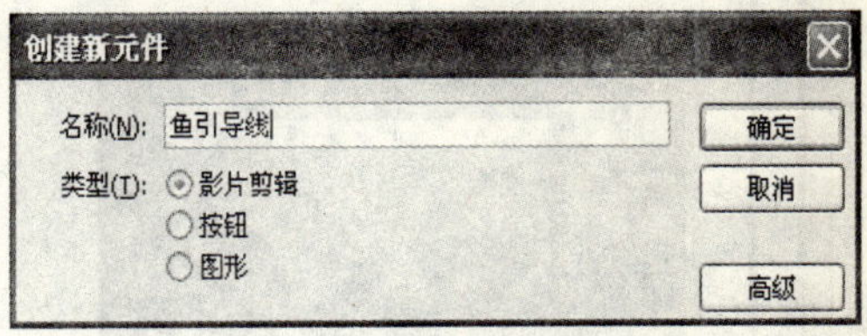

3　在时间轴面板上，单击“添加引导层”按钮，新建引导层，并在工具箱中选择“铅笔工具”，在场景中画一条曲线作鱼儿游动时的路径。在“被引导层”中将“库”面板中的名为“鱼”的元件拖入到场景中，在第 1 帧及第 80 帧中分别置于引导线的两端。

4　选中第 1 帧创建动作补间动画，在“属性”面板上勾选“调整路径”、“同步”、“对齐”复选项。

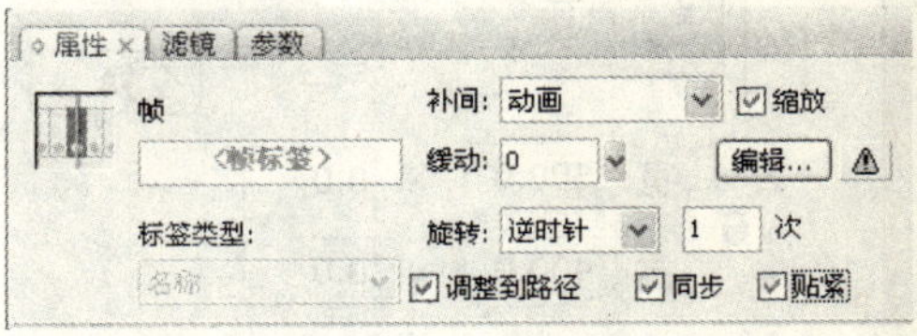

• 创建“海底”元件和“遮罩线”元件

1　执行“插入/新建元件”菜单命令，新建一个图形元件，名称为“海底”。选中第 1 帧，然后再执行“文件/导入到舞台”菜单命令，将选择好的背景图片导入到场景中。当然也可以自己动手制作背景。

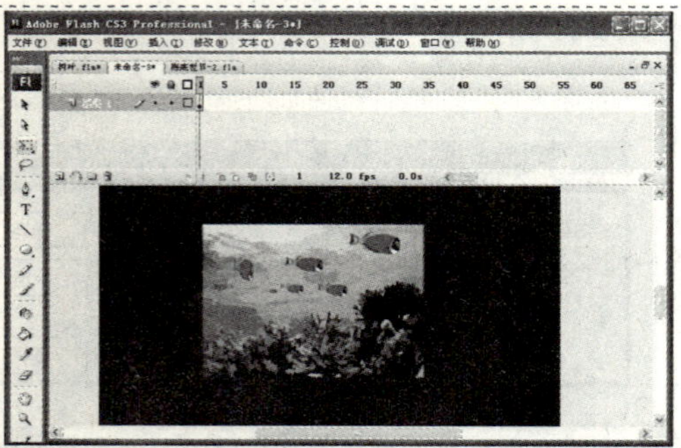

2　执行“插入/新建元件”菜单命令，新建一个图形元件，名称为“遮罩线”。在场景中画一个 700×4 像素的无边矩形，因为“遮罩层”中的图形在播放时不会显示，所以颜色任意。复制并粘贴这个矩形，向下移一点位置，使其变成两个，再复制并粘贴这两个矩形，再向下移一点位置，使其变为四个，如此循环，直至创建出一个 700×650 像素的矩形。

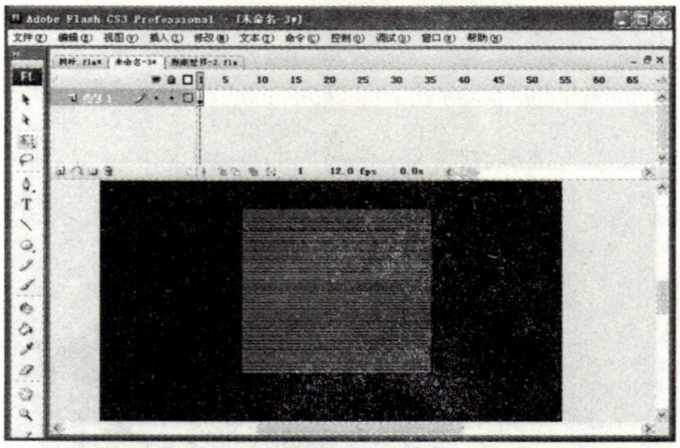

• 创建“波动效果”元件

1　执行“插入/新建元件”菜单命令，新建一个影片剪辑，名称为“波动效果”。选中“图层 1”作为当前层，从“库”面板中把名为“海底”的图形元件拖放到舞台，在“属性”面板上设置元件的 X 值为 0，Y 值为 0。

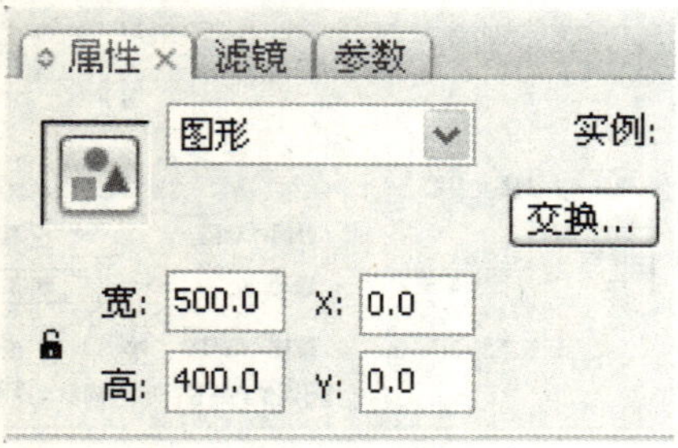

2　选中“图层 1”的第 1 帧，用鼠标单击右键，在弹出的快捷菜单中执行“复制帧”命令，在第 80 帧处插入普通帧。

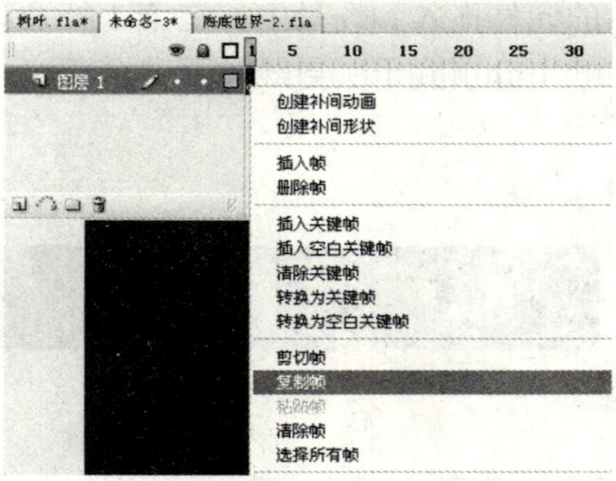

3 新建“图层 2”，选中第 1 帧单击鼠标右键，在弹出的快捷菜单中执行“粘贴帧”命令，把刚才的元件粘到第二层里。

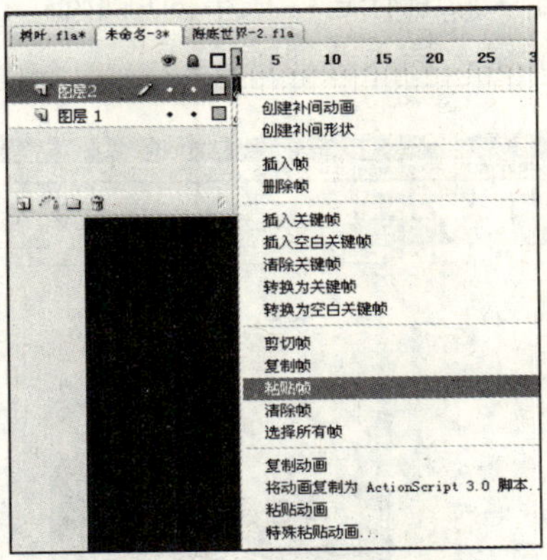

4 执行“窗口/属性/属性”菜单命令，在弹出的“属性面板”上设置该元件的 X 值为 0，Y 值为 1，Alpha 值为 80%，在第 80 帧处插入普通帧。

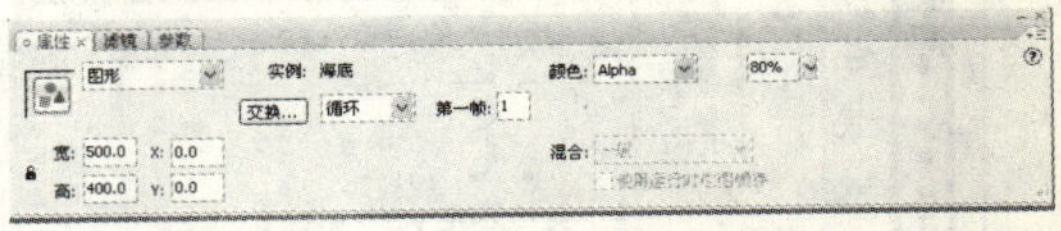

5 新建一层，选中第 1 帧，从库中把名为“遮罩线”的元件拖放到舞台，注意下面的边缘对着“海底”图片的下边缘。在第 80 帧处插入关键帧，拖动“遮罩线”，使其上边缘对着“海底图片”的上边缘。

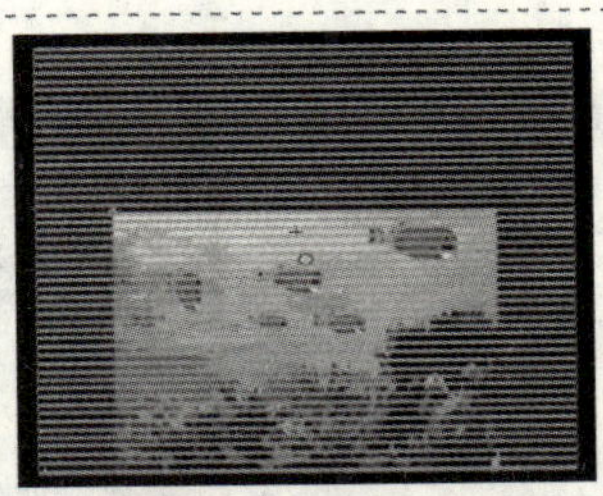

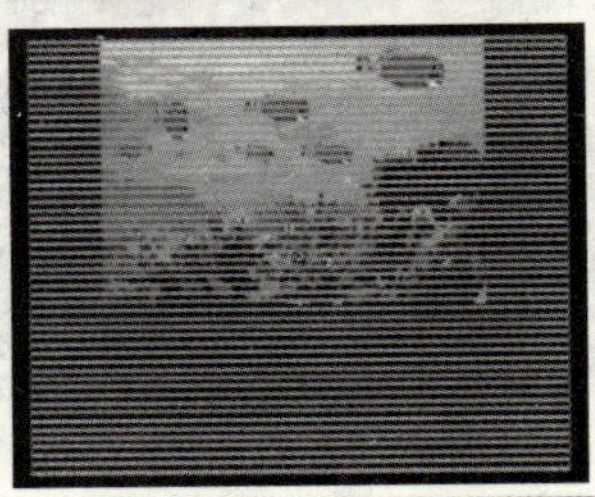

6 在时间轴的第 1 帧上单击鼠标右键，在弹出的快捷菜单中执行“创建补间动画”命令，将此层作为遮罩层，此时下面图层自动缩进被遮罩层。至此，这个动画所需的基本构件已经制作完成，接下来还必须在场景中把各个构件“组装”起来。

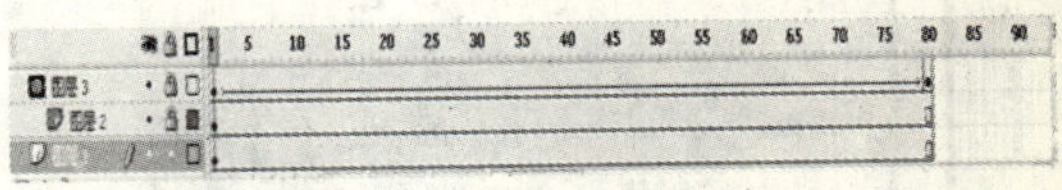

- **创建动画**

1 从库中把名为“波动效果”的元件拖到场景中，在第 80 帧插入普通帧，该层命名为“背景”。

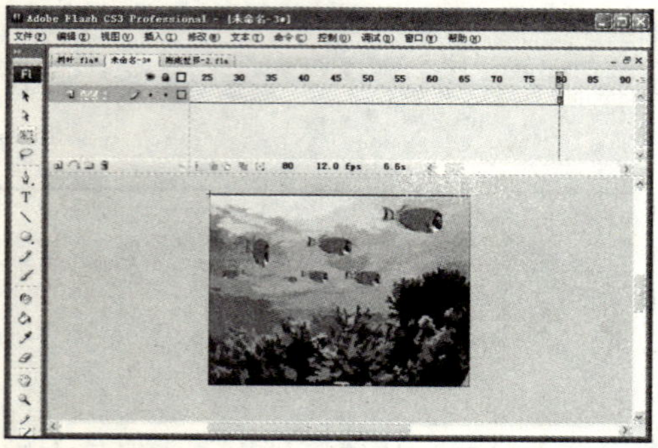

2 新建“图层 2”，重命名为“水泡”图层，在第 1 帧、第 30 帧处，从“库”面板中将“水泡群”的元件拖到场景中来，数目、大小、位置任意，在第 80 帧处，按“F5”功能键，插入普通帧。

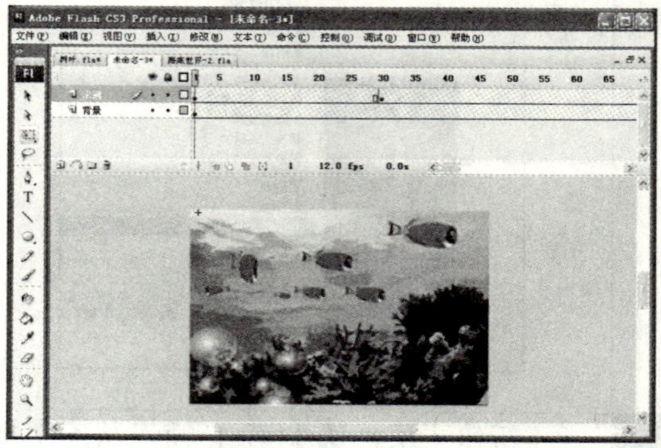

3 新建“图层 3”重命名为“鱼”图层，从“库”面板中将“鱼引导线”元件拖放到场景的左侧，数目、大小、位置任意，在第 80 帧处，按“F5”功能键，插入普通帧。

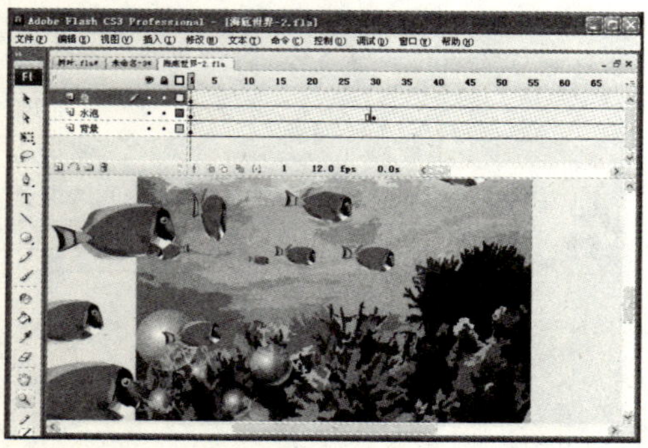

4 按“Ctrl+Enter”组合键对影片进行测试，其运行效果如下图所示。

5.3 自定义缓入/缓出动画

在 Flash CS3 中，如果要制作如弹跳、反弹等动作的动画时，就可以不必使用引导路径动画或一帧一帧添加关键帧去实现这些动作。这时就可以使用比较简单的“自定义缓入/缓出”动画来制作。在本节中将以实例来介绍“自定义缓入/缓出”动画的制作方法，加深对 “自定义缓入/缓出”动画的理解。

自定义动画应用实例

• 创建动画元件

1 执行“插入/新建元件”菜单命令，弹出“创建新元件”对话框，在“名称”文本框中输入元件名称“背景”，并选择元件类型为“图形”，单击“确定”按钮。

2 单击工具箱中的“矩形工具” 按钮，然后在舞台上绘制一个无边矩形颜色任意，再设置颜色面板的参数，选择类型为“线性”，分别设置 3 个手柄的颜色为#000000、#025C01、#158420，再选择“颜料桶工具” ，单击填充锁定按钮“ ”，在画好的矩形上面单击左键按住不放向下拉，如对填充的颜色不满意，可以选择填充“变形工具” 进行调整。

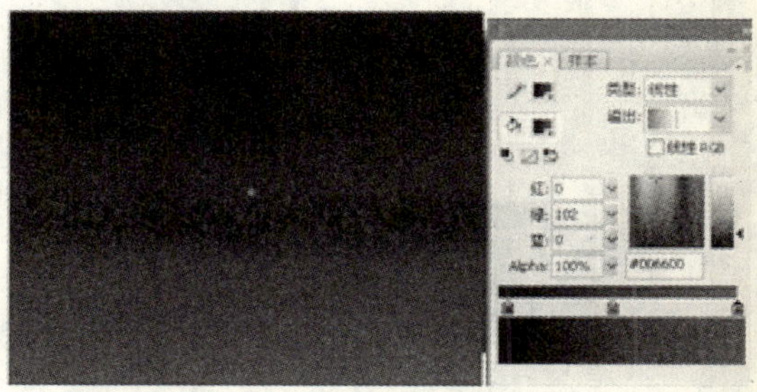

3 执行“插入/新建元件”菜单命令，新建一个图形元件，名称为“球”。单击椭圆工具“○”按钮，在舞台上绘制一个圆，在颜色面板选择类型“纯色”，选择颜料桶工具将圆填充为红色，再复制一个圆。

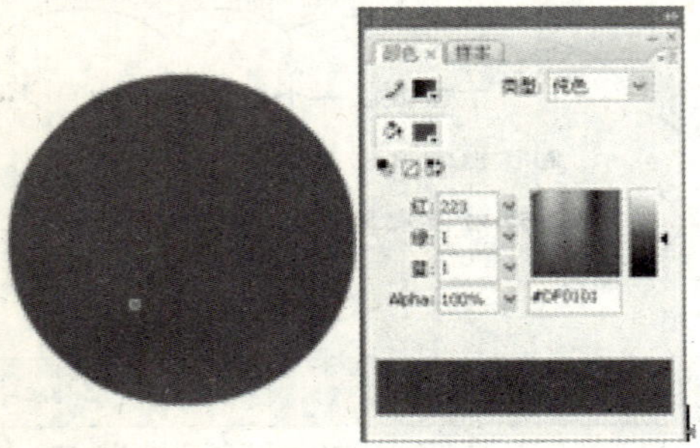

4 在颜色面板上选择类型“放射状”，设置复制圆的参数，前三个调节手柄全为白色，最后一个为黑色。Alpha 值从左向右依次为 100%、40%、3%、20%，选择工具“”在复制的圆的中心偏左上的地方点一下，如对填充的颜色不满意，可以用填充变形工具“”进行调整。最后将两个圆完全重叠起来。

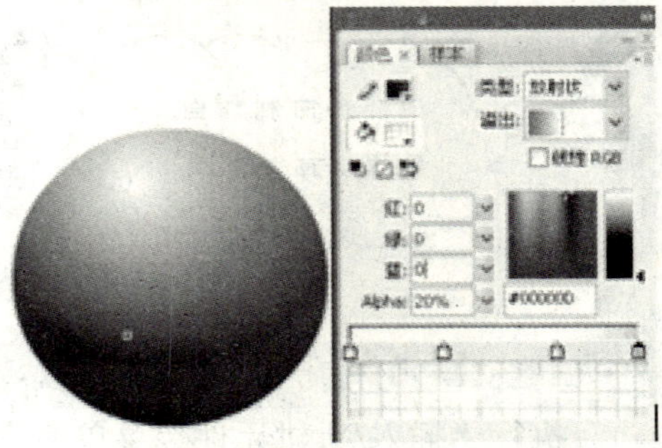

5 执行“插入/新建元件”菜单命令，新建一个图形元件，名称为“阴影”。在工具箱中选择“椭圆工具”○，在舞台上绘制一个椭圆，在颜色面板选择类型为“放射状”，两个调节手柄全为黑色。Alpha 值从左向右依次为 100%、50%，在圆的中心点一下。

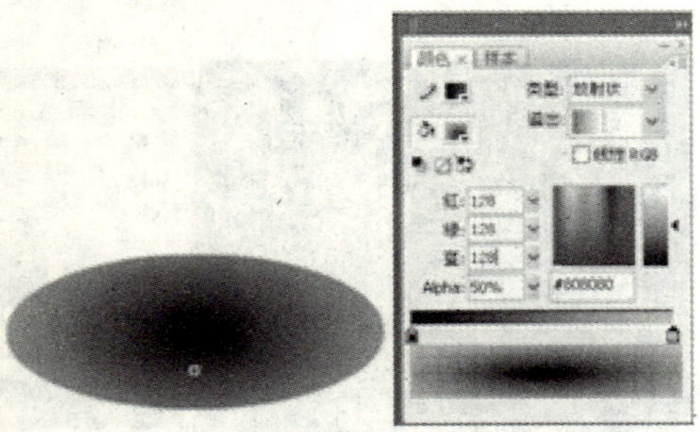

6 至此，这个动画所需的基本构件已经制作完成，接下来回到主场景中，打开“库”面板，将看到所有绘制好的图形元件。

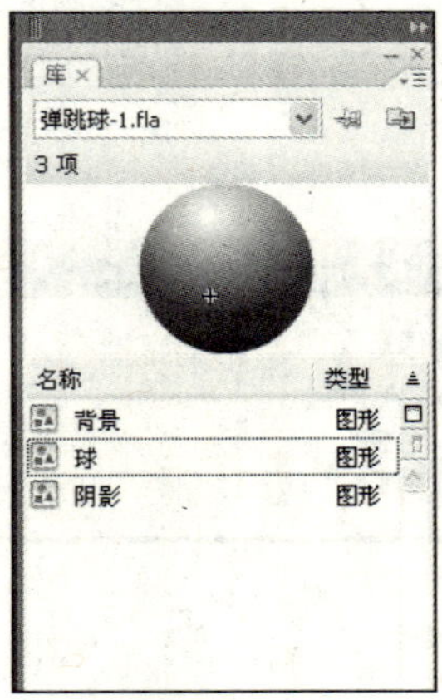

• 创建动画

1 将“图层 1”重命名为“背景”。从“库”面板中将“背景”图形元件拖放到舞台上。打开“属性”面板，设置 *X* 坐标为 *0*、*Y* 坐标为 *0*。

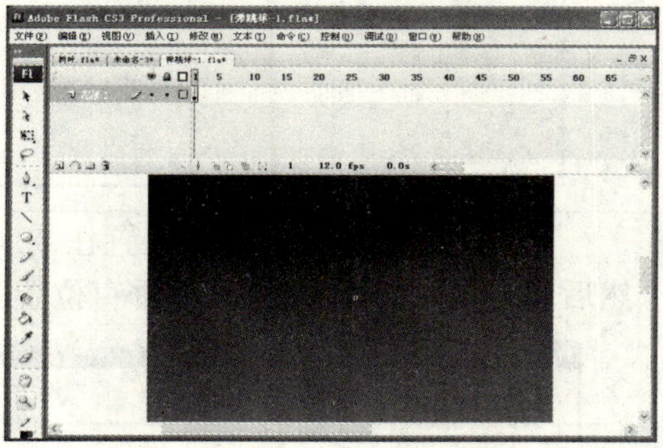

2 新建一个图层，将其重新命名为“球”。然后从“库”面板中将“球”图形元件拖放到舞台正上方。

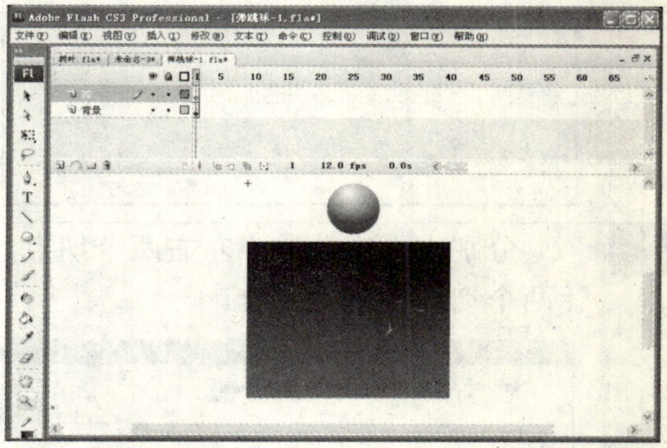

3 在“球”图层的第 70 帧处，按“F6”功能键，插入一个关键帧，并将第 70 帧上的球移动到舞台中央。在“背景”图层的第 70 帧处，按“F5”功能键插入普通帧。

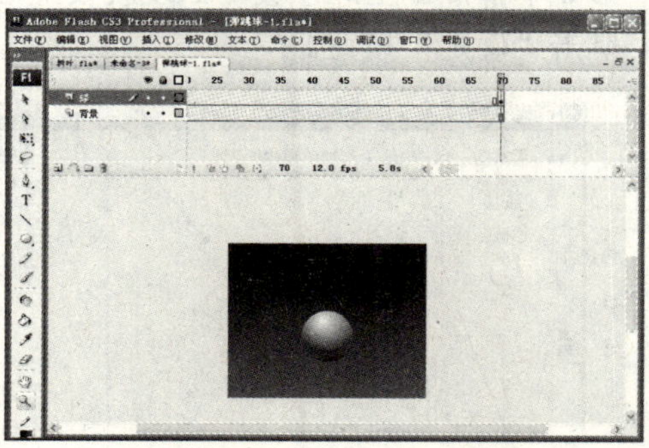

4 选择“球”图层第 1 帧，在“属性”面板上的“补间”下拉列表框中选择“动画”。这样定义了从第 1 帧～第 70 帧的补间动画。

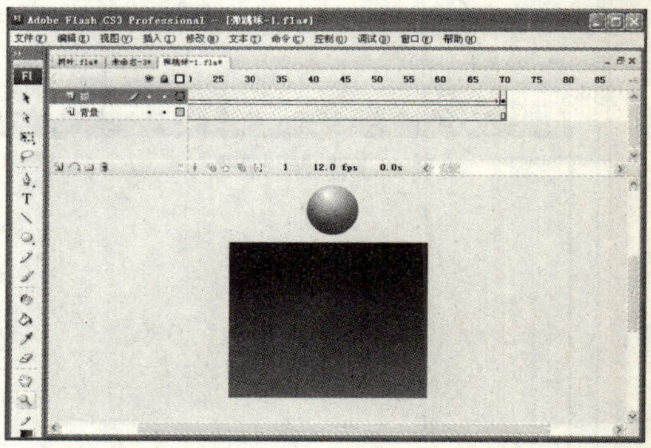

5 单击“缓动”右边的“编辑”按钮，弹出“自定义缓入/缓出”对话框。

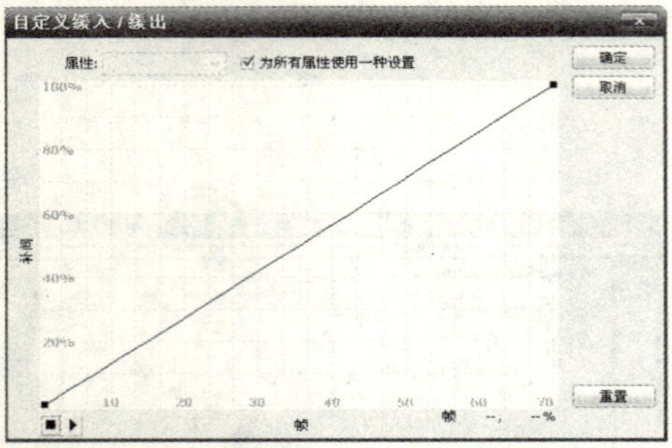

6 在该对话框的对角线上单击添加一个节点（水平位置在 20 帧），向上拖动这个节点到 100%的位置。

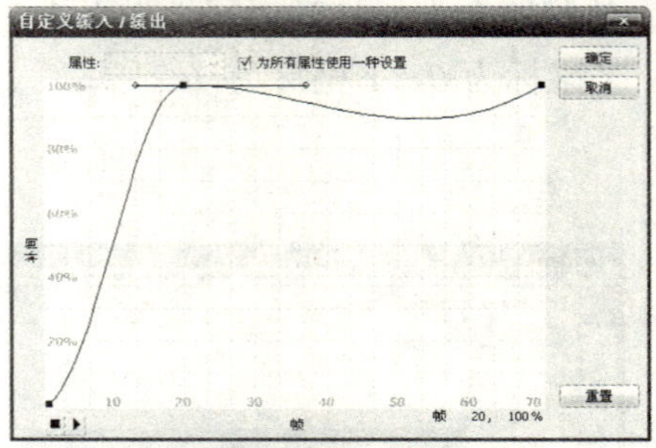

7 分别水平拖动节点左右两个切点，让两个切点和节点重合。

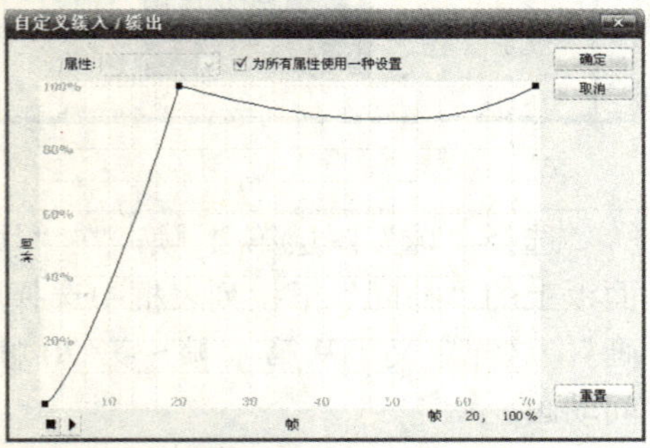

8 再增加一个切点（水平位置在 30 帧），然后向下拖动切点到 80%的垂直位置。

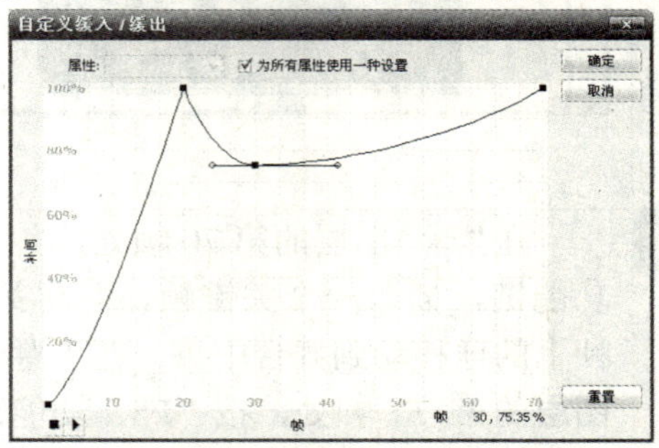

9 按照第 7 步骤的方法，让两个切点和节点重合。

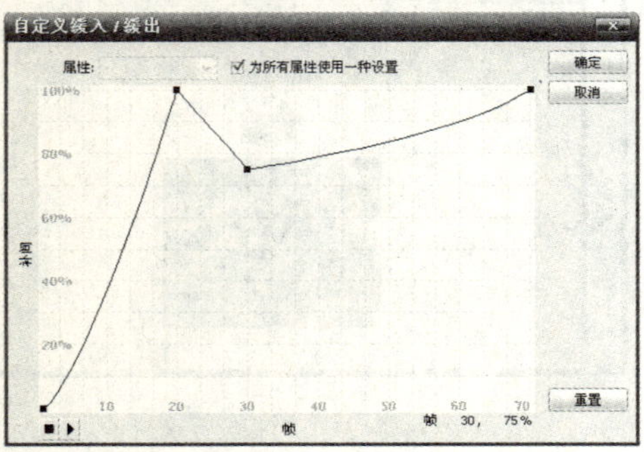

10 然后分别在水平位置第 40、第 50、第 57、第 65 帧处，再添加第 3、第 4、第 5、第 6 个节点。至此，缓动曲线就设置好了，单击“确定”按钮。

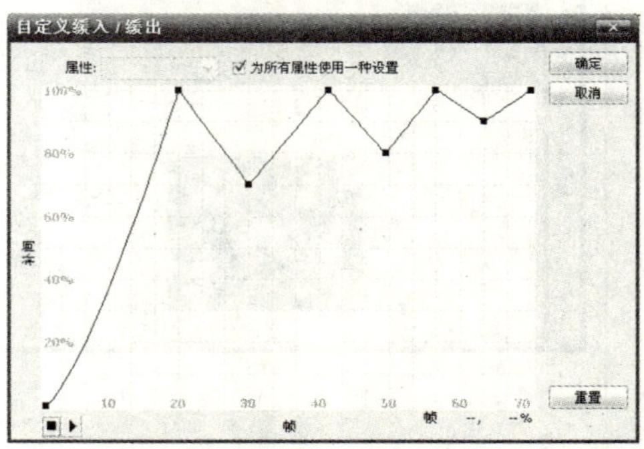

11 新建“阴影”图层。将“阴影”图层拖放到“球”图层的下面，然后从“库”面板中将“阴影”图形元件拖放到舞台上。调整投影图形的位置，使之与球相符。

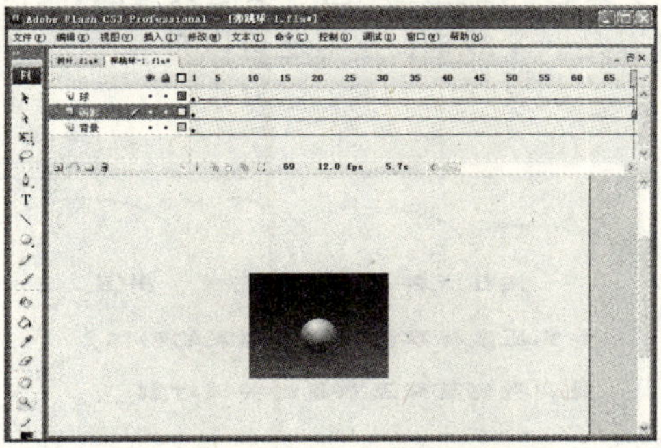

12 选中“阴影”图层的第 70 帧，按“F6”功能键插入关键帧。选中“投影”图层第 1 帧上的投影，在“属性”面板中设置 Alpha 为 15%，并创建补间动画。

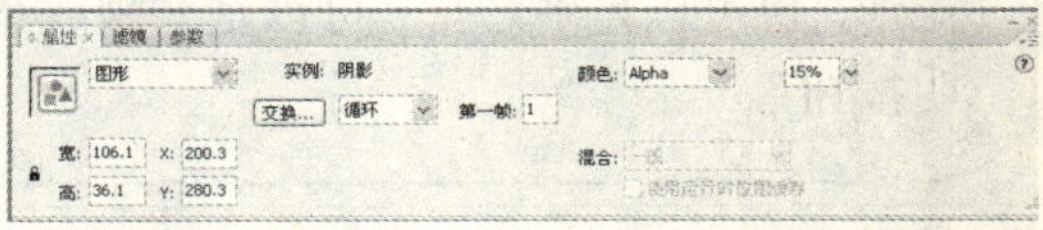

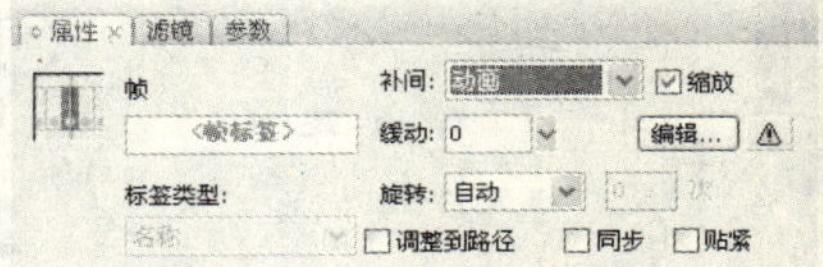

13 选中“球”图层第 1 帧，在“属性”面板中单击“编辑”按钮，打开“自定义缓入/缓出”对话框。按 Ctrl+C 键复制缓动曲线，单击“确定”按钮。然后选中“投影”图层第 1 帧，在“属性”面板中单击“编辑”按钮，打开“自定义缓入/缓出”对话框。按“Ctrl+V”键粘贴复制的缓动曲线，单击“确定”按钮。

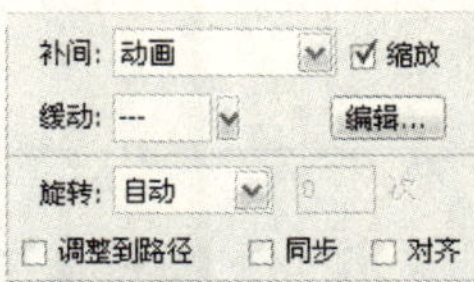

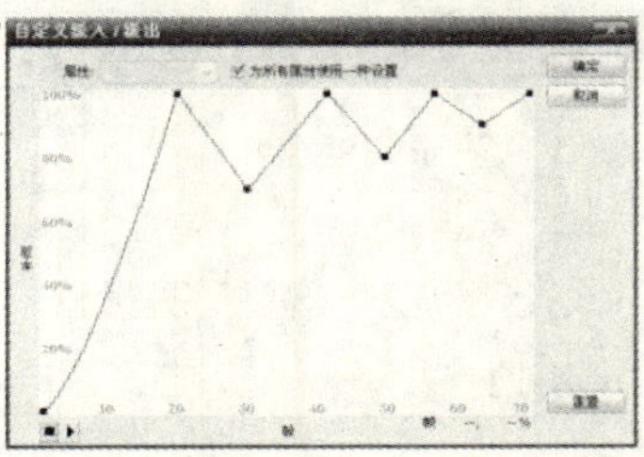

14 按“Ctrl＋Enter”组合键测试影片，可以看到球来回弹跳的动画效果。

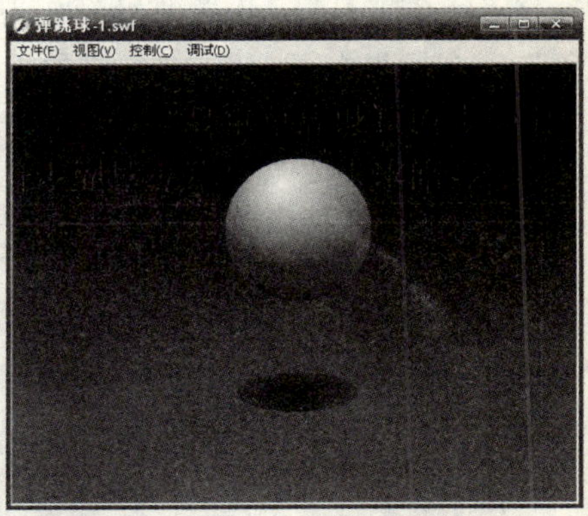

5.4 按钮元件的应用

在 Flash CS3 中按钮元件是 Flash 的基本元件之一，主要应用于网络交互动画。按钮元件具有多种状态，并且会响应鼠标事件，执行指定的动作，是实现动画交互效果的关键对象。

从外观上，按钮可以是任何形式。比如，可以是一幅位图，也可以是矢量图；可以是矩形，也可以是多边形；可以是一根线条，也可以是一个线框；甚至还可以是看不见的“透明按钮”。

什么是按钮元件呢？
按钮元件具有多种形式，并且会响应鼠标事件，执行指定的动作，是实现动画交互效果的关键对象。

本小节将制作一个按钮元件，当鼠标放到按钮上，发出夺目的光芒，炫耀无比。主要是在按钮某个帧上添加动画效果（影片剪辑元件），从而组合成一款绚丽的动态按钮。

· 创建“电光”影片剪辑元件

1 新建“Flash”文档，设置文档背景色为“黑色”，其他保持默认设置。执行“插入/新建元件”菜单命令，在弹出的“创建新元件”对话框的名称文本框中输入“光线”，并选择类型为“影片剪辑”，单击“确定”按钮。进入元件的编辑场景，选择“线条工具”，设置笔触颜色为“黄色”，在场景中画一段 20 像素的折线。

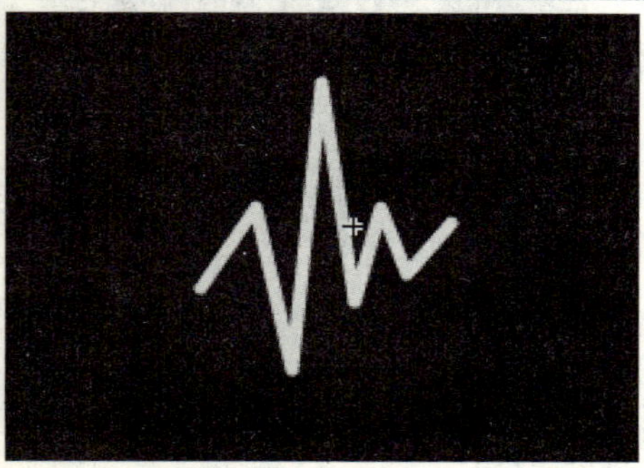

2 在第 3 帧处，按“F6”功能键，插入关键帧，在工具箱中选择“任意变形工具”，将场景中的折线向左拉长一点。选中第 1 帧，创建补间动画，在“属性”面板的补间下拉列表中选择“形状”。在第 5 帧处，按“F5”功能键，插入普通帧。

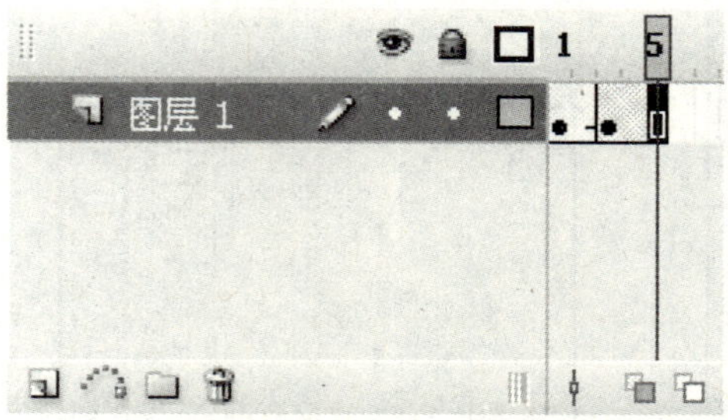
1
5
图层 1

3 新建“图层 2”，在第 3 帧处，按“F7”功能键，插入空白关键帧。在工具箱中选择“椭圆工具”，打开“颜色”面板，设置笔触颜色为“无”。选择填充类型为“放射状”，设置两个色块，左色块为黄色，Alpha 值 100%，右色块为白色，Alpha 值 0%。

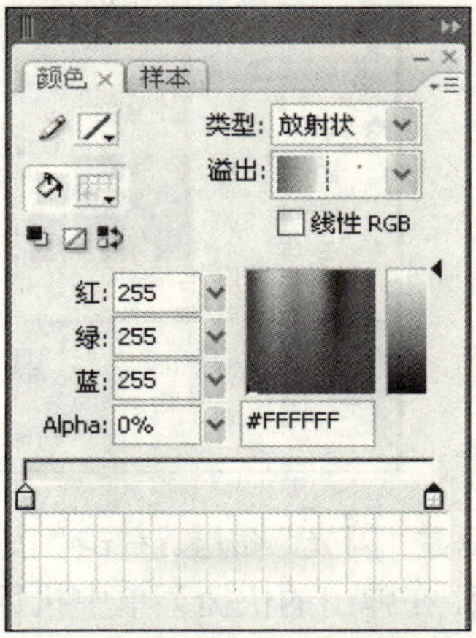

4 在场景中画一个圆，将其拖放到折线的左端。

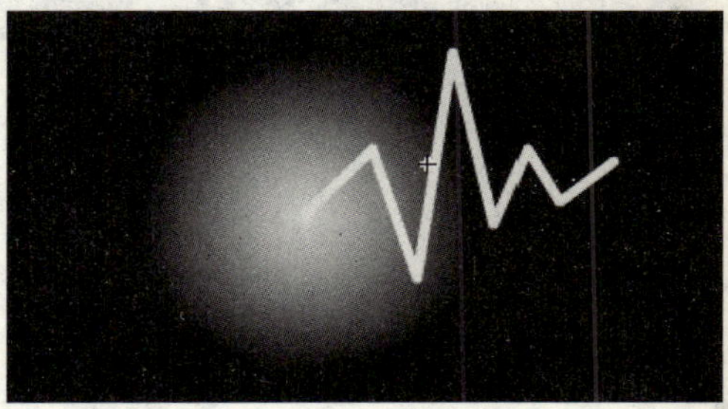

• 创建“矩形按钮”元件

1 执行“插入/新建元件”菜单命令，弹出“创建新元件”对话框，在该对话框的名称文本框中输入“矩形按钮”，并选择类型为“按钮”，单击“确定”按钮。进入元件编辑场景。

2 选中“图层 1”，重命名为“按钮”。在工具箱中双击“矩形工具”按钮，在”属性”面板的边角半径后面的文本框中输入数值“10”。

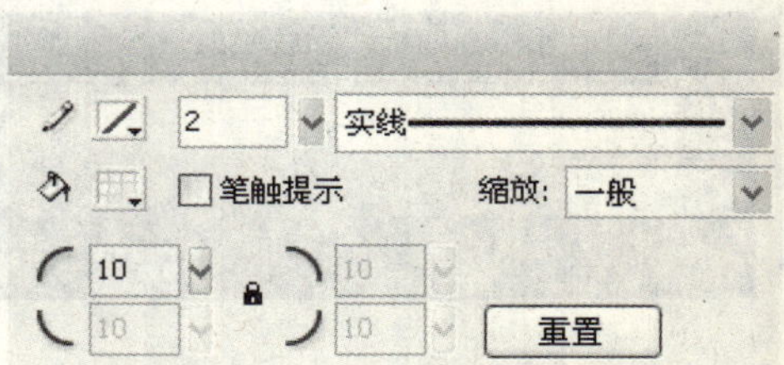

3 然后执行“窗口／混色器”菜单命令，在打开“混色器”面板中，设置笔触颜色为“无”，填充色为“黄色”，在场景中画一个矩形，选中矩形，打开“属性”面板，设置这个矩形的大小为 250×50 像素，坐标 *X* 为 *0*、*Y* 为 *0*。

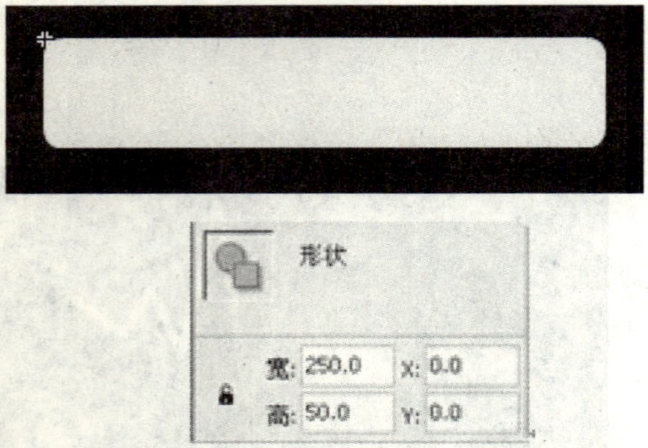

4 选中矩形，打开“颜色”面板，选择填充类型为“线性”，增加一个色块，自左向右三个色块颜色值为“#009DC4、#FFFFFF、#009DC4”，在工具箱中选择“颜料桶工具”对矩形进行填充。

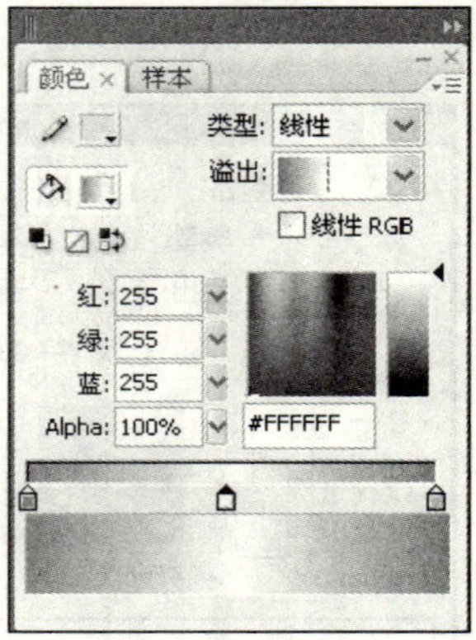

5 再选中矩形，在工具箱中选择“填充变形工具”，旋转“旋转手柄”90°，向下拉动“缩放”手柄，调整填充色。然后在时间轴面板上单击帧，按“F6”功能键插入关键帧。

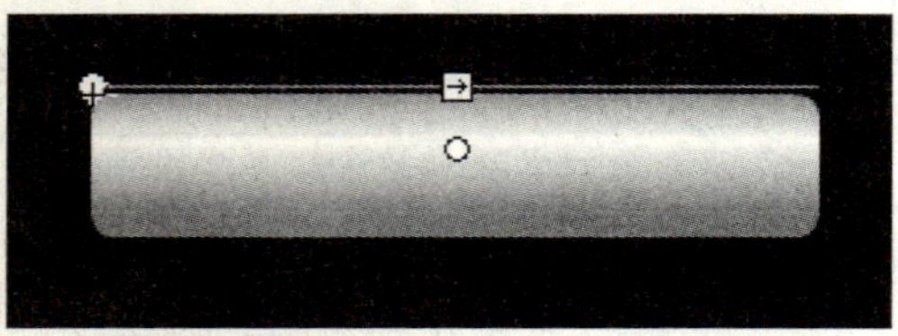

6 新建“闪光”图层。右击“按钮”层“弹起”帧，在弹出的快捷菜单中执行“复制帧”命令；右击“闪光”图层“弹起”帧，在弹出的快捷菜单中执行“粘贴帧”命令。选中“闪光”层中的矩形，执行“窗口／混色器”菜单命令，在打开的“混色器”面板中，选择填充类型为“放射状”，设置色块 Alpha 值自左向右为 100%、80%、0%。

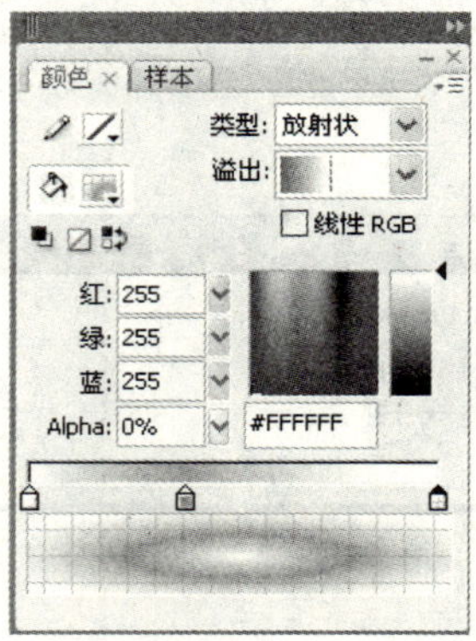

7　在“指针经过”帧处，按“F6”功能键，插入关键帧，选中该帧矩形，并利用“填充变形工具”，向右稍稍拖动“缩放”手柄。再单击帧，按“F7”功能键，插入空白关键帧。

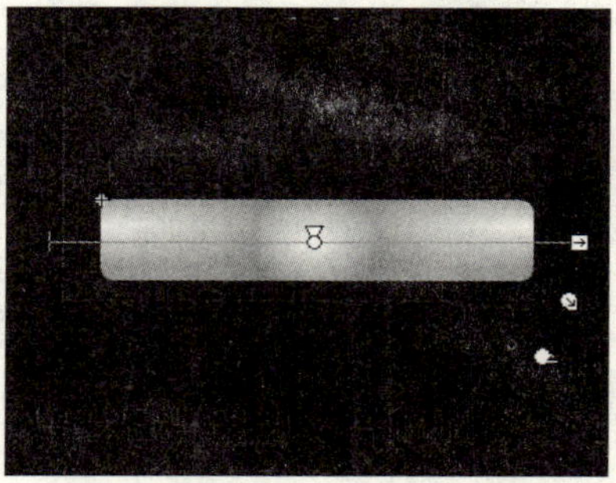

8　新建“高光”图层。在该图层“弹起”帧，在工具箱中选择“椭圆工具”，在场景中绘制一个圆。打开“颜色”面板，设置笔触颜色为“无”，选择填充类型为“放射状”，设置自左向右色块 Alpha 值为 80%、0%。打开“属性”面板，设置圆的大小为 65×65 像素，坐标为（-87，-7）。再单击帧，按“F7”功能键，插入空白关键帧。

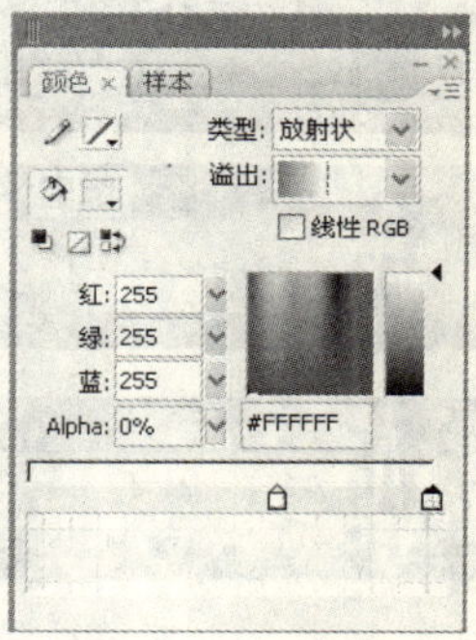

9　新建 “圆球”图层。在该图层“弹起”帧，在工具箱中选择“椭圆工具”，绘制一个正圆。选中圆，打开“混色器”面板，设置笔触颜色为“无”，设置色块自左向右 Alpha 值为 80%、100%、100%。打开“属性”面板，设置圆的大小为 55×55 像素，坐标为（-81,-2）。再单击帧，按“F7”功能键，插入空白关键帧。

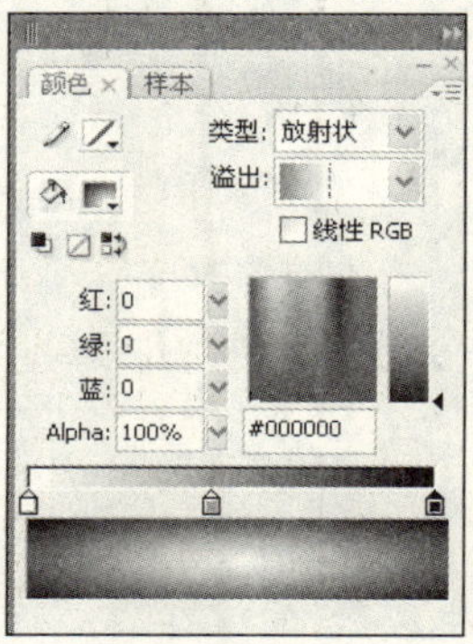

10　新建“动画”图层。在“指针经过”单击帧，按“F7”功能键，插入空白关键帧。选择“指针经过”帧，打开“库”面板，将库中的“光线”元件拖入场景。打开“属性”面板，设置圆的大小为 65.5×77 像素设置其坐标为（-51.5，-23.1）。

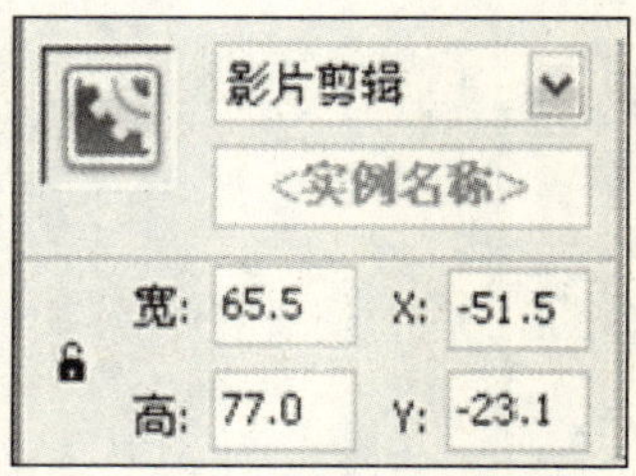

11 新建“文字”图层，在“弹起”帧输入文字“电击按钮”。在“指针经过”帧处按“F6”功能键插入关键帧，改变字体颜色为黄色；在“按下”帧处，按“F6”功能插入关键帧，改变字体颜色为白色；再单击帧，按“F7”功能键，插入空白关键帧。

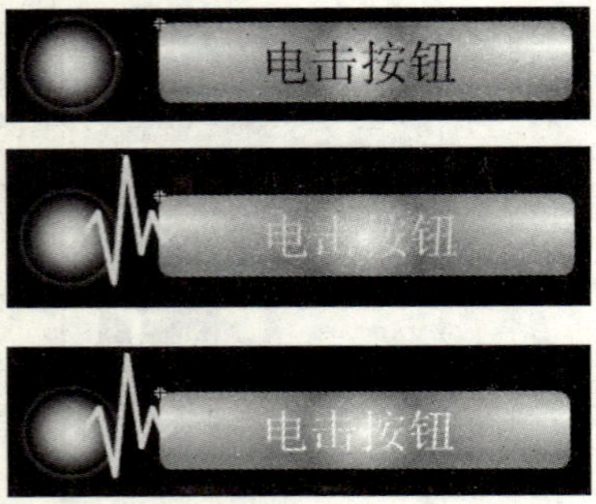

12 至此，按钮元件制作完毕，其时间轴图层结构如下。返回“场景 1”，将“放电按钮”元件从库中拖入主场景中央，即完成本节范例。按下“Ctrl+Enter”组合键测试影片，可以看到按钮效果。

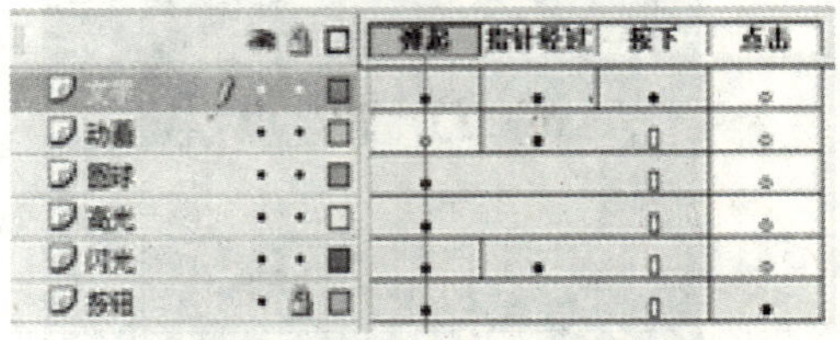

电脑即学即用

教你学电脑

第 6 章　动画特效应用实例

本 章 要 点：

- 滤镜应用实例
- 混合模式应用实例
- 时间轴特效应用实例
- 综合制作练习

电脑博士，在 Flash CS3 中还有其他制作动画的方法吗？

小丽，在 Flash CS3 中还有很多制作动画的方法包括运用一些特殊工具制作出来的效果。本章将教你如何通过运用这些特殊工具制作出极具个性化的动画效果。

6.1 滤镜应用实例

在之前制作的水波效果，多是运用遮罩方法，在本节中将介绍运用滤镜功能来制作水波效果的新途径，制作出来的效果非常逼真。

滤镜功能看似简单，其具体运用却需要不断地探索尝试，才能更好地发挥出它的作用。

1 新建一个影片文档，保持文档属性默认设置。执行“插入/新建元件”菜单命令，弹出“创建新元件”对话框，在该对话框的名称文本框中输入“水波”，并选择元件类型为“影片剪辑”，单击“确定”按钮，进入元件的编辑场景。

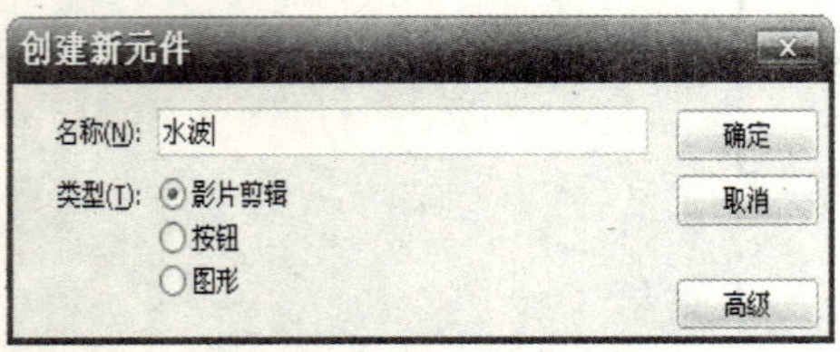

2 在工具箱中选择“刷子工具”，然后在“属性”面板中设置其填充色为“蓝色”，平滑度为“10”。

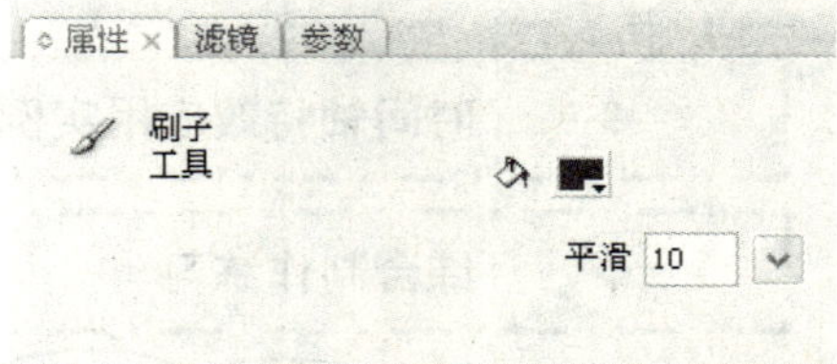

3 在工具箱中选择“刷子工具”，在舞台上画出不规则的波纹状图形。然后选取全部图形，单击“选项”下的“平滑工具”按钮，将其平滑到如下效果。

4 执行“插入/新建元件”菜单命令，弹出“创建新元件”对话框，在该对话框中的名称文本框中输入元件名称“水波上”，并选择元件类型为“影片剪辑”。单击“确定”按钮，进入元件的编辑场景中。

5 打开“库”面板，将“水波”元件从“库”面板中拖放到舞台上。

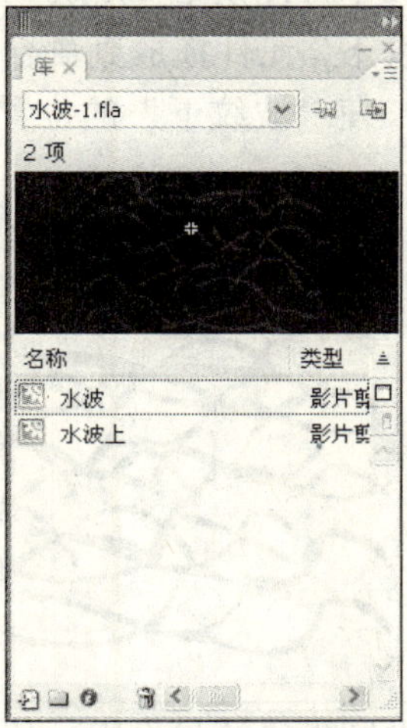

6 然后分别在第 15 帧、第 30 帧处，按“F6”功能键，插入关键帧，并在“属性”面板的补间下拉列表中选择“动画”。

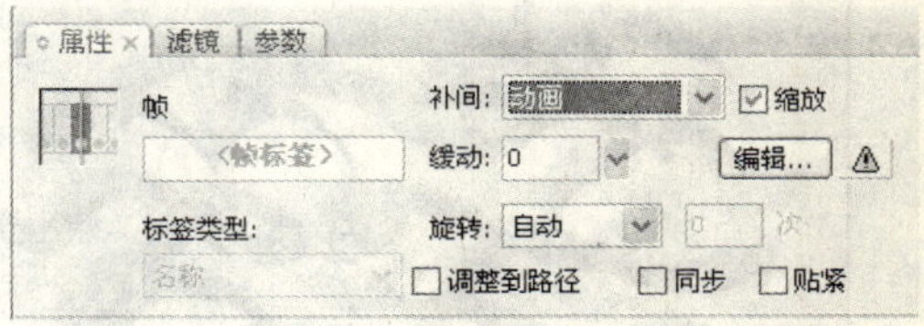

7 在第 15 帧处，将“水波”元件向右斜上方向略加移动。制作完毕，“水波”将会作从下向上再向下的运动。单击“绘图纸外观” 按钮可以看到其移动轨迹。

8 再制作水波向下运动的元件，其运动方向与“水波上”刚好相反，是先向下再向上的运动。执行“插入/新建元件”菜单命令，弹出“创建新元件”对话框，在该对话框的名称文本框中输入“波纹下”，并选择类型为“影片剪辑”，单击“确定”按钮，即可进入元件的编辑场景中。

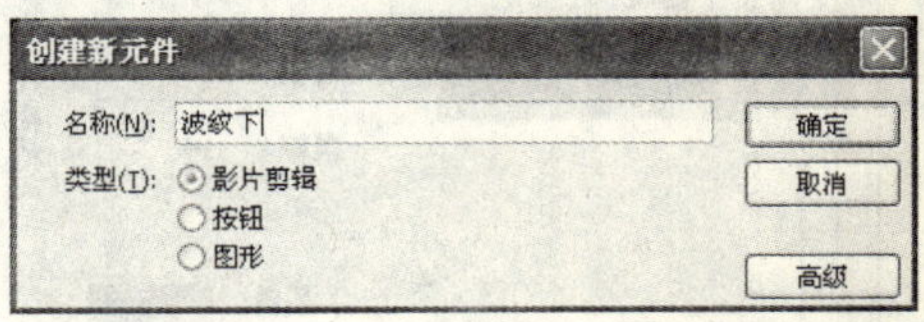

9	从“库”面板中将“水波”元件拖放到舞台上。分别在第 15 帧、第 30 帧处，按“F6”功能键，插入关键帧，并在“属性”面板的补间下拉列表中选择“动画”。在第 15 帧处，将“波纹”元件向左斜下方向略加移动。	10	新建一个名称为“重叠水波”的影片剪辑元件。单击“确定”按钮，即可进入元件的编辑场景中，从“库”面板中将“水波上”元件拖放到舞台上。插入一个新图层，选中“图层 2”，从“库”面板中将“波纹下”元件拖放到舞台上。调整元件位置，使“波纹下”的位置比“波纹上”略高。
	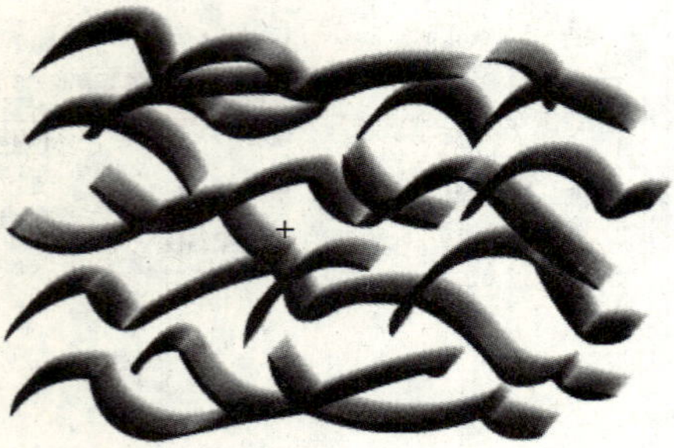		
11	新建一个名称为“模糊”的影片剪辑元件。单击“确定”按钮，即可进入元件的编辑场景中，从“库”面板中将“重叠波纹”元件拖放到舞台上。打开“滤镜”面板，单击“ ”按钮，在弹出的滤镜菜单中选择“模糊”。在默认状态下，*X* 轴与 *Y* 轴的模糊值是同步变化的。单击旁边的锁状按钮“ ”，解除其同步锁定。分别修改 *X* 与 *Y* 的模糊值。	12	返回到“场景”中。从“库”面板中将“模糊”元件拖放到舞台上，将舞台背景色设置为深蓝色。按“Ctrl+Enter”组合键测试影片，其运行效果如下图所示。
	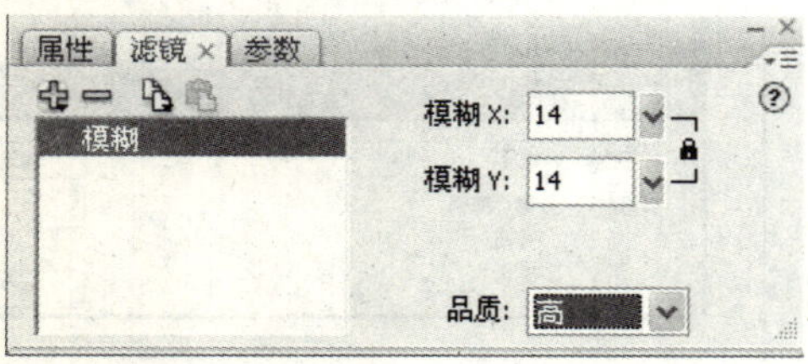		

13 接下来我们还可以在前面制作的基础上做一些变化。如果将“水波”影片剪辑元件的填充色改为放射状渐变色，则将制作出光亮集中的水波，设置自左向右色块颜色为#ADA6FB、#01025C。

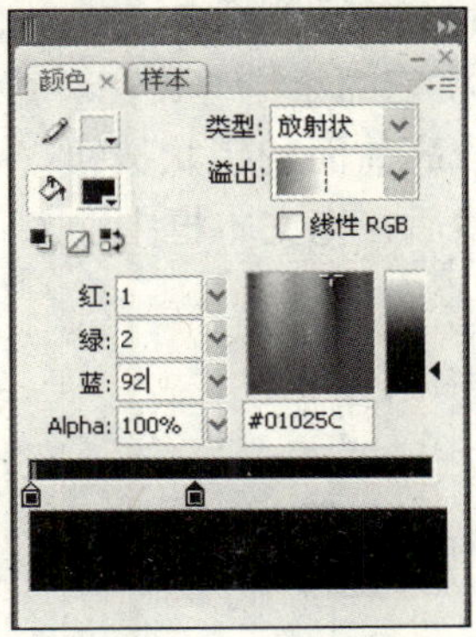

14 运用放射状填充色后的“水波”影片剪辑元件。

15 按“Ctrl+Enter”组合键测试影片，月光下的波光效果如下图所示。

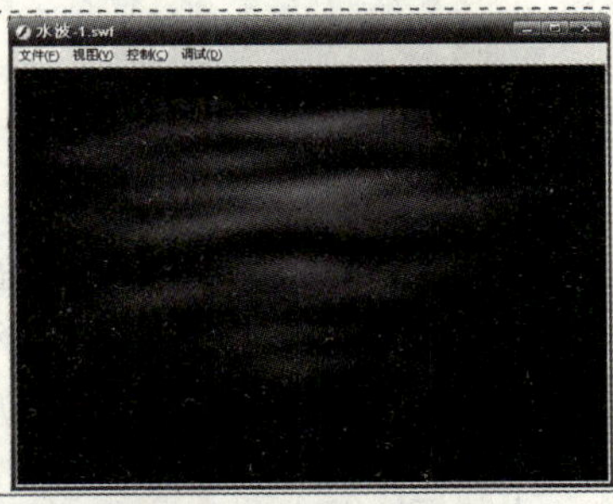

提示：
画刷的颜色由填充色决定，与描绘色无关。

6.2 混合模式应用实例

本实例运用混合模式，制作漂亮片头，使场景时紫时绿、时明时暗，这个动画看上去变幻多端，制作起来却相当容易。

1 新建影片文档。保持文档属性的默认设置。执行“文件/导入/导入到库”菜单命令，在弹出的“导入到库”对话框中选择要导入的图片，单击“打开”按钮，即可将图片导入到“库”中。

2 执行“插入 / 新建元件”菜单命令，弹出“创建新元件”对话框。在该对话框的名称文本框中输入“图片”，并选择类型为“影片剪辑”，单击“确定”按钮，进入元件的编辑场景，将刚导入的图片拖放到舞台上。在工具箱中选择“任意变形工具”，将它缩小一些。在“属性”面板中单击宽、高前面的锁状按钮，使宽高变化同步，然后在宽文本框中输入“470.0”。

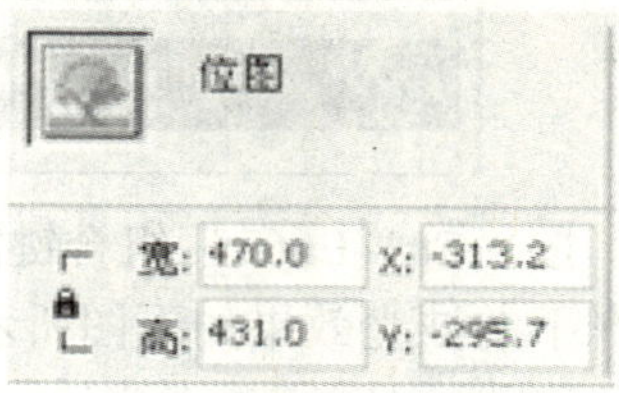

3 执行“插入/新建元件”菜单命令，弹出“创建新元件”对话框，在该对话框的名称文本框中输入“图片 2”，并选择类型“影片剪辑”，单击“确定”按钮，进入元件的编辑场景中。

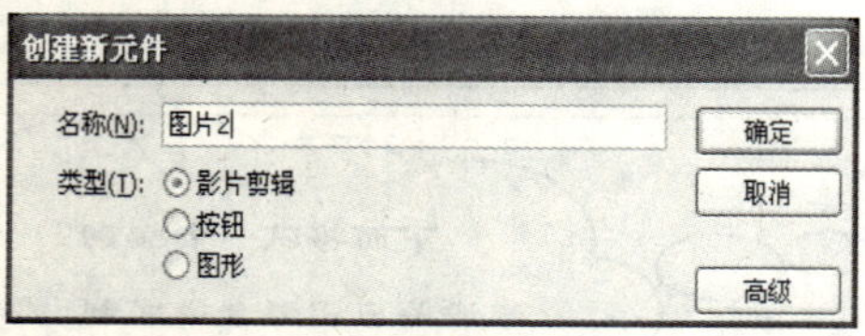

4 执行“窗口 / 混色器”菜单命令，在打开的“混色器”面板中，选择笔触颜色为“无”，填充颜色类型为“位图”，就可以看到刚刚导入的图片已经出现在选择框中了。

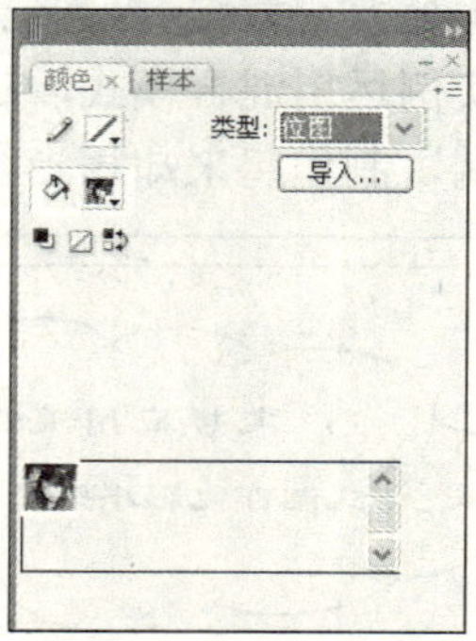

5 在工具箱中选择“矩形工具”，在舞台上画一个宽度为400像素、长度为90像素的长方形，作为填充色的图片会以原始大小出现。缩小舞台显示比例，使用“填充变形工具”，分别将鼠标按住，填充变形框左边和下边的箭头向里推，将填充图片缩小，直到小图片显示完整且刚好撑满矩形的上下端为止。

6 在“图层1”的第60帧处，按“F6”功能键，插入一个关键帧。在工具箱中选择“填充变形工具”，选择最前面的填充图片，将鼠标放到填充变形框中心，当其成为可移动状态时，按住鼠标，拖放到最后一张图片位置处释放鼠标。注意保持图片的水平位置，否则在图片移动动画中会出现抖动。

7 单击第1帧，在“属性”面板的补间下拉列表中选择“形状”。

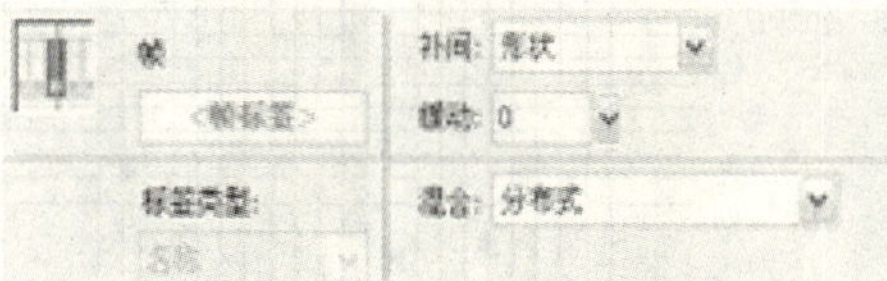

8 执行“插入/新建元件”菜单命令，弹出“创建新元件”对话框，在该对话框名称文本框中输入元件名称“图片3”，并选择元件类型为“影片剪辑”，将这个元件制作图片从下向上的竖向运动，其制作方法与“图片2”相同，所不同的是矩形为竖向放置，宽度为90像素、高度为400像素。

9 执行“插入/新建元件”菜单命令，弹出“创建新元件”对话框，在该对话框的名称文本框中输入“网格”，并选择类型为“图形”，单击“确定”按钮。即可进入元件的编辑场景。

10 在工具箱中选择“直线工具”，打开“属性”面板中将笔触大小设置为 2 像素。在场景中画一条宽 400 像素的横线。按住“Alt”键拖动鼠标将该直线向下复制多条，选中所有直线，执行“修改/对齐/左对齐”菜单命令，再执行“修改/对齐/按高度均匀分布”菜单命令，使其排列整齐，分布均匀。

11 在工具箱中选择“选择工具”，将所有直线全部框选，按住“Alt”键将其拖放到舞台其他位置，注意不要与原直线重合。执行“修改/变形/顺时针旋转 90 度”菜单命令。

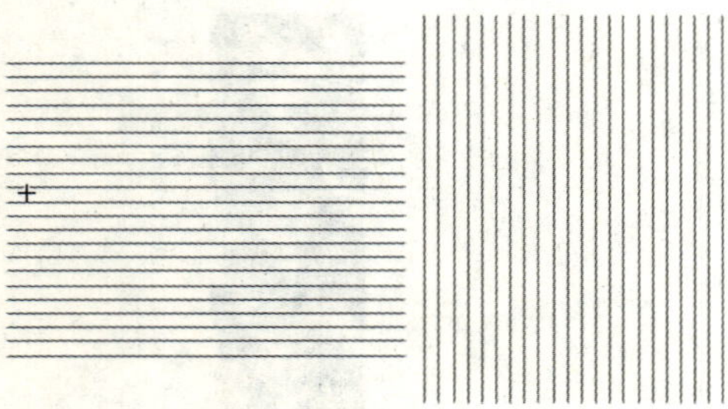

12 将竖向直线拖放到横向直线上。

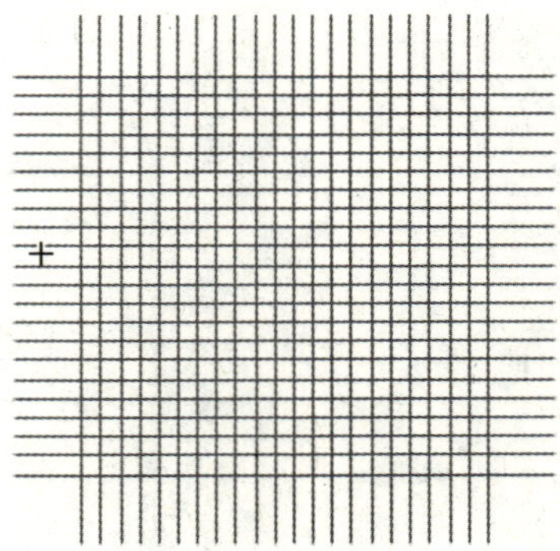

提示：

由于混合模式是基于下层色彩而变化的，所以下层图形的色彩至关重要，它的变化会使应用混合模式的图形生成不同的色彩、明度。在设计背景元件时，需要对它进行不同颜色间的变化。

13 执行“插入/新建元件”菜单命令，弹出“创建新元件”对话框。在该对话框和名称文本框中输入“背景”，并选择元件类型为“图形”。在工具箱中选择“矩形工具”，绘制一个与影片舞台尺寸相同的矩形。

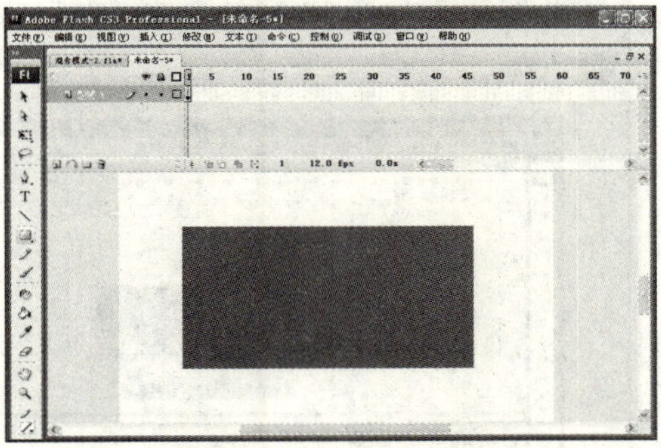

14 在第8帧、第16帧、第24帧、第32帧、第42帧、第55帧处，按“F6”功能键，插入关键帧。从第1帧开始，在各关键帧处依次填充纯色为淡紫、淡蓝、淡粉、淡绿、灰色、白色，并设置补间类型为“形状”。

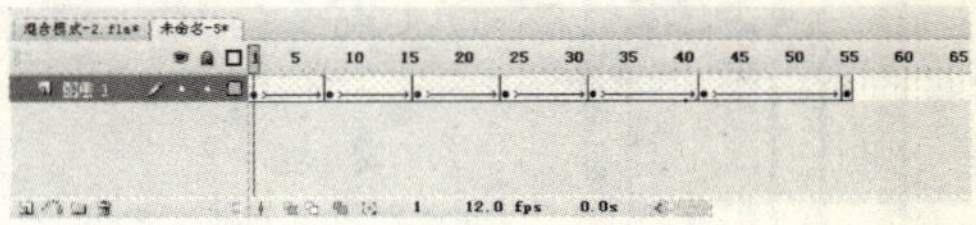

15 为了加强效果，我们在背景图形上再加一层半透明的网格。新建一个图层，从“库”面板中将“网格”元件拖入舞台中，并调整其大小与背景一致。在“属性”面板上设置颜色 Alpha 值为 20%，并在第55帧处，按“F5”功能键插入帧。

16 回到“场景1”中。将“图层1”重命名为“图片”，从“库”面板中将“图片”元件拖放到舞台上。图片本身比较大，而我们只打算显示其头部大特写，但是现在图片已经将整个舞台完全覆盖，怎样才能知道图片的位置是否恰当呢？最简便的方法就是我们将要学习到的混合模式。

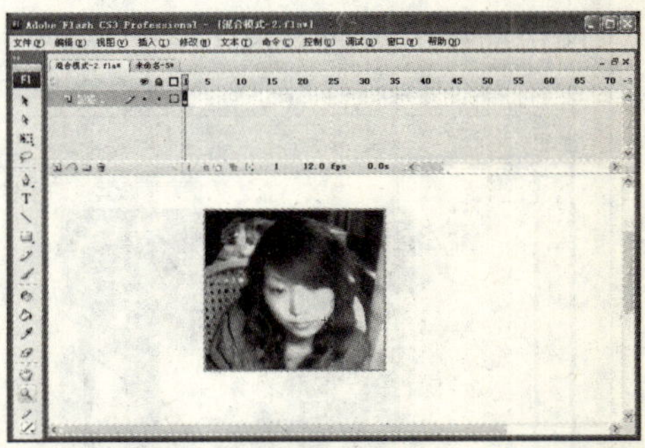

17　选中“图片”元件，打开“属性”面板，在“混合”下拉列表中选择“色彩增值”，由于舞台是白色的，舞台以外是灰色的，使用“色彩增值”后，图片在舞台上的部分没有任何变化，而舞台外的部分颜色却变暗了，这样你就能根据需要调整图片的位置了。

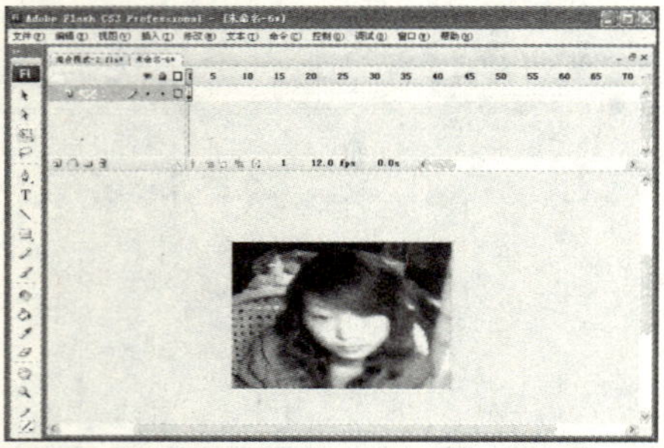

18　接下来设置“图片”不同的混合模式。在第1帧、第25帧、第32帧、第56帧、第66帧、第78帧处，按“F6”功能键插入关键帧，并在各帧之间创建补间动画。打开“属性”面板，设置第1帧的混合模式为“一般”，以下依次是：增加、叠加、叠加、色彩增值、色彩增值，以后部分不需要变化，在第90帧处，按“F5”功能键插入帧。

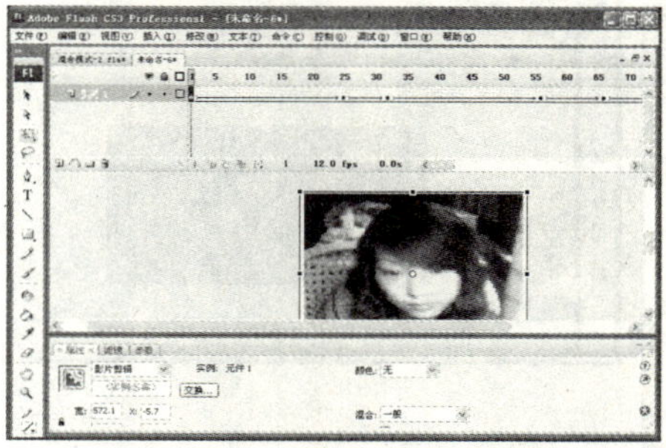

19　新建一个图层，重命名为“背景”。在第25帧处，按“F7”功能键，插入空白关键帧。从“库”面板中将“背景”元件拖放到舞台上。在第78帧和84帧处各插入关键帧，并创建补间动画。在第90帧处选择“背景”元件，打开“属性”面板，将颜色的Alpha值设为0%。设置这一段逐渐透明的动画是为了实现网格渐渐隐去的效果。

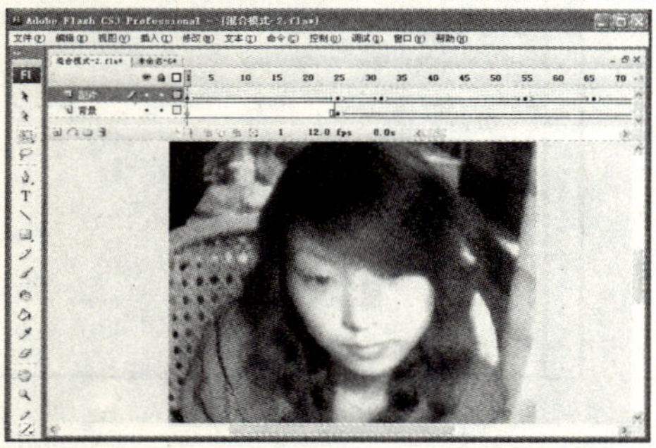

20　新建一个图层，重命名为“横竖图片”。隐藏其他图层，将“图片2”元件从“库”面板中拖放到舞台下方。

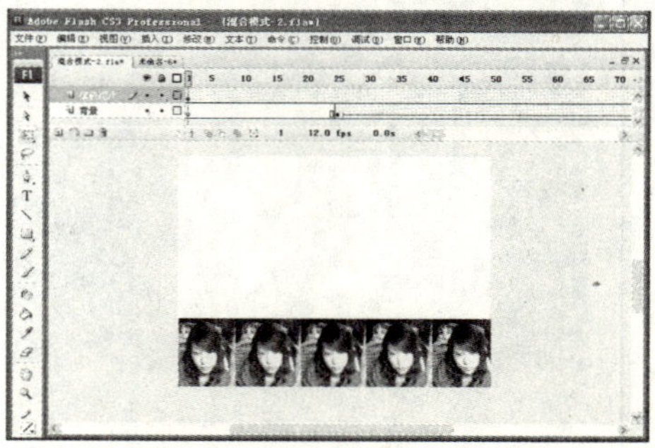

21 在第 60 帧处，按“F6”功能键，插入关键帧，将“图片 2”元件删除，放入“图片 3”元件。

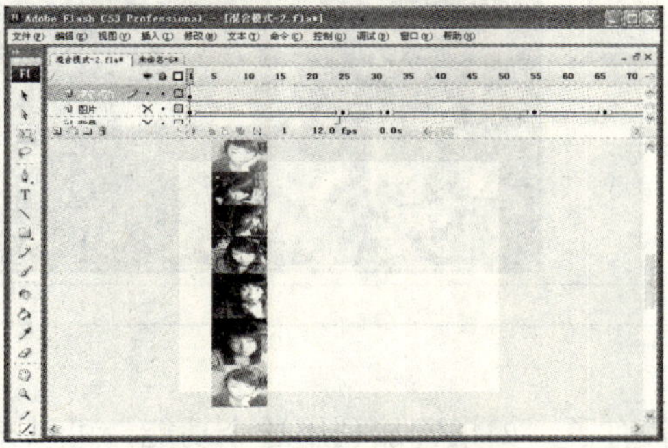

22 为了使动画更漂亮，在后半部分我们为图片加上一个透明边框。先来制作“边框”元件。新建一个影片剪辑元件，取名“边框”。在这个元件的编辑场景中，用矩形工具画一个宽 450 像素，高 300 像素的白色矩形，在上方和下方各加两条直线，如下图所示。

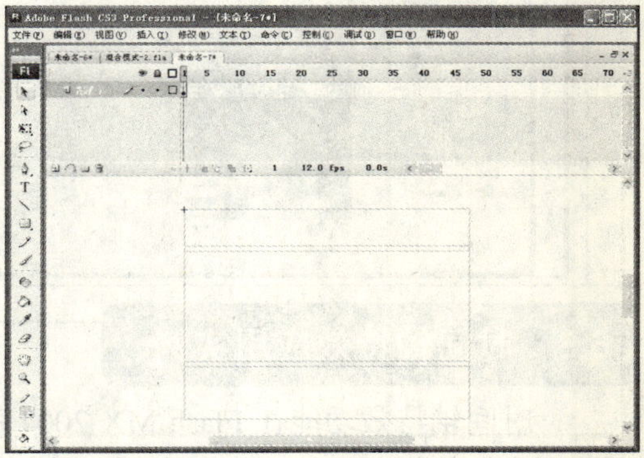

23 分别填充灰色、浅灰色，然后去除边线。

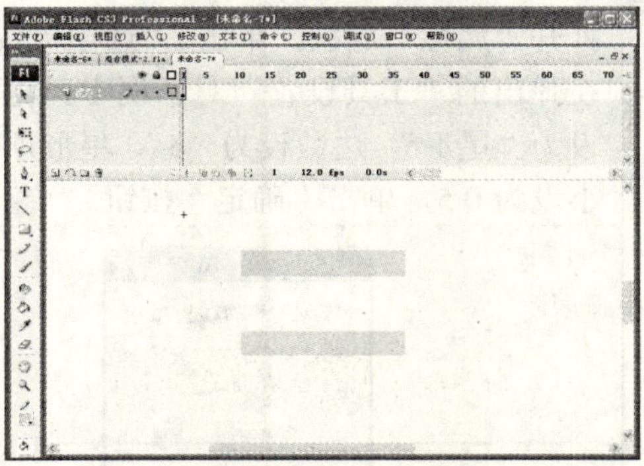

24 回到“场景 1”。在“图片”层上插入图层，重命名为“边框”，在第 60 帧处，按“F7”功能键，插入空白关键帧，从“库”面板中将“边框”元件拖放到舞台外边靠近舞台处。执行“窗口 / 属性”菜单命令，在打开的“属性”面板“混合”下拉列表中选择“色彩增值”。

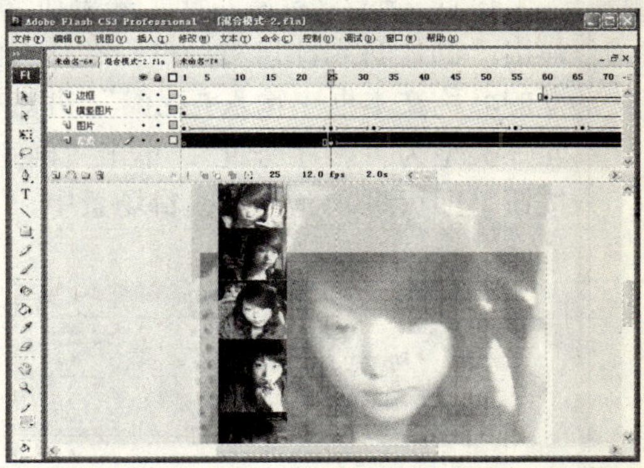

25 在第 84 帧处，按“F6”功能键插入关键帧，将“边框”元件平行移至舞台上完全显现，并在第 60 帧与第 84 帧间创建补间动画。最后在第 90 帧处，按“F5”功能键，插入帧。

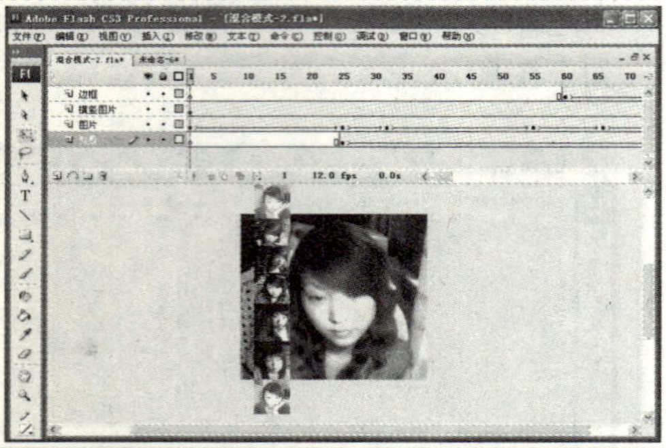

26 按 Ctrl+Enter 键测试影片，看看利用混合模式做出来的漂亮片头。其实也不困难吧！

6.3 时间轴特效应用实例

时间轴特效功能在 Flash MX 2004 版本中就有了，如果善加利用这个功能，可以充分发挥我们的想象空间。本节介绍一种新颖的用法，制作一个满天花雨的动画效果。芭比娃娃翩然起舞，漫天花雨飘然而下，五彩缤纷，回旋飞扬。

1 执行“插入/新建元件”菜单命令，弹出“创建新元件”对话框，在该对话框的名称文本框中输入“花瓣”，并选择元件类型为“影片剪辑”，单击“确定”按钮，即可进入元件的编辑场景中，

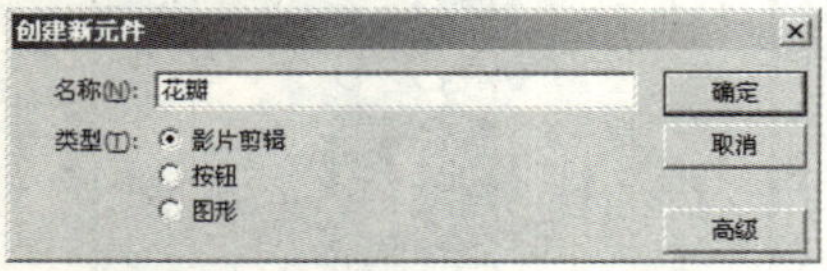

2 在工具箱中选择“多角星形工具”。打开“属性”面板，单击“选项”按钮，在弹出的“工具设置”对话框中。将样式设为“星形”，边数设为“5”，星形顶点大小设为 0.5，单击“确定”按钮。

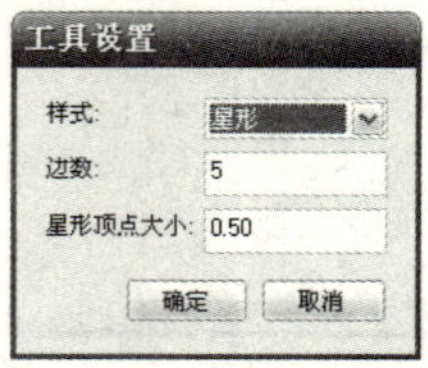

3 使用任意填充色，在舞台上绘制一个无边框的星形，在工具箱中选择“选择工具”，将星形的各边拉成弧形，使星形成为花朵状。

4 按住 ALT 键将该星形复制多个，在工具箱中选择“任意变形工具”，改变其大小，并填充不同颜色。

5 框选这些花朵，进行多次复制。为了使复制出来的图案不显呆板，在复制时使用“任意变形工具”改变大小和角度，还可以单独选中每一朵花重新填充你喜欢的颜色，直到满意为止。

6 返回到“场景 1”。然后从“库”面板中将图形元件“花瓣”拖放到舞台上。执行“插入/时间轴特效/效果/分离”菜单命令，在“分离”面板中，设置“效果持续时间”为 20 帧，“分离方向”向上，“弧线大小”*X* 为 150 像素，*Y* 为 400 像素。

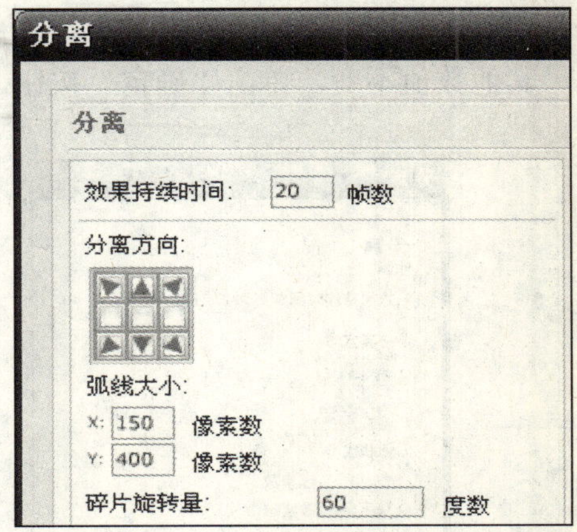

7 单击右上角的“更新预览”按钮，可以看到数值修改后的效果。如果对这个效果不满意，还可以修改数值，并再次更新预览。设置完成后，单击“确定”按钮。稍等一会，分离效果出现了，在“库”面板中多了一个“分离 1”元件和一个“特效文件夹”，图层名也自动更改为“分离 1”。

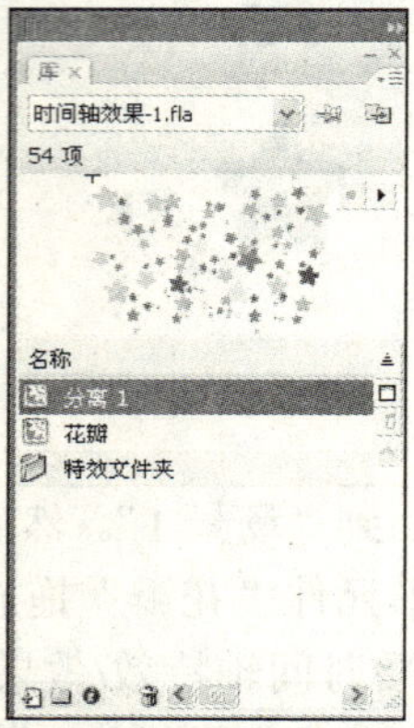

8 为了使花朵连续不断地飘洒下来，需要制作两个持续时间不同的“分离”效果。插入一个新图层，将“花瓣”元件再次拖放到舞台上，删除“分离 1”图层

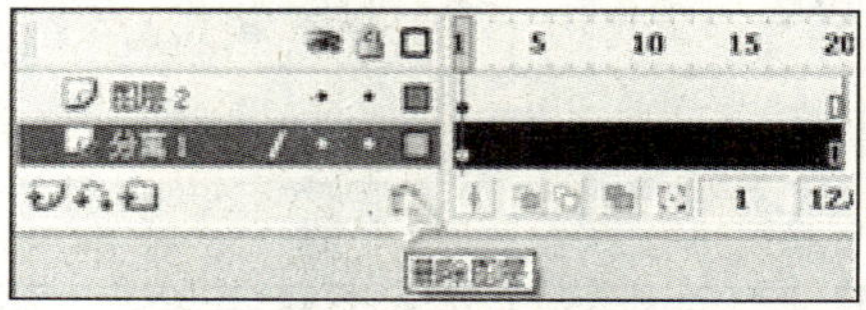

9 执行“插入/时间轴特效/效果/分离”命令，在弹出的“分离”对话框中，设置“效果持续时间”为 30 帧，“分离方向”向下，“弧线大小”*X* 为 100 像素，*Y* 为 300 像素，碎片旋转量为 180 度，其他数值不变，单击“确定”按钮。

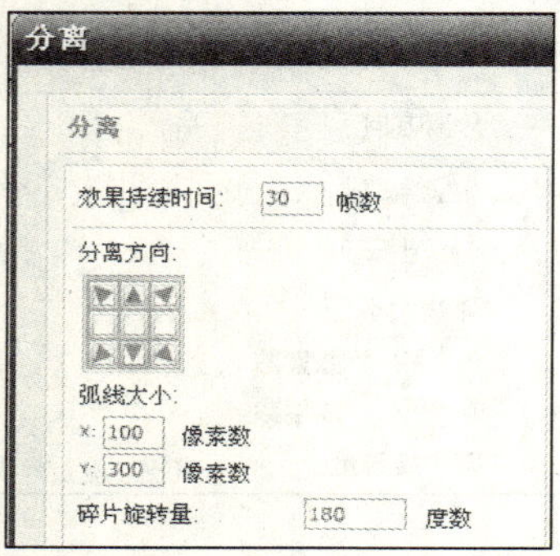

10 执行“窗口/库”菜单命令，会看到在库面板中出现了“分离 2”元件，图层名变成了“分离 2”。

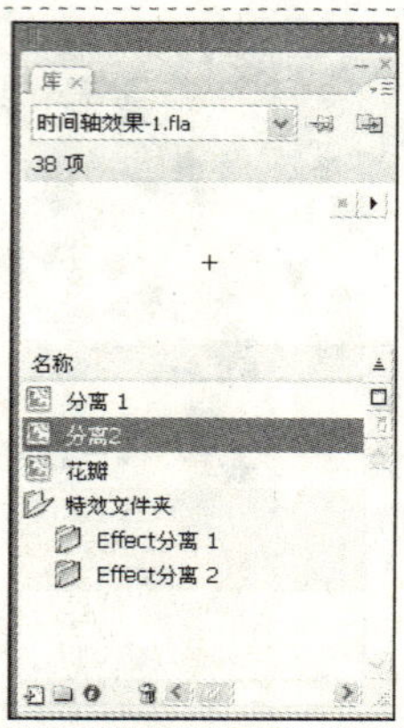

11 执行“文件/导入/导入到库”菜单命令，弹出“导入到库”对话框，在该对话框中选择需导入的图片，单击“打开”按钮，即可导入到“库”中。打开“库”面板即可看见刚导入的图片。

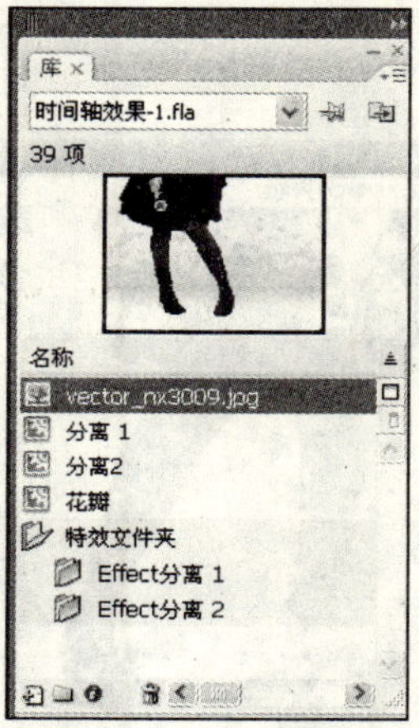

12 在“场景 1”中插入图层，重命名为“图片”，然后在第 1 帧处，按“F7”功能键，插入空白关键帧。删除“分离 2”图层，将图片拖放到舞台上。

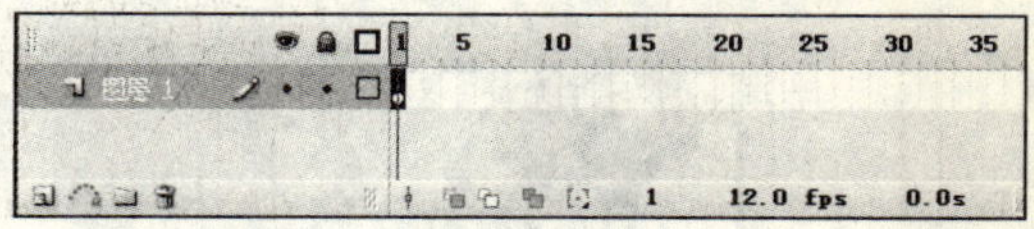

13 插入图层，重命名为“分离 1”。从“库”面板中将“分离 1”元件拖放到舞台下方。为了让花朵从不同方向出来，再从“库”面板中拖放“分离 1”元件到舞台上方，并执行“修改/变形/垂直翻转”菜单命令，使两个元件相对而立。

14 另外再拖入一个“分离 1”元件斜放在舞台下方，并适当缩小，略加旋转。

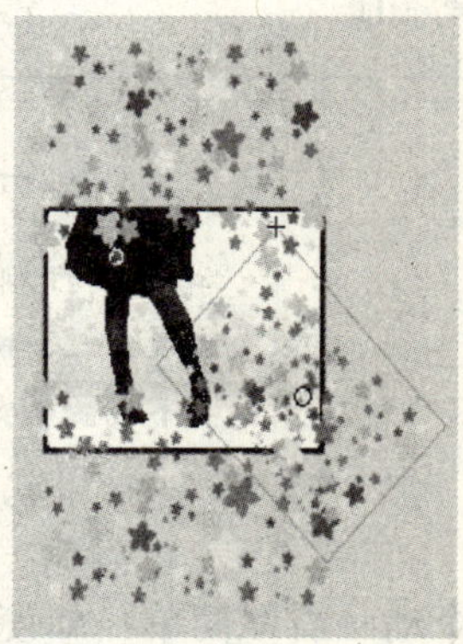

15 插入图层，重命名为“分离 2”，从“库”面板中将“分离 2”元件拖放到舞台上。

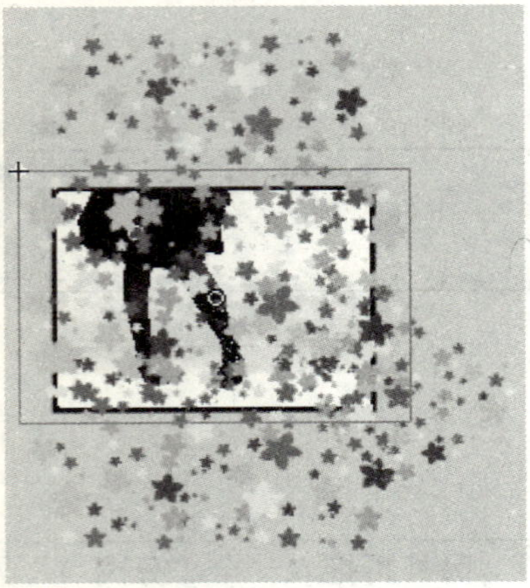

16 按“Ctrl+Enter”组合键测试影片，效果是不是很漂亮啊！时间轴特效免除了许多的繁杂制作过程，虽然它可供调节的参数不多，但只要我们运用得当，也能在短时间里做出复杂的效果。

时间轴效果-1.swf
文件(F) 视图(V) 控制(C) 调试(D)

6.4 综合制作练习

本节利用时间轴特效、滤镜和混合模式制作一个综合应用范例。在有着百页窗格若隐若现的背景图片上，湖蓝色画框玲珑剔透宛如水晶雕成，画框内图片五光十色，变幻不定。这个范例的制作主要应用到复制到网格（时间轴特效）、斜角和发光滤镜和混合模式颜色调节等知识。

如何将时间轴特效、滤镜和混合模式应用到一个动画中呢？
下面将利用时间轴特效、滤镜和混合模式制作一个综合应用范例。

这个动画看似简单，却使用到了好几种技巧，下面详细讲解制作步骤。

• 导入图片并制作元件

1 新建 Flash8 影片文档，保持文档属性的默认设置。执行“文件/导入/导入到库”命令，弹出“导入到库”对话框，在该对话框中选择需导入的图像文件，单击“打开”按钮，在“库”面板就可以看到刚导入的图片。

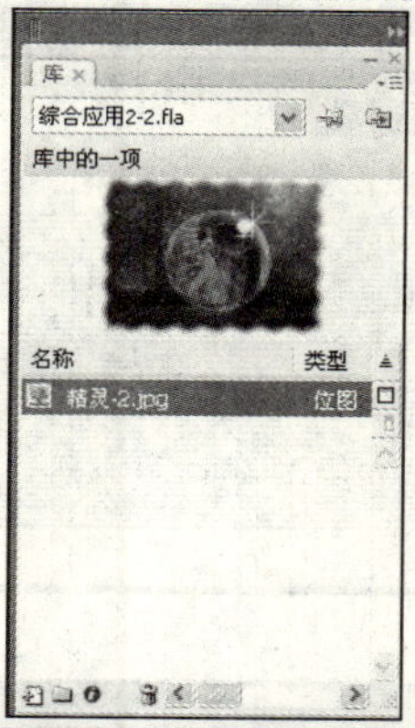

2 执行“插入/新建元件”菜单命令，弹出“创建新元件”对话框，在该对话框的名称文本框中输入“精灵”，并选择元件类型为“影片剪辑”。单击“确定”按钮，进入元件的编辑场景中，然后从“库”面板中将刚导入的图片拖放到舞台上。在工具箱中选择“任意变形工具”，将它缩小。

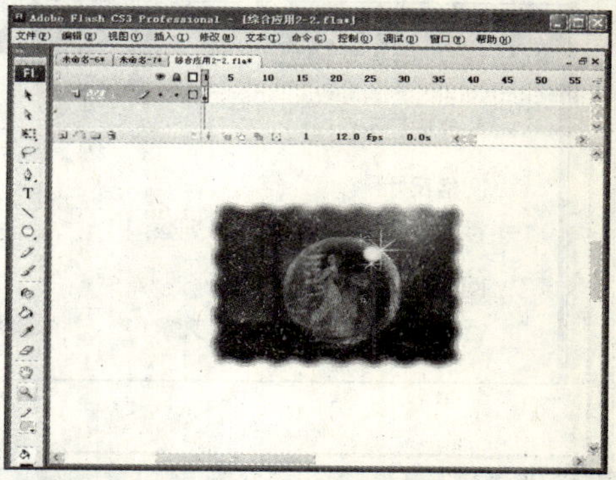

• 用时间轴特效制作百页窗元件

1 执行“插入/新建元件”菜单命令，弹出“创建新元件”对话框，在该对话框的名称文本框中输入“边框”，并选择元件类型为“影片剪辑”。即可进入元件的编辑场景中，在工具箱中选择“矩形工具”，在舞台上画一个任意填充色的无边框矩形，这个矩形的大小和“精灵”元件相同。

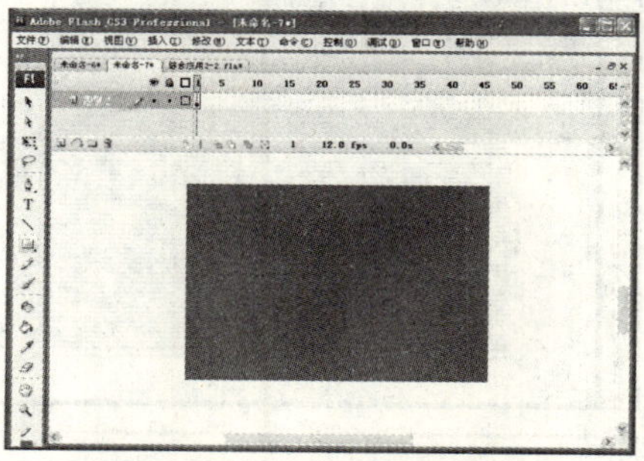

2 再新建一个名称为“百叶窗”的影片剪辑元件。单击“确定”按钮，进入元件的编辑场景，在工具箱中选择“矩形工具”在舞台画一个任意填充色的无边框矩形。在“属性”面板中设置其宽为 560 像素，高为 3 像素。

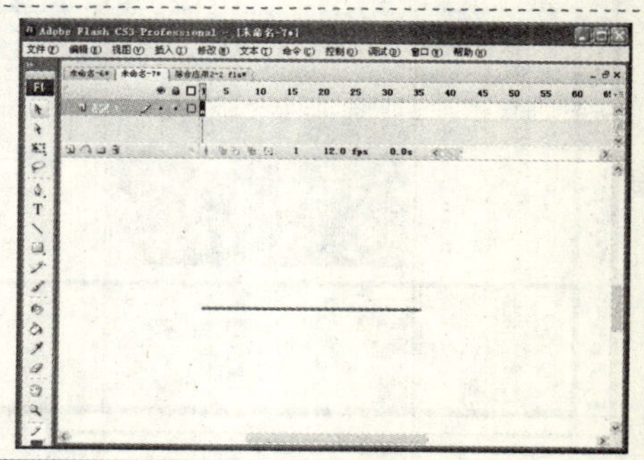

3 执行“插入/时间轴特效/帮助/复制到网格”菜单命令，弹出“复制到网格”对话框，在该对话框中设置网格尺寸“行数”为 50，“列数”为 1，网格间距“行数”为 3 像素，“列数”任意。

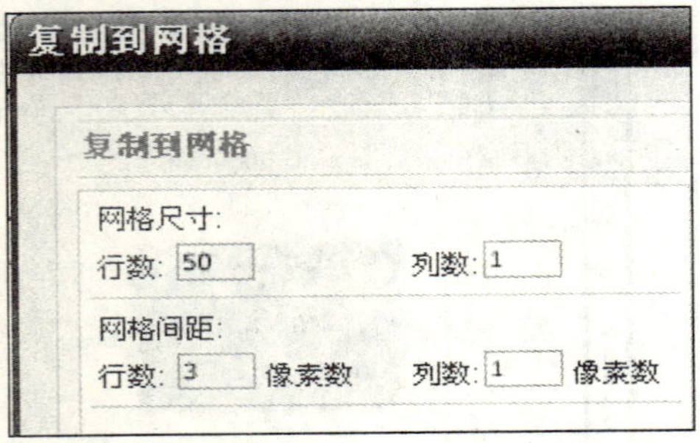

4 单击“确定”按钮，矩形会立刻以间距为 3 像素的距离整整齐齐的复制出 50 个。如果觉得复制的数目和间距需要修改，可以单击“属性”面板中的“编辑”按钮，重新弹出“复制到网格”对话框，调整后单击对话框右上角的“更新预览”按钮，直到满意为止。

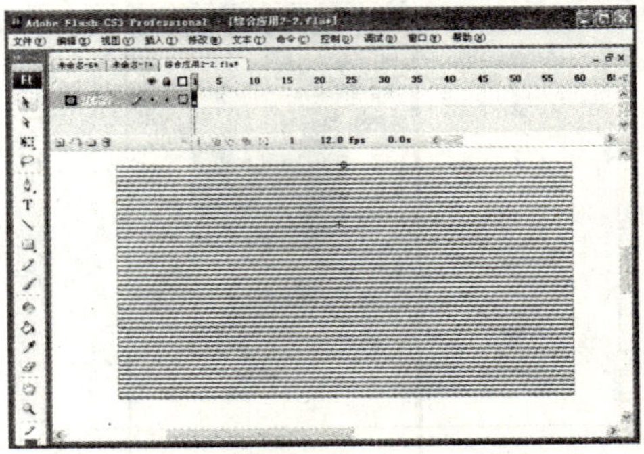

• 用混合模式制作图片颜色变化效果

1 回到“场景 1”中。将“图层 1”重命名为“大图片”，从“库”面板中将“精灵”元件拖放到舞台上。并利用“任意变形工具”将其放大到基本与原图相同。打开“属性”面板，在“颜色”下拉列表中选择“Alpha”，修改其值为 80%。

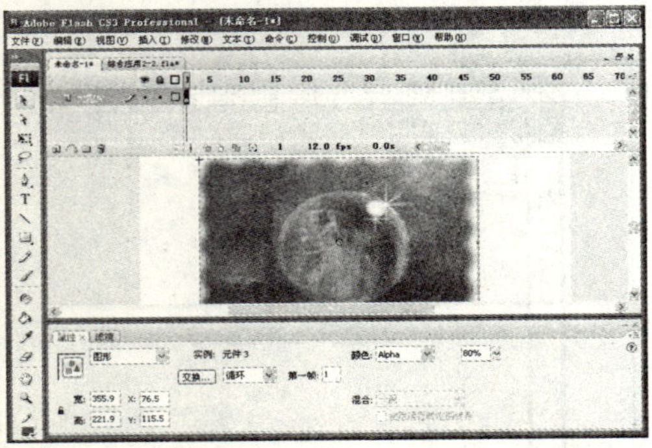

2 锁定该“大图片”图层。插入一个新图层，重命名为“百叶窗”。从“库”面板中将“百叶窗”元件拖放到舞台上，并利用“任意变形工具”调整大小，使其覆盖住整个舞台。如果这时将“大图片”图层隐藏了，可以更方便观察。

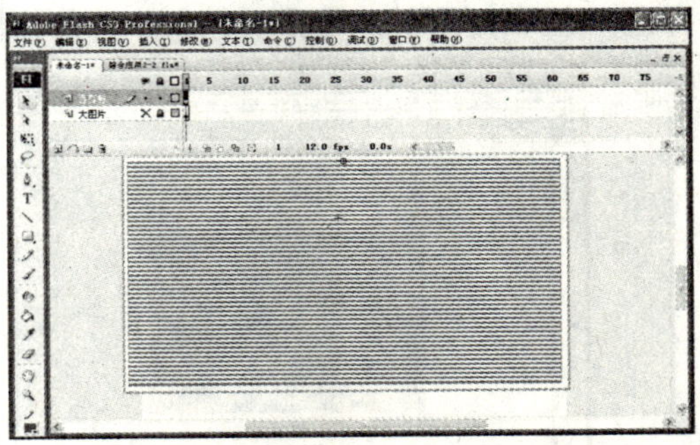

3 打开“属性”面板，在“混合”下拉列表中选择“叠加”。在“颜色”下拉列表中选择“色调”，选择浅绿色，“色彩数量”设为 90%。

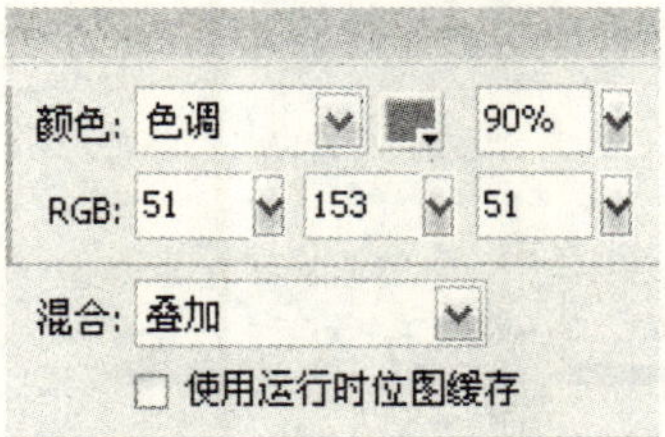

4 新建一个图层，重命名为“底图”。从“库”面板中将“精灵”元件放到舞台中间，不作任何设置。

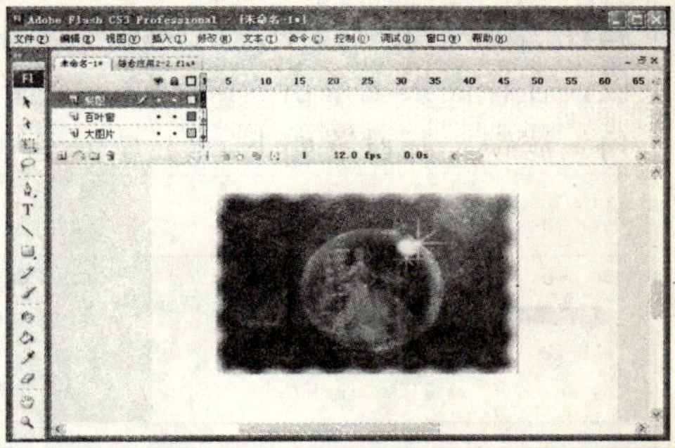

5 新建一个图层，改名为“小图片”。从“库”面板中将“精灵”元件放到舞台中间，与“底图”层中“精灵”元件位置相同。

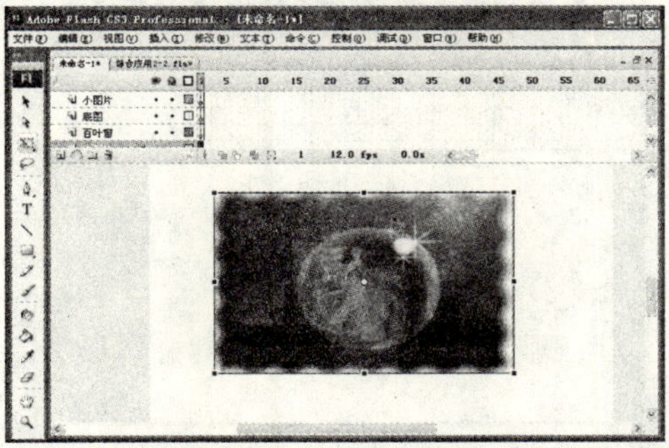

6 打开“属性”面板，在“混合”下拉列表中选择“色彩增殖”。在“颜色”下拉列表中选择“色调”，“色彩数量”设为 50%。

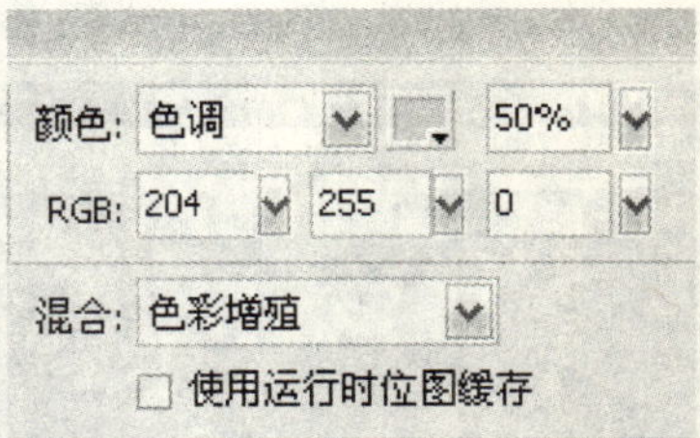

7 单击“色调”旁边的“填充色”按钮，打开调色板，同时光标变成吸管状。在调色板上移动鼠标，会发现鼠标移动到不同色块上颜色图片也会随之而变化。

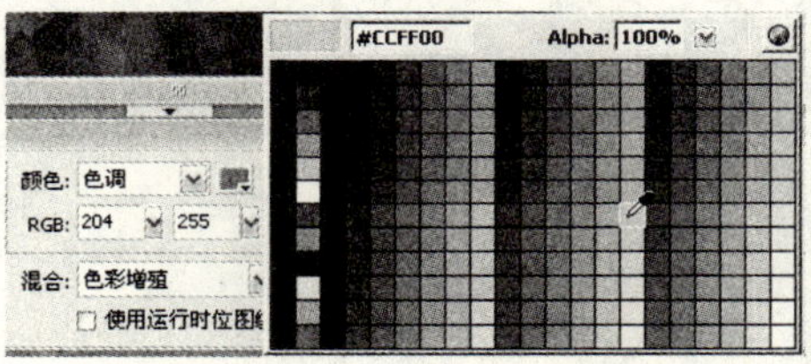

8 在第 2 帧～第 10 帧处，按“F6”功能键，插入关键帧，为每一帧选择不同的颜色。同时在其他各层的第 10 帧处，插入帧。

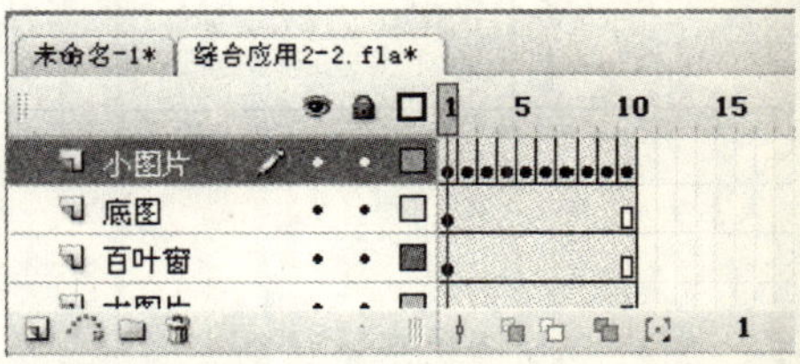

• 用滤镜制作边框

1 新建一个图层，改名为“边框”。然后从“库”面板中将“边框”元件拖放到舞台上，位置与下层图片相同。执行“窗口/属性/滤镜”菜单命令，将弹出“滤镜”面板，在该面板上单击“+”号，添加“斜角”滤镜，其设置如下。

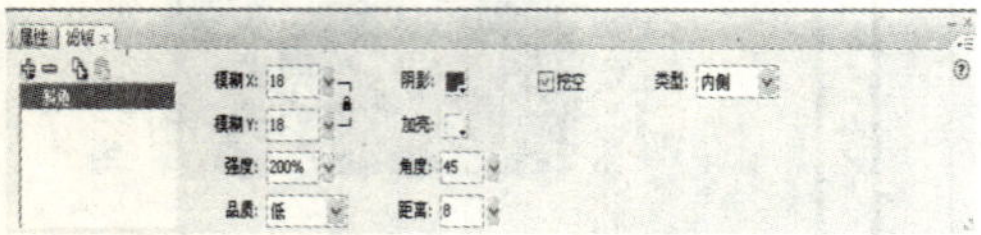

2 再添加“发光”滤镜，其设置如下。

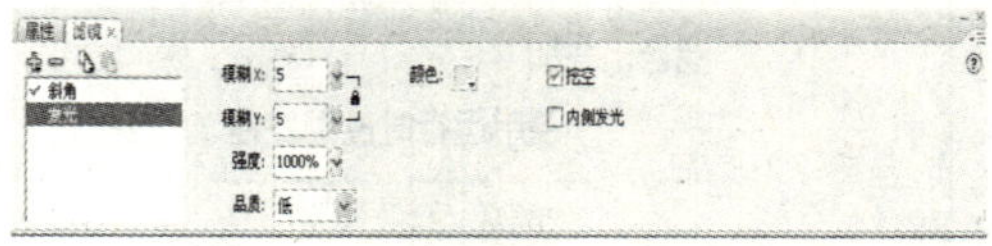

3 至此，本范例制作完毕。按“Ctrl+Enter”组合键测试影片，效果是不是很漂亮啊！

提示：

在实际应用中对特效进行灵活的变化，能制作出很多漂亮的动画，希望大家慢慢摸索在这里就不一一列举了。

电脑即学即用

教你学电脑

第7章 声音的制作编辑

本章要点：

- 音频基本知识
- Flash 中声音的应用

电脑博士，动画制作完成了可是没声音该怎么办呢？

小丽，在电影世界中，声音的威力是惊人的，可以说，没有声音就没有真正的电影。Flash 动画也是如此，合理组织图像和声音的关系，能够让你的动画产生质的飞跃。在本章中将介绍如何在Flash文档中使用声音和视频。

7.1 音频基本知识

Flash 提供了许多使用声音的方式。可以使声音独立于时间轴连续播放，或使动画与一个声音同步播放。还可以向按钮添加声音，使按钮具有更强的感染力。另外，通过设置淡入淡出效果还可以使声音更加优美。由此可见，Flash 对声音的支持已经由先前的实用，转到了现在的既实用又求美的阶段。

7.1 声音的相关知识

所谓声音，实际是就是游荡在空气的声波。声波传递到我们的耳朵中，振动耳膜，通过神经传导到我们的大脑中，就形成了声音。不同的声波具有不相同的频率和波长，因此传递到人脑中，就形成了不同的声音。具有某些特征的声波，能够让人产生愉悦的感觉，这种声音就是音乐；而具有些特征的声波，能够让人产生烦躁的感觉，这种声音就是人们常说的噪声。在处理声音文件的时候经常会遇到如下几个概念：

声道：声道分为单声道、双声道和混合声道。为了使文件的体积比较小，一般都采用单声道的声音文件。单声道和双声道声音文件很容易区别，当声音文件导入后，在库面板中，单声道声音文件显示一条波形图，双声道声音文件显示的是两条波形图。

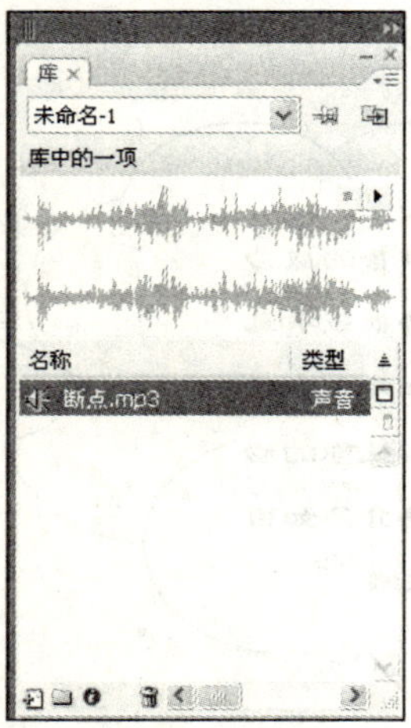

双声道示例图

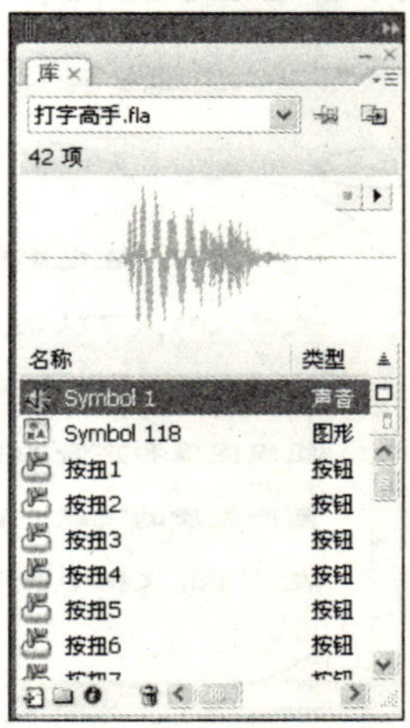

单声道示例图

位分辨率：指的是每个采样点的比特数。位分辨率越大声音听起来越清晰，但是它的体积也越大。

采样比率：是指在单位时间内对声音的采样次数。采样比率越大声音就越清晰，其体积也会增大。

如果需要对声音文件的采样比率进行调整的话，可以双击库面板中的声音文件，在弹出的声音属性面板中将采样比率选项修改到需要的值就可以了。

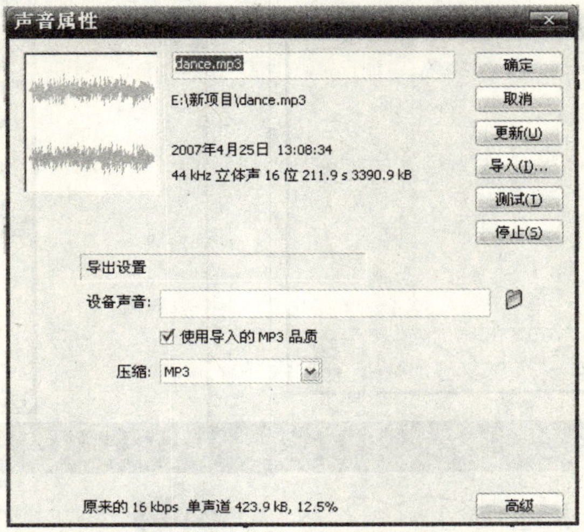

7.2 Flash 中声音的应用

在 Flash 中虽然可以利用 HTML 语言在网页中直接嵌入声音，但是这些方法并不完美，对声音的控制能力也非常弱，而在 Flash CS3 中则提供了更大的自由空间，允许以多种方式组织声音对象，并通过多种方式进行控制。

7.2.1 声音导入

在 Flash 中可以导入多种格式的声音文件，包括 WAV、MP3 等格式。另外，如果系统上安装了 QuickTime 4 或更高的版本，就可以导入 AIFF 格式和只有声音而无画面的 QuickTime 影片格式。导入声音的具体操作步骤如下：

1 新建一个Flash影片文档或者打开一个已有的 Flash 影片文档。执行“文件/“导入/导入到库”菜单命令，弹出“导入到库”对话框，在该对话框中，选择要导入的声音文件后，单击“打开”按钮，即可将声音导入库中。

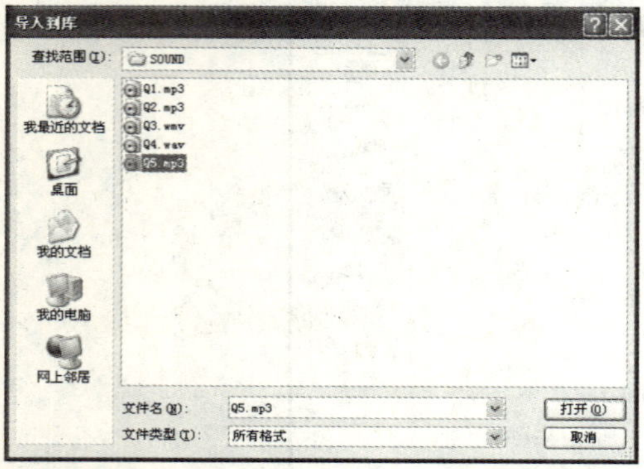

2 声音导入后，打开“库”面板，可以在面板中看到声音波形图。

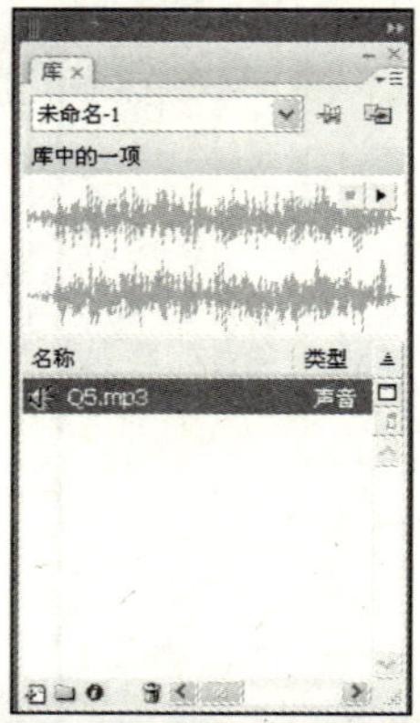

7.2.2 引用声音

将声音从外部导入 Flash 中以后，时间轴并没有发生任何变化。必须引用声音文件，声音对象才能出现在时间轴上，才能进一步应用声音。

1 将“图层 1”重新命名为“声音”，并选第1帧，然后将“库”面板中的声音对象拖放到场景中。

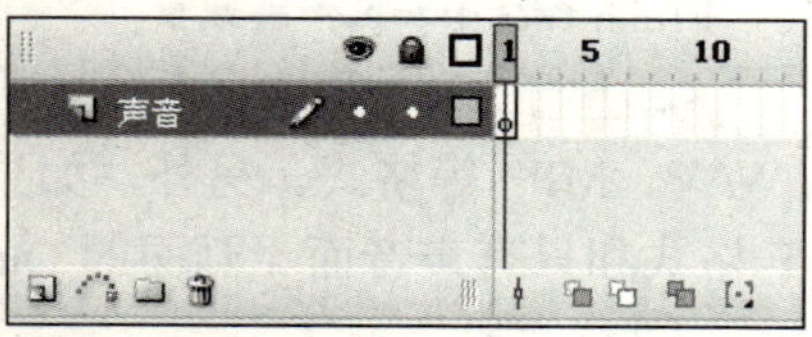

2 在“声音”图层第1帧出现一条短线，这就是声音对象的波形起始，如第 35 帧处，按下“F5”功能键插入帧，就可以看到声音对象的波形。按“Ctrl+Enter”组合键进行测试。

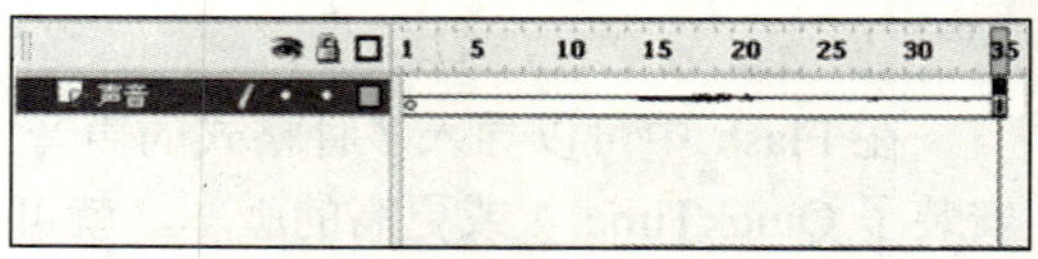

7.2.3 声音的编辑

1 紧接上例，选择“声音”图层，执行“窗口/属性”菜单命令，打开“声音属性”面板。

2 “声音”选项：从中可以选择要引用的声音对象，这也是另一个引用库中声音的方法。

3 “效果”列表框选项：从中可以选择一些内置的声音效果，比如让声音的淡入、淡出等效果。

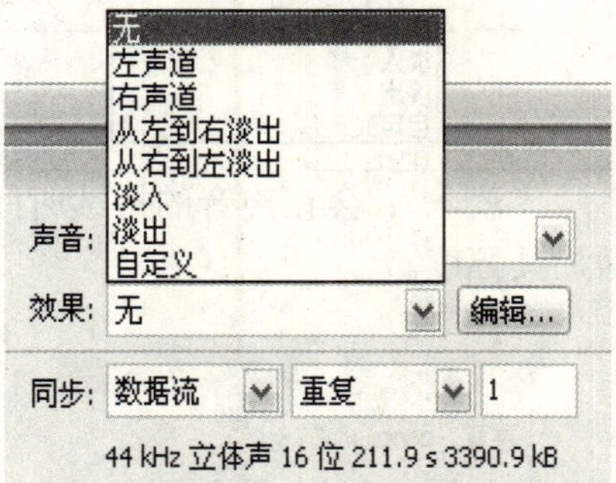

4 “编辑”按钮：单击该按钮，弹出“编辑封套”对话框，在该对话框中可以对声音进行进一步的编辑。

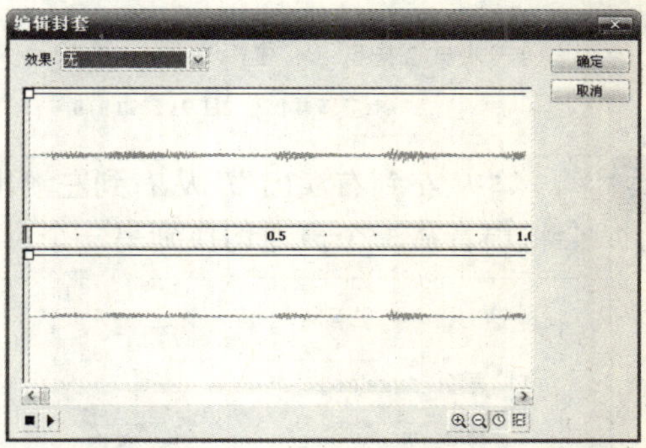

5 “同步”选项：在该列表框中可以选择声音和动画同步的类型，默认的类型是“事件”类型。

6 设置声音重复播放的次数，单击“重复”后下拉箭头，选择“重复”并在后面文本框中输入数值，以指定声音循环的次数，或者选择“循环”连续重复播放声音。

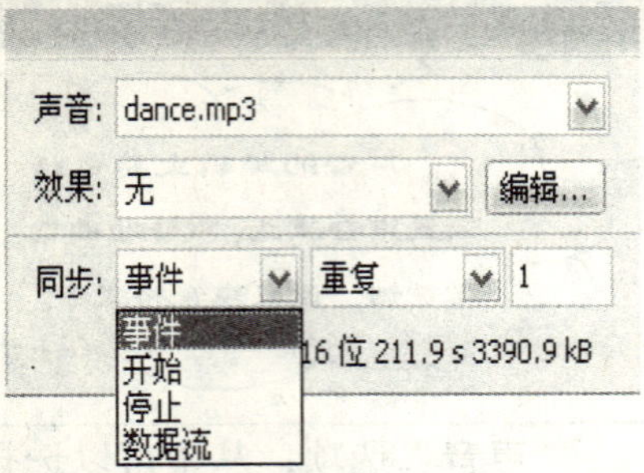

提示：引用到时间轴上的声音，往往还需要在声音的“属性”面板中对它进行适当的属性设置，才能更好地发挥声音的效果。下面详细介绍有关声音属性设置以及对声音进一步编辑的方法。

•“效果”选项

在时间轴上，选择“声音”图的第 1 帧，在声音“属性”面板中，单击“效果”后的下拉箭头按钮，在弹出的列表选项中可以设置声音的效果。

1 “无”：不对声音文件应用任何效果，选择此选项将删除以前应用过的效果。

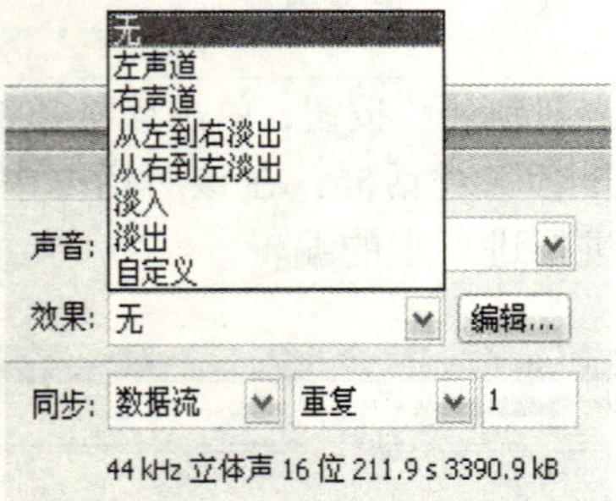

2 “左声道”/“右声道”：只在左或右声道中播放声音。

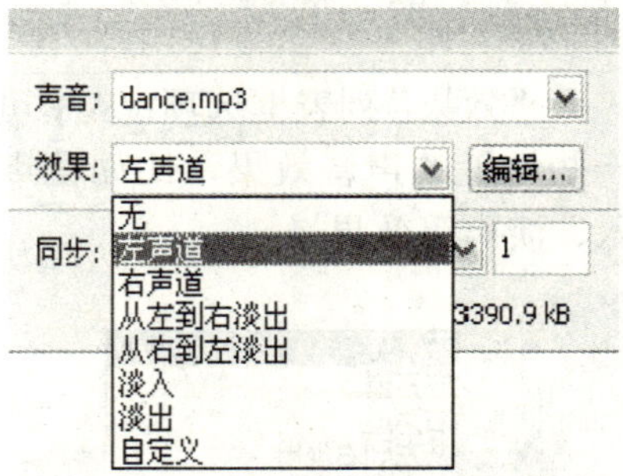

3 “从左到右淡出”/“从右到左淡出”：会将声音从一个声道切换到另一个声道。

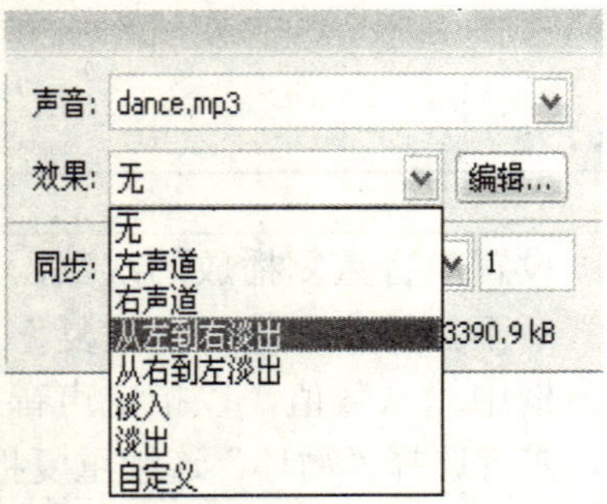

4 “淡入”：会在声音的持续时间内逐渐增加其幅度。

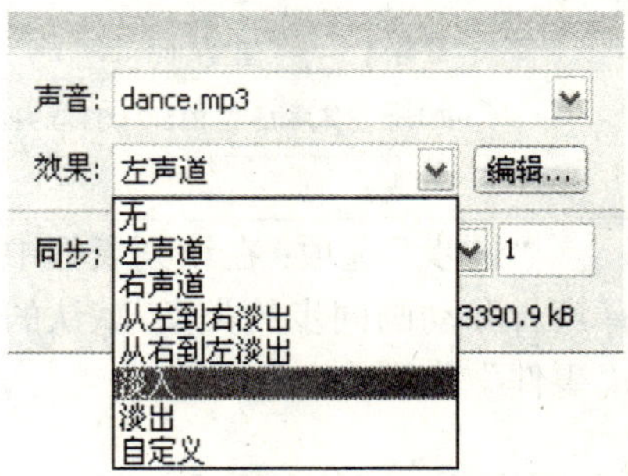

5 “淡出”：会在声音的持续时间内逐渐减小其幅度。

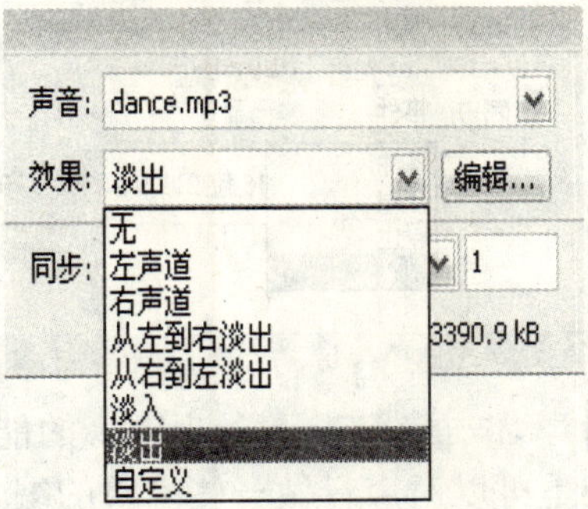

6 “自定义”：可以自行编辑声音的变化效果。

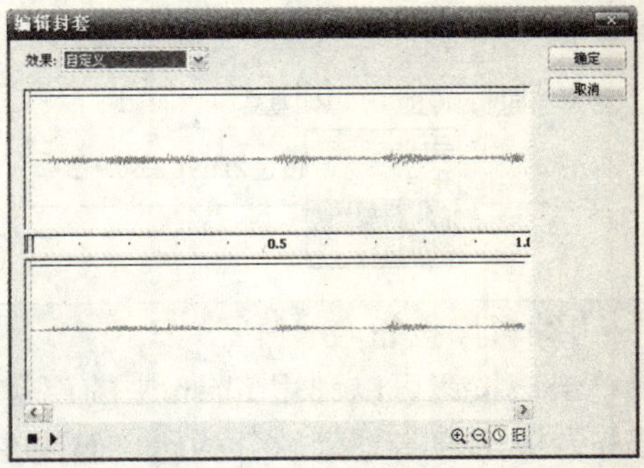

· 在“同步”列表框中选择所需的同步模式，包括“事件”、“开始”、“停止”和“数据流”四个同步选项。

1 “事件”选项会将声音和一个事件的发生过程同步起来。事件声音在其关键帧出现时开始播放，并独立于时间轴播放完整的声音，即使 SWF 文件停止执行，声音也会继续播放。当播放发布的 SWF 文件时，事件与声音混合在一起。

2 “开始”与“事件”选项的模式相近，但如果声音正在播放，使用“开始”选项则不会播放新的声音实例。

3 “停止”选项使当前指定的声音停止播放。

4 “数据流”选项将强制动画和音频流同步。与事件声音不同，音频流随着 SWF 文件的停止而停止。而且，音频流的播放时间绝对不会比帧的播放时间长。当发布 SWF 文件时，音频流混合在一起。

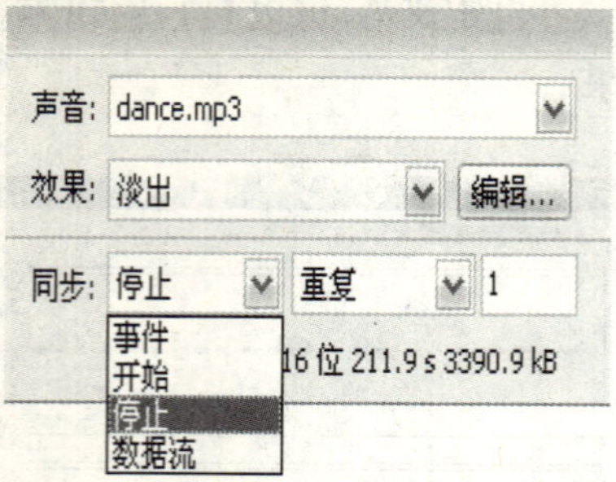

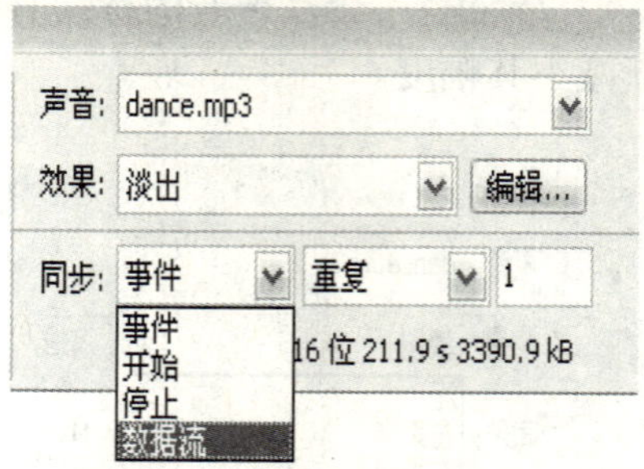

•“编辑”按钮

单击该按钮可以利用 Flash 中的声音编辑控件编辑声音。虽然 Flash 处理声音的能力有限，无法与专业的声音处理软件相比，但是在 Flash 内部还是可以对声音做一些简单的编辑，实现一些常见的功能，比如控制声音的播放音量、改变声音开始播放和停止播放的位置等。

1 在帧中添加声音，或选择一个已添加了声音的帧，然后打开“属性”面板，单击右边的“编辑”按钮。弹出“编辑封套”对话框，“编辑封套”对话框分为上下两部分，上面的是左声道编辑窗口，下面的是右声道编辑窗口。

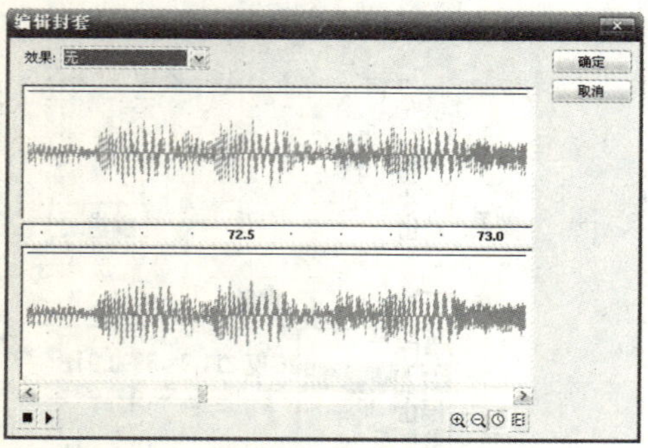

2 要改变声音的起始和终止位置，可拖动“编辑封套”中的“声音起点控制轴”和“声音终点控制轴”，下图为调整声音的起始位置。

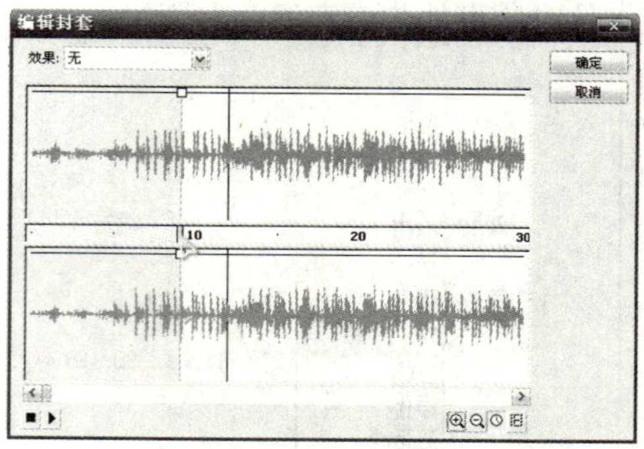

3 在该对话框中，白色的小方框成为节点，用鼠标上下拖动它们，改变音量指示线垂直位置，这样，可以调整音量的大小，音量指示线位置越高，声音越大，用鼠标单击编辑区，在单击处会增加节点，用鼠标拖动节点到编辑区的外边。

4 单击“放大”或“缩小”按钮，可以改变窗口中显示声音的范围。要在秒和帧之间切换时间单位，请单击“秒”和“帧”按钮。单击“播放”按钮，可以试听编辑后的声音。

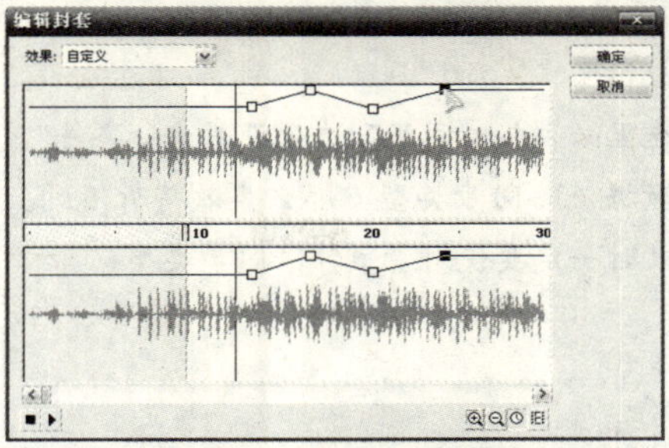

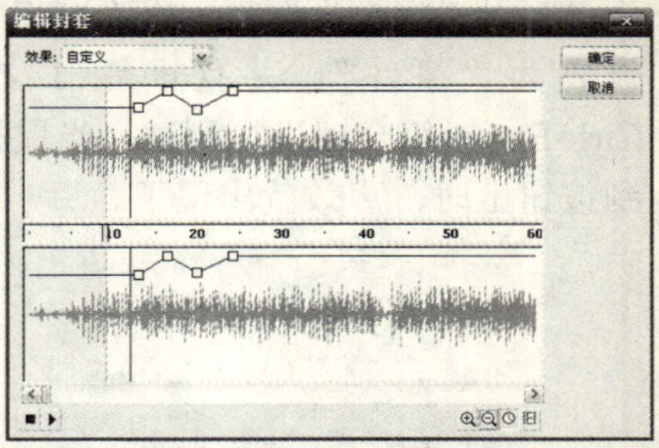

7.2.4 给按钮添加声音

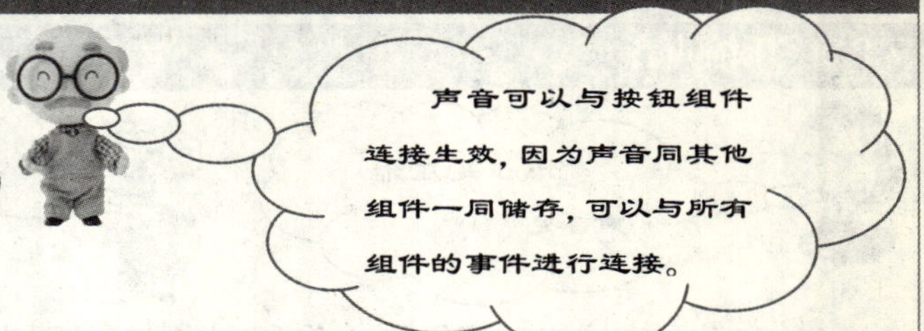

Flash 动画最大的一个特点是交互性，交互按钮是 Flash 中重要的元素，如果给按钮加上合适的声效，一定能让作品增色不少。具体的操作步骤如下：

1 打开“库”面板，用鼠标双击需要加上声效的按钮元件，这样就进入到这个按钮元件的编辑场景中，下面要将导入的声音加入到这个元件中。

2 新建图层，重新命名为“声效”。选择这个图层的“指针经过”帧，按“F7”功能键，插入一个空白关键帧，然后将“库”面板中的“按钮声效”声音元件拖放到场景中，这样，“声效”图层从“指针经过”帧开始出现了声音的声波线。

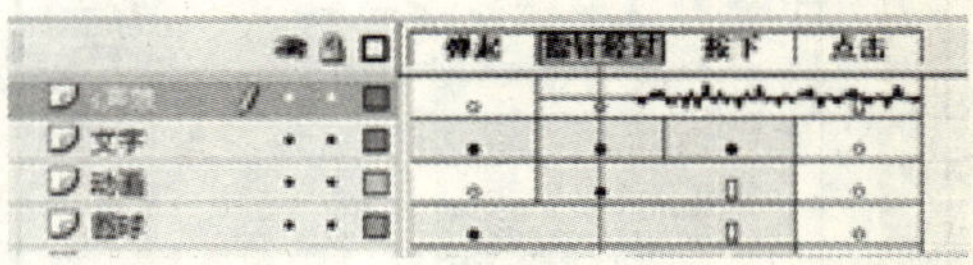

3 打开“属性”面板，将“同步”选项设置为“事件”，并且重复 1 次。按 Ctrl+Enter 组合键进行测试，当鼠标移动到按钮上时，声效就出现了。

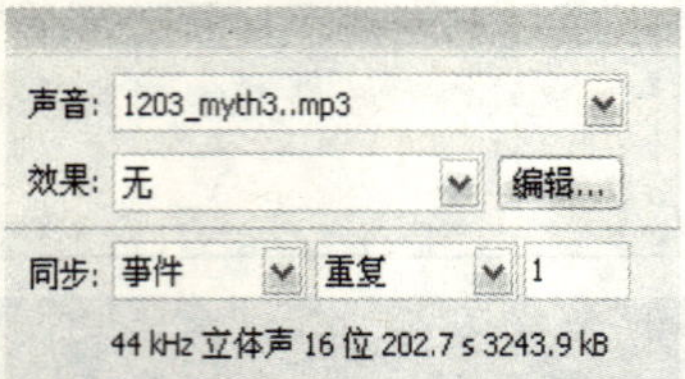

提示：

这里必须将“同步”选项设置为“事件”，如果还是“数据流”同步类型，那么声效将听不到。给按钮加声效时一定要使用“事件”同步类型。

7.2.5 压缩声音

Flash 动画在网络上流行的一个重要原因就是因为它的体积小，这是因为当我们输出动画时，Flash 会采用很好的方法对输出文件进行压缩，包括对文件中的声音的压缩。但是，如果对压缩比例要求得很高，那么就应该直接在“库”面板中对导入的声音进行压缩了。

在“库”面板中直接将声音“减肥”的具体操作方法如下：

1 双击“库”面板中的声音图标，打开“声音属性”对话框。

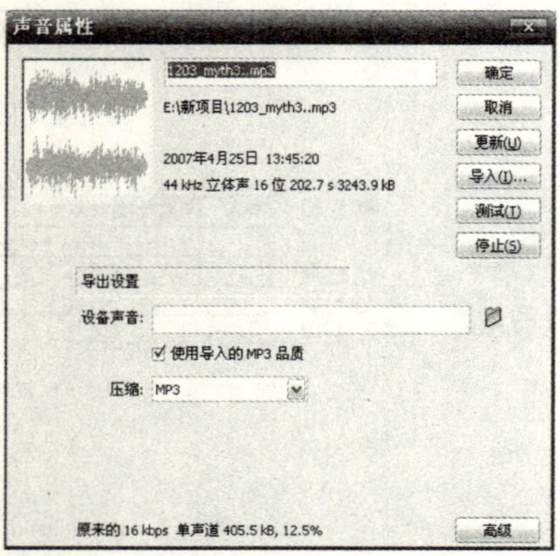

2 在“声音属性”对话框中，我们就可以对声音进行“压缩”，单击“压缩”后的下拉箭头按钮，在弹出的下拉列表中有“默认”、“ADPCM”、“MP3”、“原始”和“语音”压缩模式。

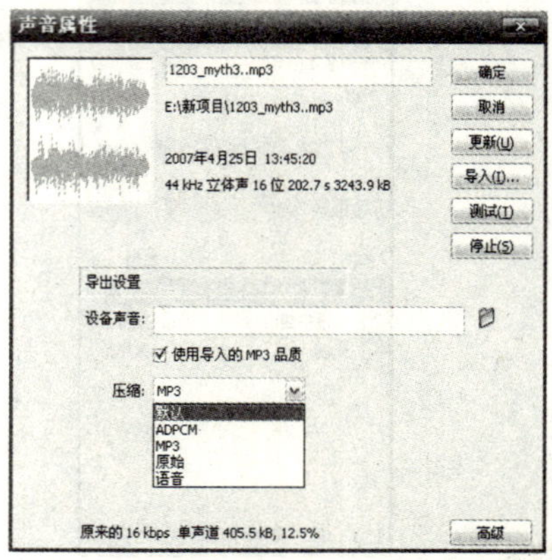

• 在这里，我们重点介绍“MP3”压缩选项，因为这个选项最为常用而且对其他的设置也极具代表性，通过对它的学习可以达到举一反三，掌握其他压缩选项的设置。

3 打开“声音属性”对话框中，从“压缩”下拉列表中选择“MP3”，勾选“使用导入的 MP3 品质”复选框。这是一个默认的设置，如果不在“库”中对声音进行处理的话，声音将以这个设置导出。

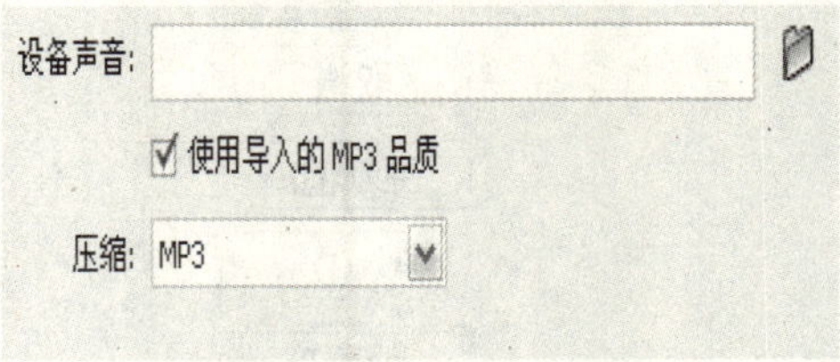

4 如果不想使用与导入时相同的设置来导出文件，那么可以在“压缩”下拉列表中选择“MP3”后，取消“使用导入的 MP3 品质”复选框，就可以重新设置 MP3 压缩设置了。

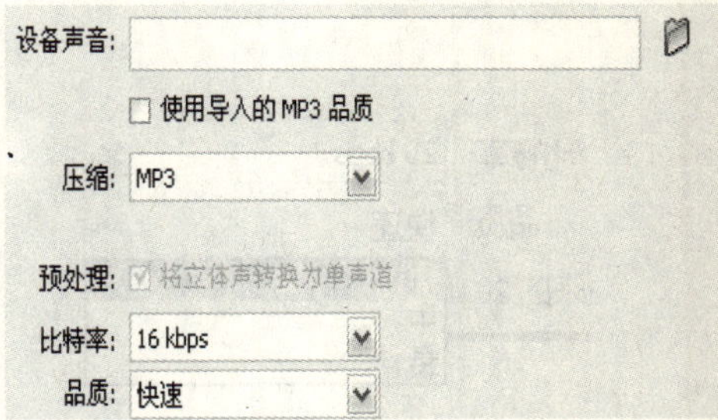

5 设置比特率。在“比特率”下拉列表框中，可以选择导出的声音文件中每秒播放的位数。Flash 支持 8 kbps～160 kbps（恒定比特率）的比特率。

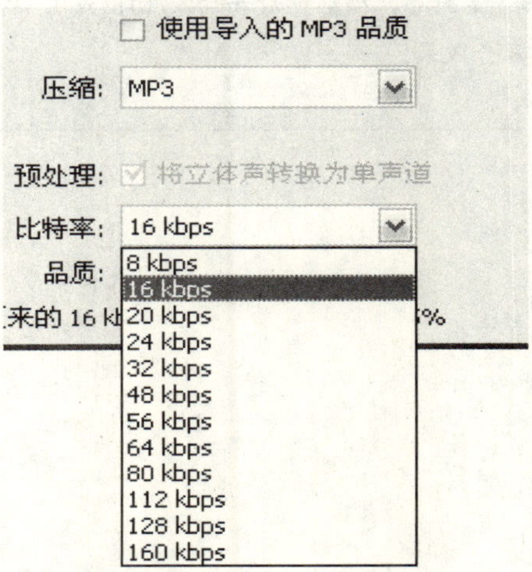

6 “预处理”选项：勾选“将立体声转换为单声道”复选框，表示将混合立体声转换为单声（非立体声）。这里需要注意的是，“预处理”选项只有在选择的比特率为 20 kbps 或更高时才可用。

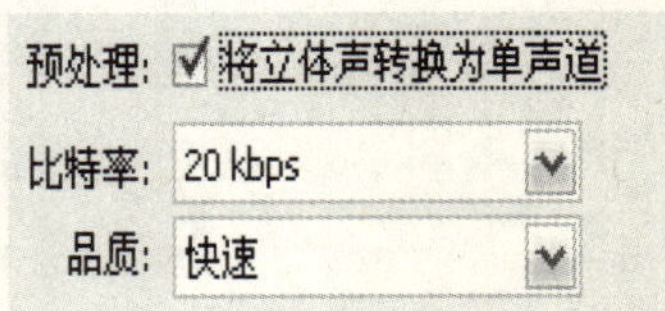

7 "品质"选项：在"品质"下拉列表框中选择一项，以确定压缩速度和声音品质。"快速"：压缩速度较快，但声音品质较低。"中"：压缩速度较慢，但声音品质较高。"最佳"：压缩速度最慢，但声音品质最高。

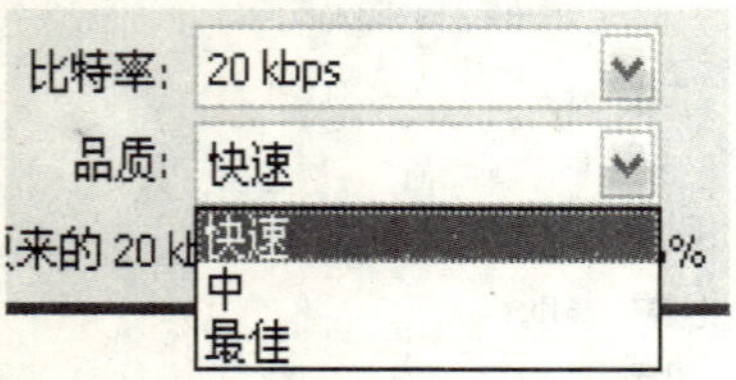

8 进行压缩测试。在"声音属性"对话框中，单击"测试"按钮，播放声音一次。如果要停止测试，单击"停止"按钮。如果感觉已经获得了理想的声音品质，就可以单击"确定"按钮。

提示：

除了采样比特率和压缩外，还可以使用下面几种方法在文档中有效地使用声音并减小文件的大小。

1. 设置切入和切出点，避免静音区域保存在 Flash 文件中，从而减小声音文件的大小。

2. 通过在不同的关键帧上应用不同的声音效果（例如音量封套，循环播放和切入/切出点），从同一声音中获得更多的变化。只使用一个声音文件就可以得到许多声音效果。

3. 循环播放短声音，作为背景音乐。

电脑即学即用

教你学电脑

第 8 章 ActionScript 入门

本 章 要 点：

- ActionScript 的相关概念
- ActionScript 的应用

电脑博士，什么是 ActionScript 呢？

小丽，ActionScript 也是 Flash 中一个重要的技术组成部分，它是程序的脚本语言。ActionScript 担负着联系前台应用和后台数据的任务，是 Web 开发的核心。本章将介绍 ActionScript 的相关知识及应用。

8.1 ActionScript 概念

Flash 中主要由动作脚本 ActionScript 来建立交互式动画。即通过 ActionScript 编写指令集，让计算机在特定事件发生时执行。

认识 ActionScript 的重要性，更能坚定我们学习 ActionScript 的信心。实际上使用 ActionScript 并不是一件非常困难的事，只要我们学会使用对应的 Action 来表达就够了。

8.1.1 ActionScript 基础

什么是 ActionScript
ActionScript 是一种面向对象编程语言语言，通过 "ActionScript" 的编程，可以给动画添加交互性的效果。

ActionScript 是 Macromedia Flash 提供的，用以给影片添加交互动作的一种脚本语言，更确切地说，它是一种面向对象编程语言。从语言风格以及使用方法上来看，它与 JavaScript 语言很相似，利用 ActionScript 可以控制电影的播放，增加影片的交互事件和控制影片内部动画元素等。

比如，我们可以通过开关按钮打开或者关闭动画中的声音；可以通过按钮跳转到动画的不同场景或者不同帧继续播放；甚至可以用鼠标移动动画中的对象等。ActionScript 又可分为"ActionScript 类型"、"ActionScript 事件驱动"、"ActionScript 面向对象"几个概念。

ActionScript 类型：Flash 中 ActionScript 基本分为帧脚本、按钮脚本和 MovieClip 事件脚本三种类型。

帧脚本附着在关键帧中，Flash 播放器的播放头到达关键帧的时候帧脚本开始执行。

按钮脚本附着在按钮符号的实例上，用来响应用户的鼠标动作。

MovieClip 事件脚本附着在 MovieClip 的实例上，一般是用于比较复杂的交互要求。

ActionScript 事件驱动：无论是按钮还是 MovieClip 的实例，它们都具有对特定事件进行反映的能力。不同的对象具有不同的事件，而相同的事件对于不同的对象来说可能具有不同的事件名称。

ActionScript 面向对象：Flash 中可控制元素基本上都可以被称作对象。对象包括对象的属性和对象的方法，这是 ActionScript 学习的关键。

8.1.2 Action 工作面板

“动作”面板是 Flash 提供的一个专门处理动作脚本的编辑环境。若需要在关键帧中加入 ActionScript 语句，只需要在关键帧上单击鼠标右键，在弹出的快捷菜单中执行“动作”命令，就可以打开动作面板。

在“动作—帧”窗口中，左边部分是全部 Action 的列表，双击就可以添加 Action 了。

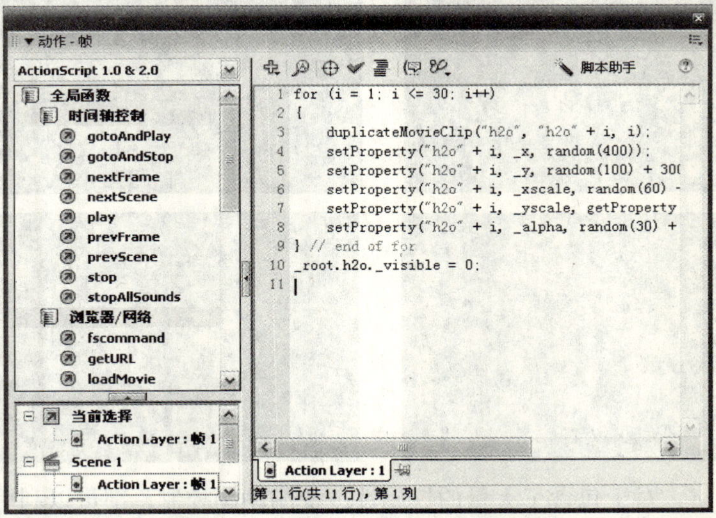

提示：

只有关键帧才能加入 ActionScript 语句，如果在非关键帧上按鼠标右键，执行“动作”命令，加入的 ActionScript 会自动转到该帧左边离此帧最近的关键帧上去。所以，如果需要加入 ActionScript，必须先确定它是不是关键帧。如果不是，可以先选中此帧，按“F6”功能键，插入关键帧。然后再加入 ActionScript 语句。

8.2 ActionScript 的应用

自从 Flash5.0 中的 ActionScript 丰富以后，Flash 就从一个简单的动画软件朝着网络应用的方向开始前进了。一时间网上各种实验性站点层出不穷，从而把 Flash 的 Action 应用推向了一个新的高度。

8.2.1 降低重复劳动

使用 ActionScript
有什么好处呢？
ActionScript 给我们带
来的最大好处就是，可以降
低重复劳动的工作量。

在这里举一个极端的例子，在以往如果要制作下面的例子，从设计的角度出发是可以做的，但是工作量是很巨大的。如果用 Action 的角度去做这个作品的话，就变得非常简单了。

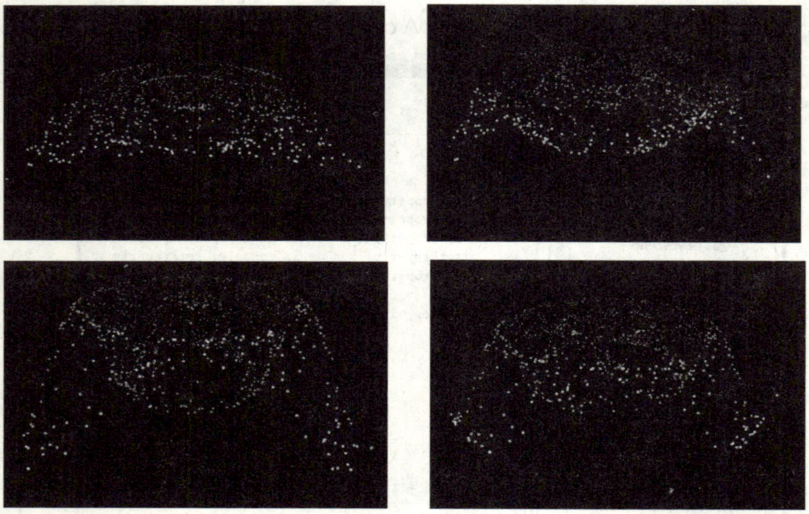

从总体上来讲，对于包含了大量的仅属性改变的动画控制，都可以利用 Action 简化其工作量。

8.2.2 制作视觉效果

怎样制作出
视觉效果呢？
使用“ActionScript”
就能制作视觉效果。

说到视觉效果，可能大家都不陌生。现在国外的不少大片中已经充斥了大量的电脑创作的视觉效果，以假乱真的程度让人叹为观止。Flash 作为一个矢量动画软件来说，在创作视频级别的视觉效果上虽然有些勉强，但是运用好的话，也还是可以为作品增加很多光彩的。

一个复杂的视觉效果，通常都是从简单的元素与规则入手进行创作的。如要制作泡泡群，我们可以把复杂的群体动画简化到单独的个体动画，然后将这个单独的个体通过一定的组合规则进行叠加，而叠加的效果就是我们需要的效果。

1 新建一个 Flash 文档，首先要制作一个泡泡，执行“插入/新建元件”菜单命令，弹出“创建新元件”对话框，在该对话框中输入元件的名称 “泡泡”，并选择元件类型为“图形”，单击“确定”按钮。

2 然后在元件编辑场景中绘制一个泡泡，形状颜色任意。

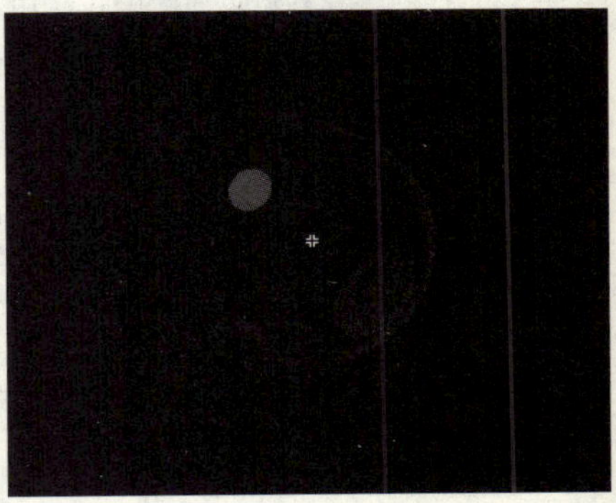

3 执行“插入/新建元件”菜单命令，弹出“创建新元件”对话框，在该对话框中的名称文本框中输入元件名称“泡泡 2”，并选择元件类型为“影片剪辑”，单击“确定”按钮。

4 进入“影片剪辑”元件的编辑场景，然后从“库”中将图形元件“泡泡”拖放到场景中。

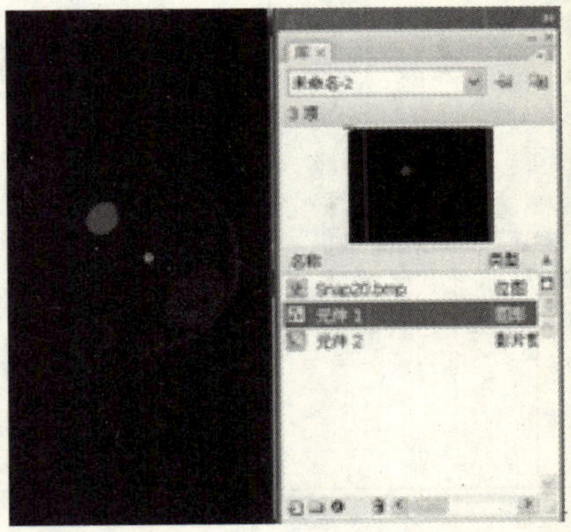

5 返回“场景 1”，将“图层 1”重命名为“泡泡”。选中图层的第 1 帧，从“库”将影片剪辑元件“泡泡 2”拖放舞台的下面。

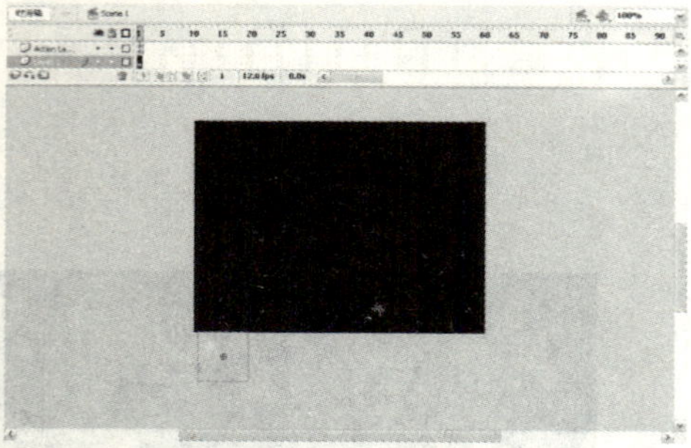

6 新建“图层 2”，在图层的第 1 帧处，按“F7”功能键插入空白关键帧。执行“窗口/动作”菜单命令，打开“动作”面板。

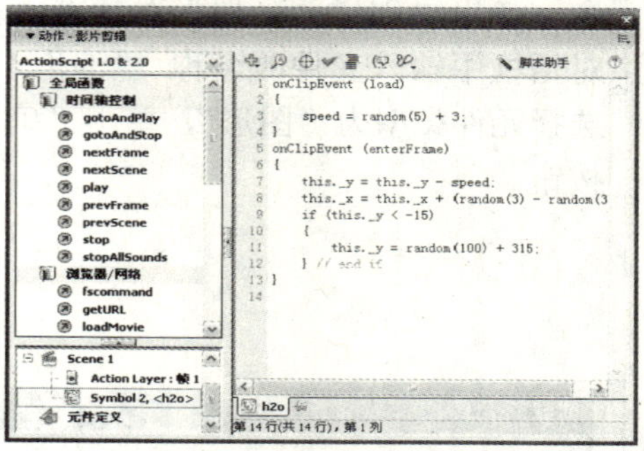

7 在“动作”面板中的脚本编辑窗口中编写如下代码。

```
for (i = 1; i <= 30; i++)
{
    duplicateMovieClip("h2o", "h2o" + i, i);
    setProperty("h2o" + i, _x, random(400));
    setProperty("h2o" + i, _y, random(100) + 300);
    setProperty("h2o" + i, _xscale, random(60) + 40);
    setProperty("h2o" + i, _yscale, getProperty(eval("h2o" + i), _xscale));
    setProperty("h2o" + i, _alpha, random(30) + 70);
} // end of for
_root.h2o._visible = 0;
```

8 选中“泡泡”图层的第 1 帧，然后在脚本编辑窗口中编写如下代码。

```
onClipEvent (load)
{
    speed = random(5) + 3;
}
onClipEvent (enterFrame)
{
    this._y = this._y - speed;
    this._x = this._x + (random(3) - random(3));
    if (this._y < -15)
    {
        this._y = random(100) + 315;
    } // end if
}
```

9 此时，“时间轴”效果如下图所示。

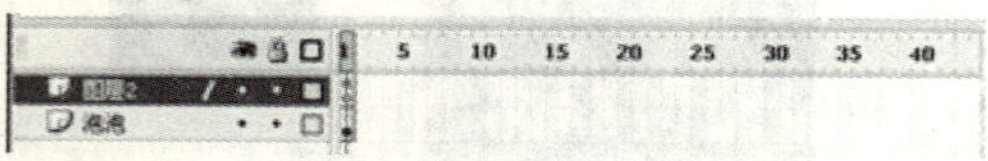

10 按“Ctrl+Enter”组合键对影片进行测试，其运行的效果如下图所示。

电脑即学即用

教你学电脑

第9章 Flash 发布与输出

本章要点：

- 作品的发布
- 文件的发布预览和正式发布
- 作品的输出

电脑博士，动画制作完成了，怎样将它完整的发布和输出呢？

小丽，在 Flash CS3 中将一个动画或网页制作完成后，可以使用 Flash CS3 所提供的发布和输出文件功能。Flash CS3 有许多灵活的输出方式，可以将文件以各种格式进行发布和输出。在本章中，将介绍各种格式的发布设置与动画的输出。

9.1 作品的输出格式设置

在 Flash CS3 中将一个动画或网页制作完成后，可以使用 Flash CS3 所提供的发布和输出文件功能。Flash CS3 提供了许多种灵活的输出方式，以适应不同的要求。

我们可以将动画发布为多种格式文档，包括 SWF 格式动画文件、Html 文档、GIF、JPEG、PNG 等格式文件。也可以输出为 Shockwave 动画、Quicktime 动画、Windows 的 AVI 动画以及各种静态图形格式等。

9.1.1 Flash 格式发布设置

1 执行“文件/发布设置”菜单命令，将弹出“发布设置”对话框。在该对话框中的“格式”选项卡中，在“类型”选项下有 8 个复选框，勾选每一个复选框，在发布设置面板的上方就会出现一个标签。可以通过设置标签里的参数，对输出的文件进行格式选择。

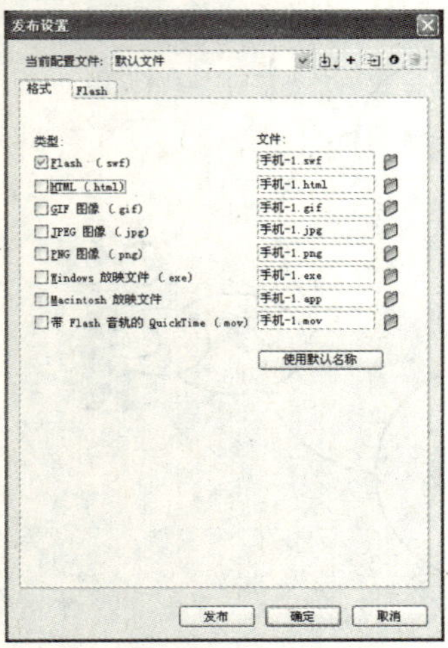

2 在“发布设置”对话框中，单击“格式”选项卡，在“类型”选项中，勾选“Flash”复选框。

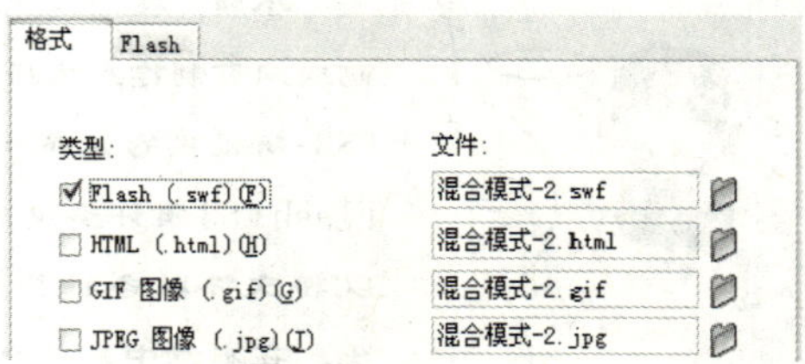

3 然后单击“格式”旁边的“Flash”标签，则会显示“Flash”选项卡。

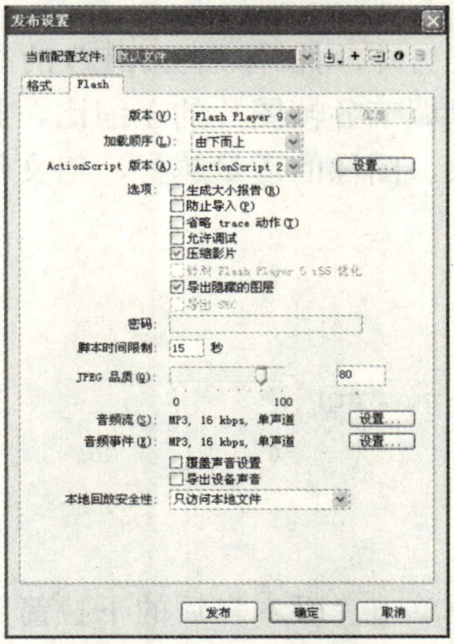

4 在“Flash”选项卡中，在“加载顺序”栏中可以设置文件下载的顺序。单击“加载顺序”后的下拉箭头按钮，在弹出的下拉列表中可以看到下载第 1 帧画面时层的顺序，如果选择“由下而上”选项可以从下到上装载第 1 帧的所在层，选择“由上而下”选项可以从上到下装载第 1 帧的所在层。

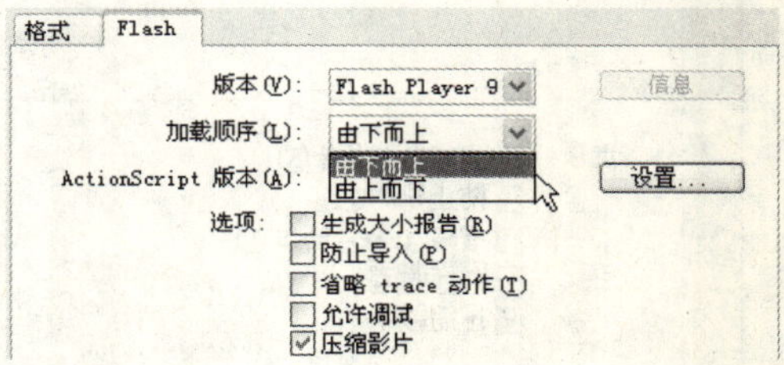

5 在“选项”栏中有五个复选框。勾选“生成大小报告”复选框，在动画发布过程中 Flash CS3 程序将制作一个关于动画大小的文件报告，在该文本中列出了动画各组成元件所占字节的详细资料，用户可以借助于该文本文件来剪辑影片大小。如下图所示。

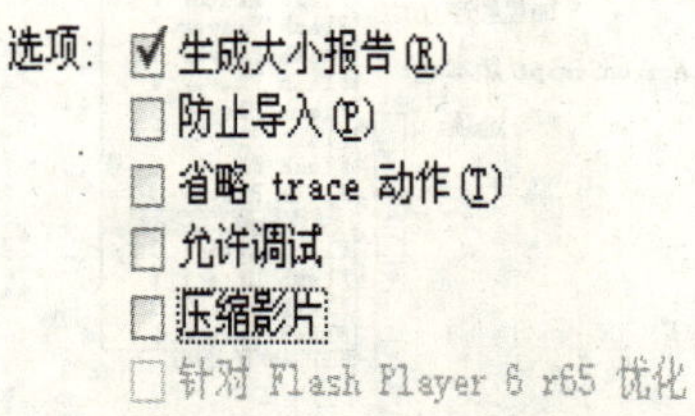

6 勾选“防止导入”复选框，可以在下面的“密码”输入框中输入密码，可以防止浏览者从网上下载你所发布的动画。窃取你的劳动成果。

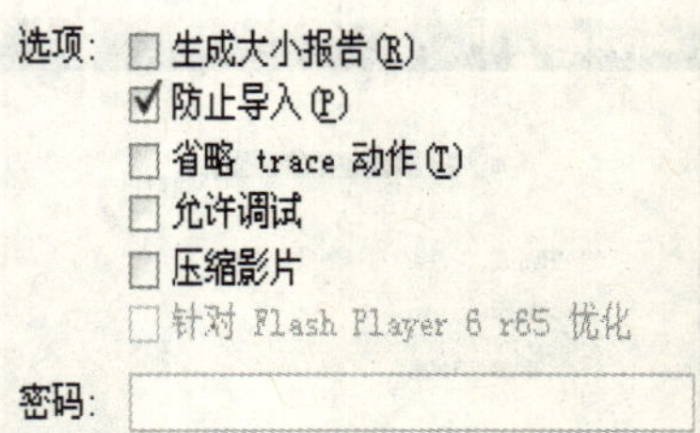

7 勾选“省略 trace 动作”复选框，可以忽略当前动画的跟踪状态。

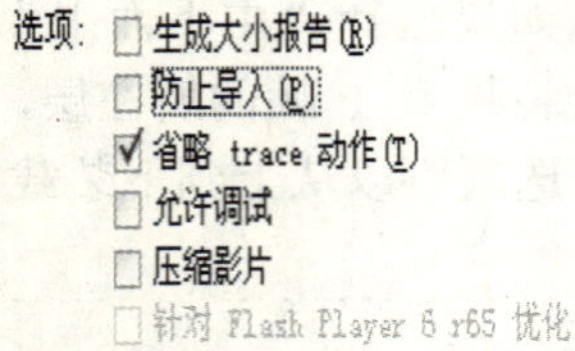

8 勾选“允许调试”复选框，也可以在下面的“密码”输入框中输入密码，在发布后只有输入正确的密码，才可以进行浏览和调试。

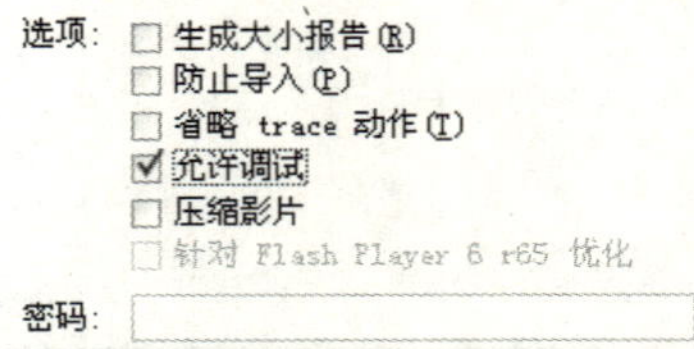

9 勾选“压缩影片”复选框，可以将文件以最小的体积发布。

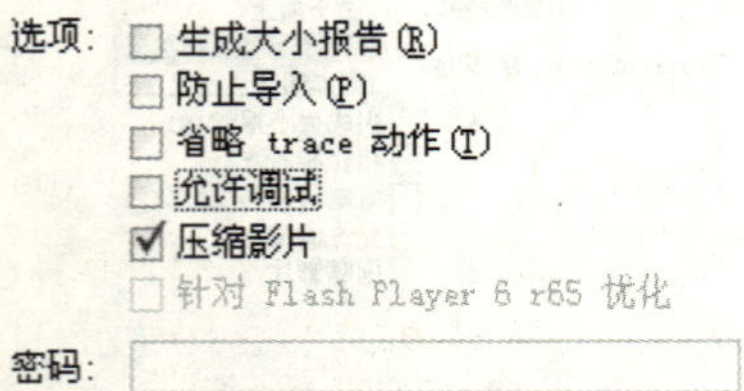

10 另外，用鼠标拖动 JPEG 的参数滑块，可以调节各帧图片的压缩比。此参数数值越大，图像的质量越好，但文件的体积也越大。

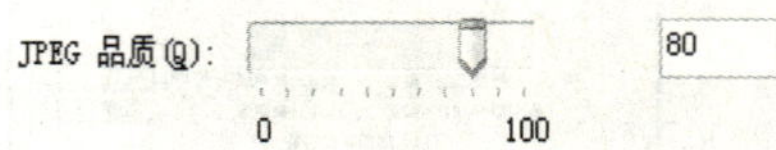

11 单击“音频流”和“音频事件”后面的“设置”按钮，将弹出“声音设置”对话框。在该对话框中用户可以在“压缩”下拉列表中设置声音媒体的压缩方式；在“比特率”下拉列表中设置声音的播放流率；在“品质”下拉列表中设定声音媒体输出的质量高低。

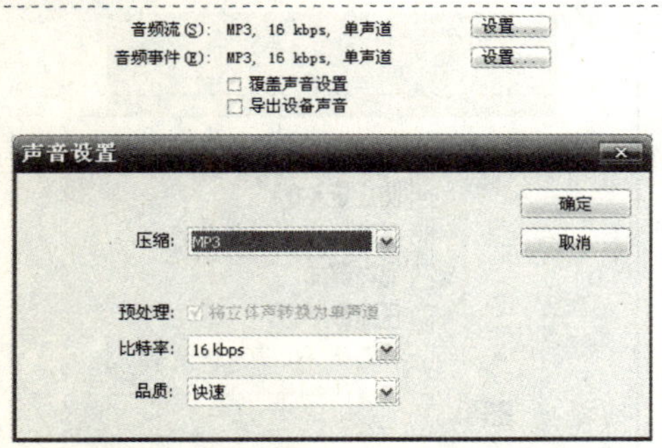

12 单击“版本”后的下拉箭头按钮，在弹出的下拉列表中，可以设置导出的动画在哪一个版本的 Flash Player 中播放。

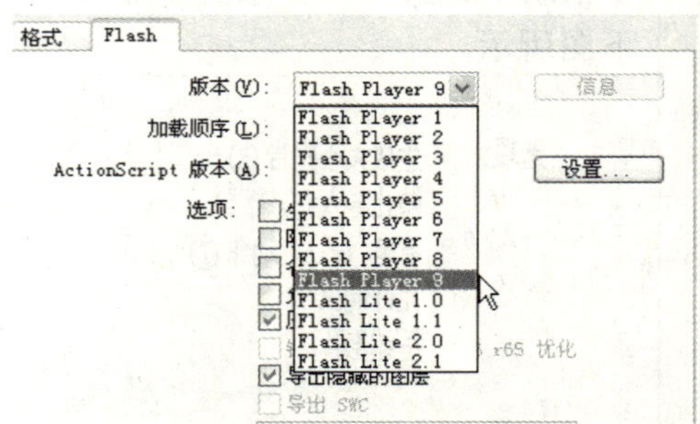

9.1.2 HTML 格式发布设置

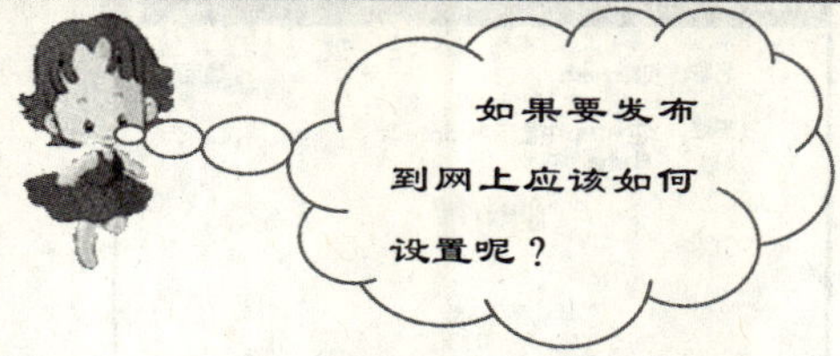
如果要发布
到网上应该如何
设置呢？

如果要在网上播放
Flash CS3 创建的动画，可
使用 HTML 格式来发布动画。

在 Flash CS3 中创建了动画后，Flash CS3 提供了一个输出 HTML 格式文件的功能，它可以使不会编写 HTML 来创建网页的用户，也可以轻松完成网页的创建。该过程不需要编写任何一行 HTML 文件，也不必借助于专业的网页创建软件。

如果在要在网上浏览播放 Flash CS3 创建的矢量动画，必须创建 HTML 文档来激活动画浏览器设置。使用 Flash CS3 输出的 HTML 文档，可以设定动画播放窗口位置、背景颜色、大小等属性。

1 执行“文件/发布设置”菜单命令，会弹出“发布设置”对话框，单击“格式”选项卡，在“类型”选项中，勾选“HTML”复选框。

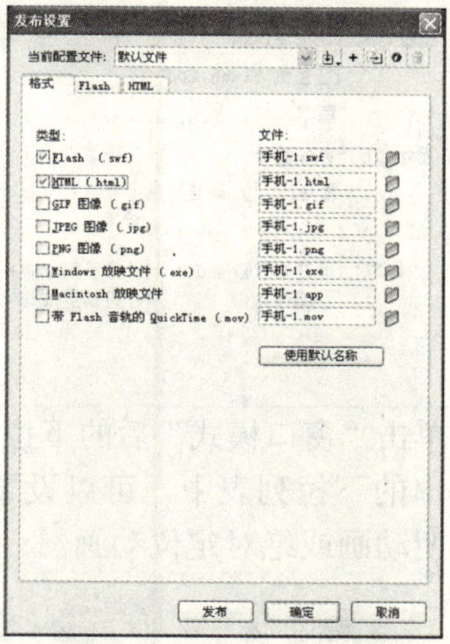

2 然后在“发布设置”对话框中，单击“HTML”标签，系统将打开“HTML”选项卡，如下图所示。

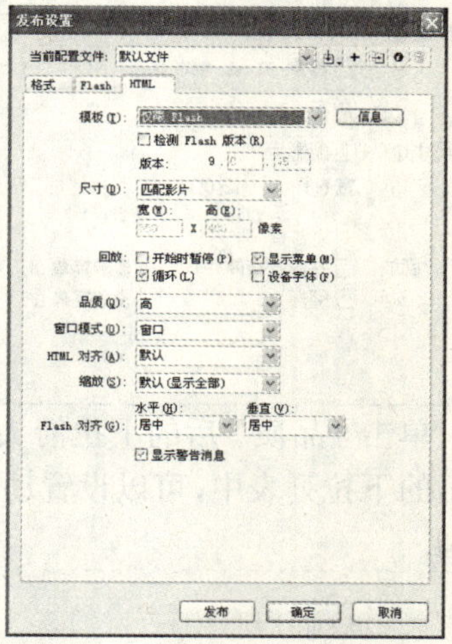

3 单击“模板”后的下三角按钮，在弹出的下拉列表中，可以选择动画要使用的模板。

4 如果需要了解所选模板的更多信息，可以单击后面的信息按钮，将弹出“HTML 模板信息”对话框。在该对话框中显示了该模板文件的一些说明信息。如下所示为“仅限 Flash”对应的个息对话框，在该对话框中可以了解到该模板的名称和功能。

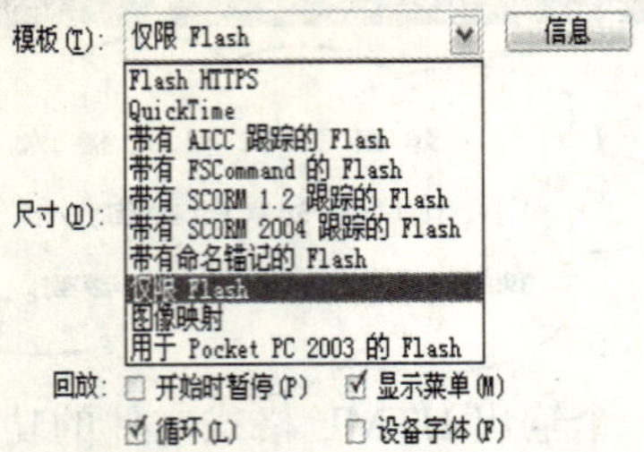

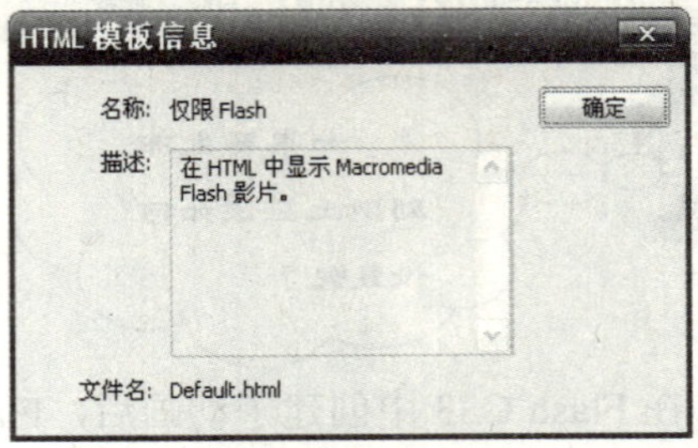

5 单击“尺寸”后的下三角按钮，在弹出的下拉列表中，选择“匹配影片”，表示使用动画设置的原背景大小；选择“像素”或“百分比”此时下面的“宽度”和“高度”文本框处于可编辑状态，可以设置动画场景的具体像素值或具体缩放比例。

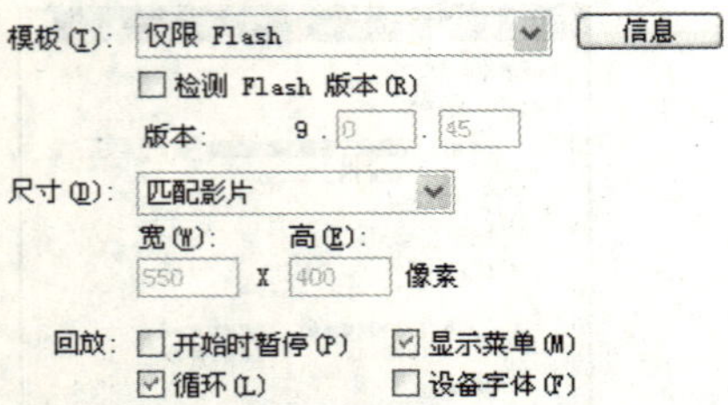

6 在“回放”选项区。勾选“开始时暂停”复选框，可以使动画只有在使用者启动它时进行播放；勾选“显示菜单”复选框；在浏览器中单击鼠标右键，可以显示一个快捷菜单；勾选“循环”复选框，可以使动画循环播放；勾选“设备字体”复选框，可以替换系统中安装的字体。

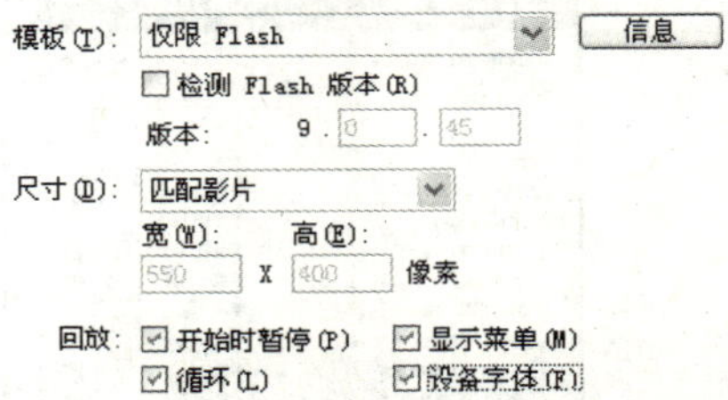

7 单击“品质”后的下拉箭头按钮，在弹出的下拉列表中，可以设置动画的保真级别。

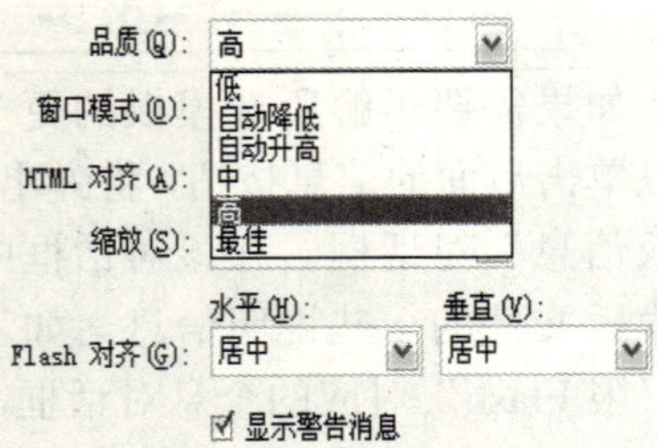

8 单击“窗口模式”后的下拉箭头按钮，在弹出的下拉列表中，可以设置动画特性为透明动画或绝对定位动画。

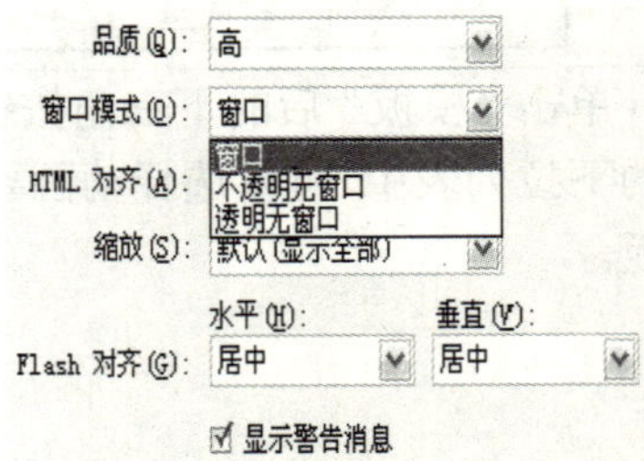

9 单击"HTML 对齐"后的下拉箭头按钮，在弹出的下拉列表中，可以选择动画窗口在浏览器窗口的定位方式，有"默认"、"左对齐"、"右对齐"、"顶部"、"底部"5个选项。

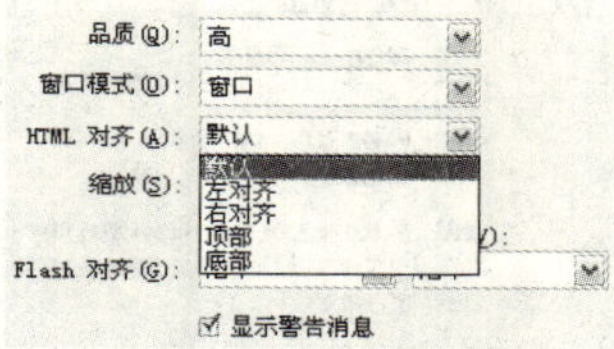

10 单击"缩放"后的下拉箭头按钮，在弹出的下拉列表中，可以设置当设定的窗口大小和动画实际的窗口大小不相符时的动画窗口播放效果。包括有"默认"、"无边框"、"精确匹配"、"无缩放"4个选项。如下图所示。

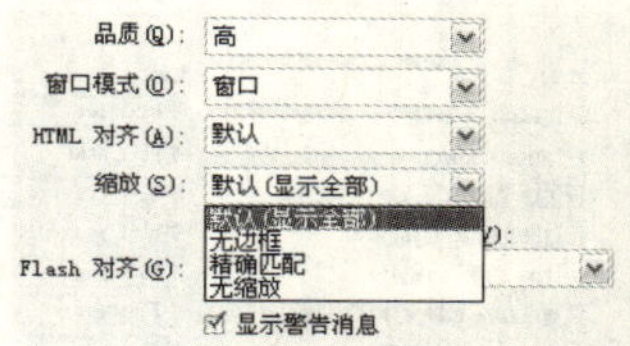

11 单击"Flash 对齐"后的水平或垂直后面的下拉的下拉箭头按钮，在弹出的下拉列表中，可以设置动画水平和垂直方向上的对齐方式。在"水平"弹出菜单中可以选择"左对齐"、"居中"或"右对齐"；在"垂直"弹出菜单中选择"顶部"、"居中"或"底部"。

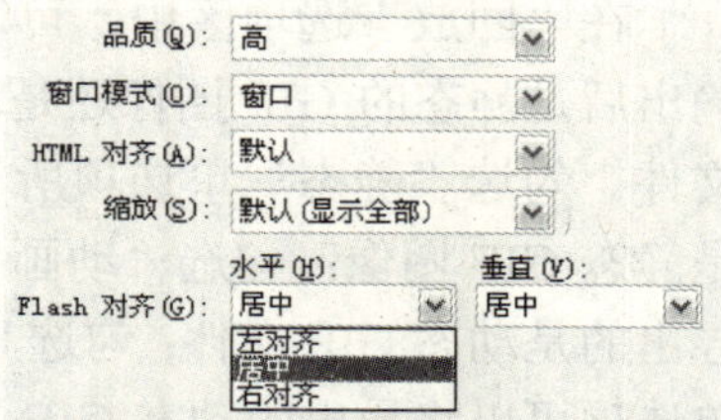

12 勾选"显示警告消息"复选项，那么当导出的 HTML 文件出现冲突时将显示警告信息框。

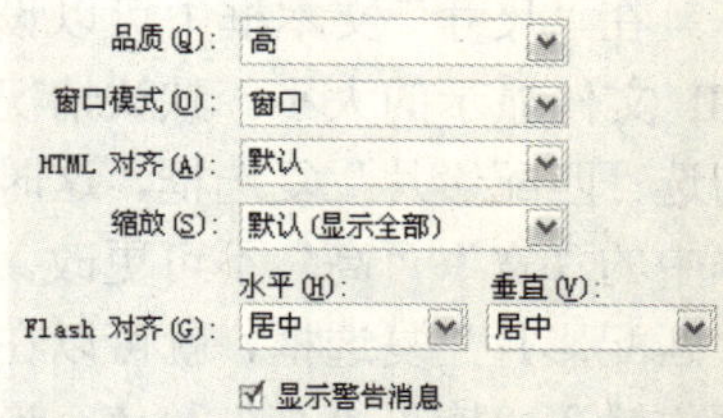

9.1.3 GIF 格式发布设置

GIF 文件提供了绘图和简单的动画，选择 GIF 格式发布，Flash 程序可以将导出动画中的第 1 帧作为 GIF 图像，但也可以通过 GIF 格式发布设置，来定义别的关键帧图像作为 GIF 图像。如果不指定导出的帧，Flash 程序会把导出动画中的所有帧作为 GIF 动画导出。

1 执行“窗口/发布设置”菜单命令，会弹出“发布设置”对话框中，单击“格式”选项卡，在“类型”选项中，勾选“GIF”复选框。

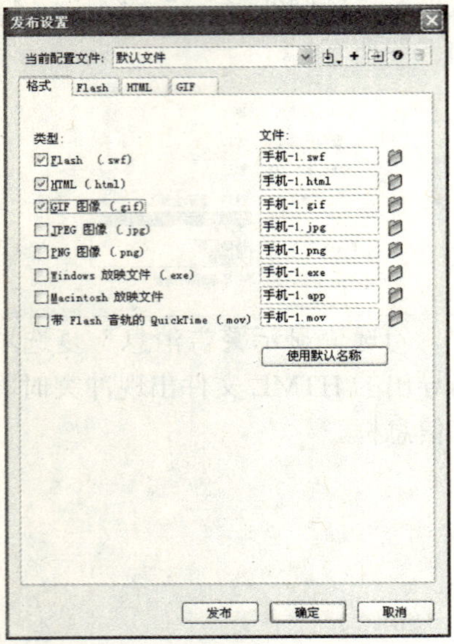

2 然后单击“GIF”标签，系统将打开“GIF”选项卡，在该选项卡中可以设置将导出的动画输出为静态的GIF图像或动态的GIF文件。

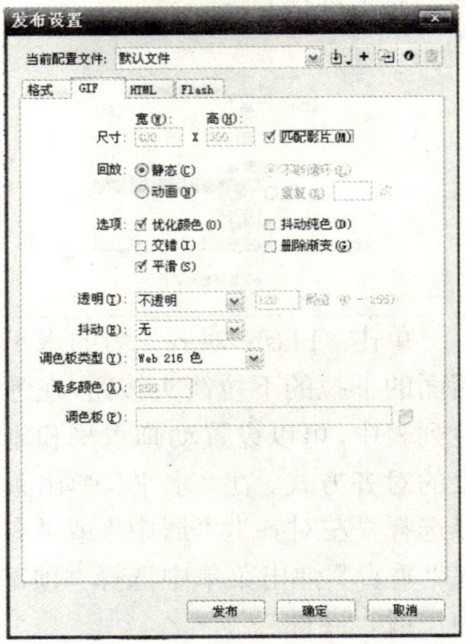

3 在“尺寸”文本框中可以设置输出的GIF文件显示的大小。默认情况下，系统勾选“匹配影片”复选框，这时尺寸文本框中的“宽”、“高”不可更改。取消选中“匹配影片”复选框，就可以在尺寸文本框中输入“宽”、“高”数值，设置导出的GIF文件显示的大小。

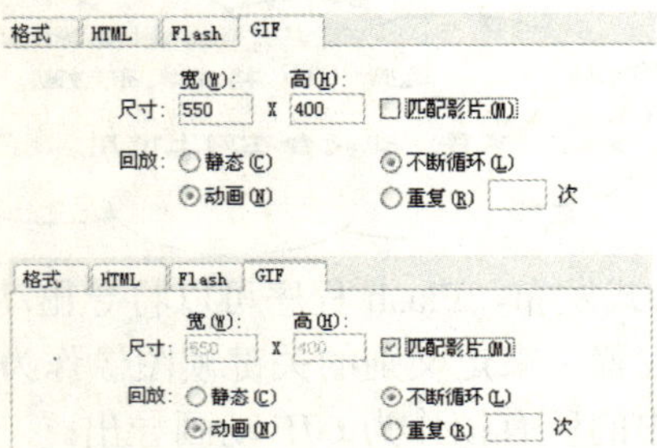

4 在“回放”选项区中，可以设置动画输出后是静态的GIF图像还是动态的GIF文件。勾选“静态”单选项所导出的图像是静态GIF图像；勾选“动画”单选项所导出的是动态GIF文件；勾选“不断循环”单选项可以将导出的动态GIF文件设置为连续播放；勾选“重复”选项可以在后面的文本框中输入GIF文件播放的次数。

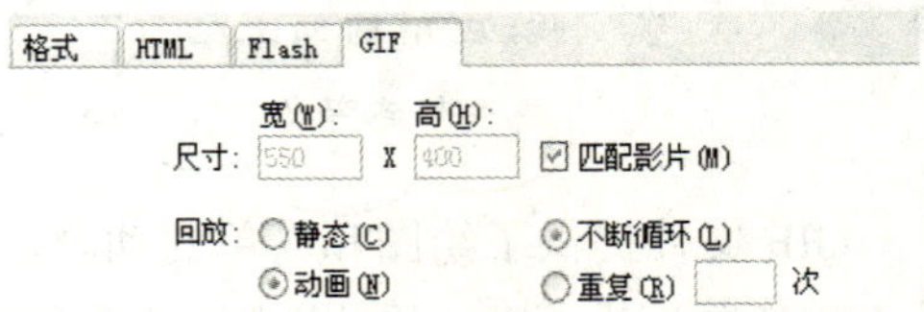

5 在“选项”选区中，可以对输出的GIF文件图形进行细微设置、为导出的动画指定一组外观的显示格式，还可以根据需要进行设置。

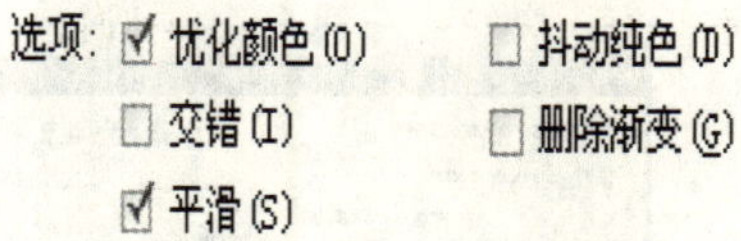

6 单击“透明”后的下拉箭头按钮，在弹出的下拉选项中，可以设置如何将Flash动画背景透明度与Alpha的设置转换到输出GIF文件中去。

7 单击“抖动”下拉箭头按钮，在弹出的下拉选项中，可以设置是否启动颜色抖动的处理效果，以及进行抖动的处理方式。

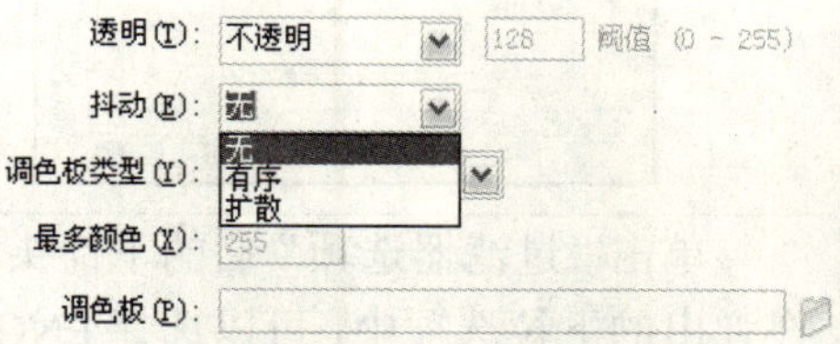

8 单击“调色板类型”下拉箭头按钮，在弹出的下拉选项中，中可以选择用于图像的调色板类型。

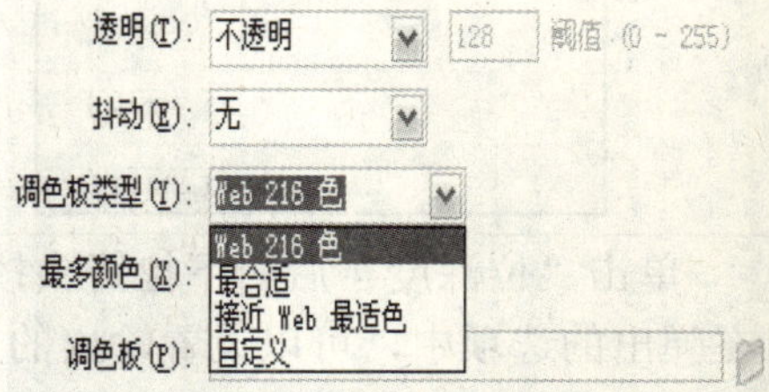

9.1.4 PNG、JPEG、Quick Time 格式发布设置

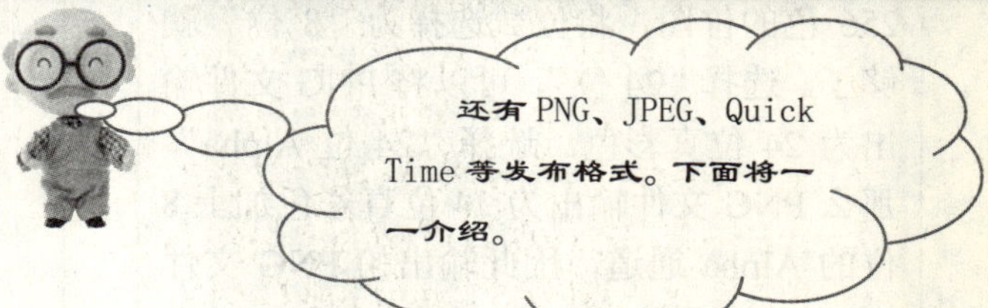

PNG文件是Flash动画可以导出的文件中唯一支持透明度设置（Alpha通道）的位图格式。它是Fireworks程序默认的文件格式。当Flash动画输出为PNG文件格式时，系统默认情况下将动画第1帧图像输出为PNG文件，如果要输出动画其他帧为PNG文件，那么需要将该帧标记为关键帧，并且将该帧的标签设置为“#Static”。

发布成PNG格式与GIF格式设置基本相同，但它的色彩比GIF丰富，下面介绍与前者不同部分。

• PNG 格式发布设置

1 执行“文件/发布设置”菜单命令，会弹出“发布设置”对话框，在该对话框中单击“格式”标签，打开“格式”选项卡，在“类型”选项区，勾选“PNG”复选框。

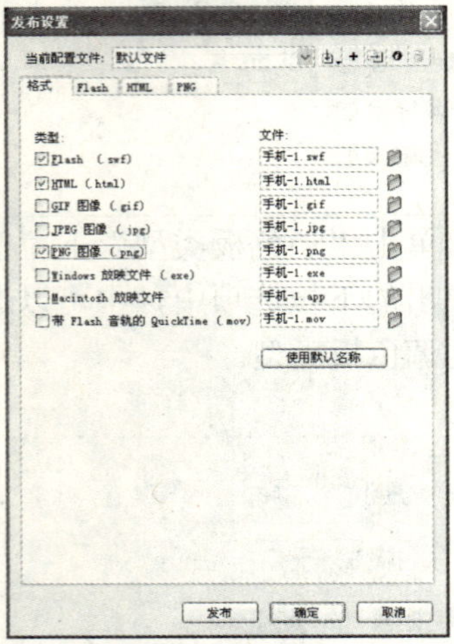

2 然后单击“PNG”标签，系统将打开“PNG”选项卡。

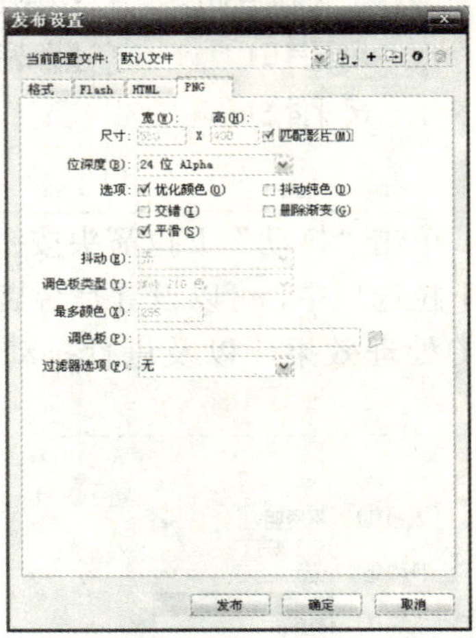

3 单击“位深度”后的下拉箭头按钮，在弹出的选项中，可以设置输出的 PNG 文件每一个颜色像素按钮所使用的位数。图像的位数取决于图像中的颜色数，对于 256 色的位图，将位数选择为“8 位”就够了。选择“24 位”，可以将 PNG 文件输出为 24 位真彩色。选择“24 位 Alpha”那么 PNG 文件输出为 24 位真彩色加上 8 位的 Alpha 通道，因此输出的 PNG 文件为 32 位真彩色。

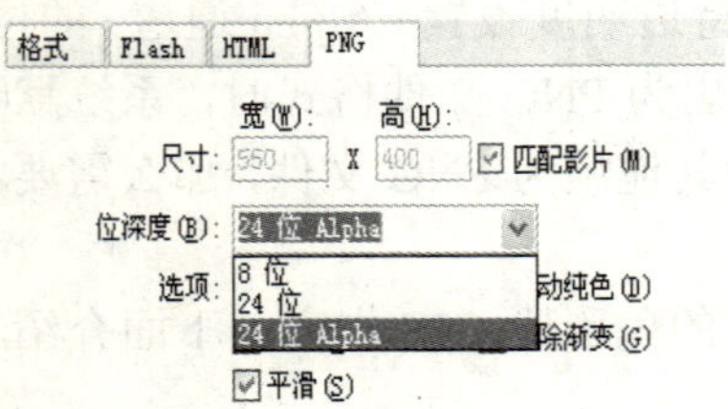

4 单击“过滤器选项”后的下箭头按钮，在弹出的下拉选项中，可以选择 PNG 图形文件的过滤方法。

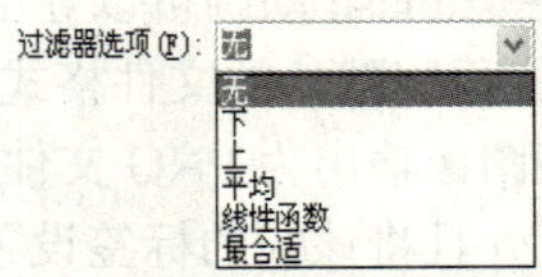

• **JPEG 格式发布设置**

使用 JPEG 格式可以发布 24 位图像，通常使用这种文件格式导出图像，特别是使用过渡填充颜色的图像后嵌入的位图图像。

1 执行“文件/发布设置”菜单命令，将弹出“发布设置”对话框，在该对话框中单击“格式”标签，打开“格式”选项卡，在“类型”选项区，勾选“JPEG”复选框。

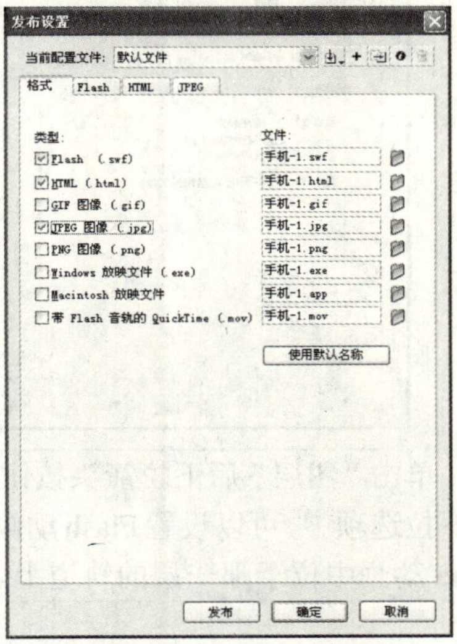

2 然后单击所显示的“JPEG”标签，打开“JPEG”选项卡。在该选项卡中可以设置将导出的动画输出为静态的 JPEG 图像或动态的 JPEG 文件。

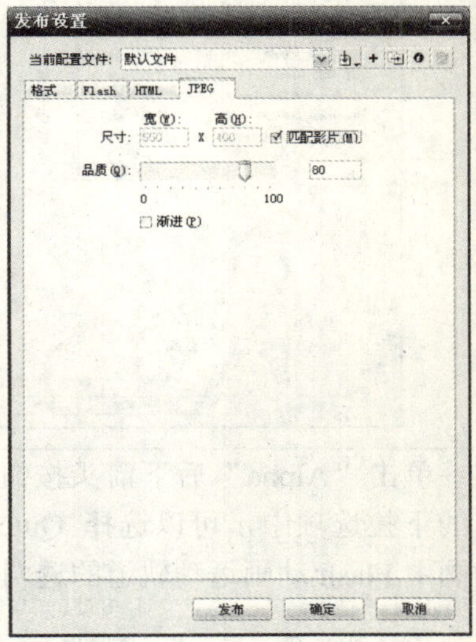

3 在“尺寸”文本框中可以设置输出的 JPEG 文件显示的大小。默认情况下，系统选中了“匹配影片”复选框，这时尺寸文本框中的“宽”、“高”不可更改。取消选中“匹配影片”复选框，就可在尺寸文本框输入“宽”、“高”为数值，设置导出的 JPEG 文件显示的大小。

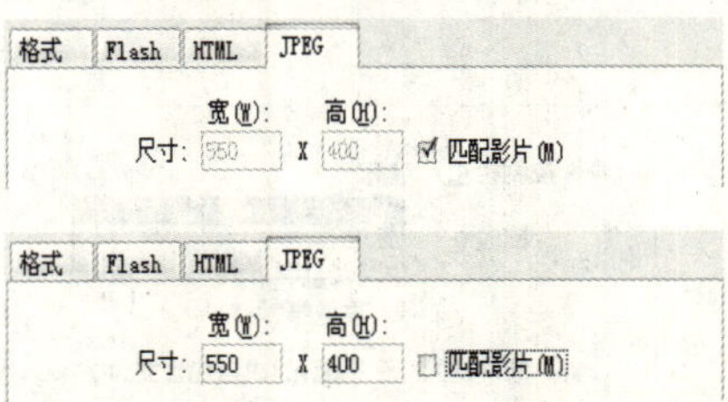

4 使用鼠标拖动“品质”的参数滑块，可以调节各帧图片的压缩比。勾选“渐进”复选框，可以将输出的 JPEG 文件显示为渐进显示。

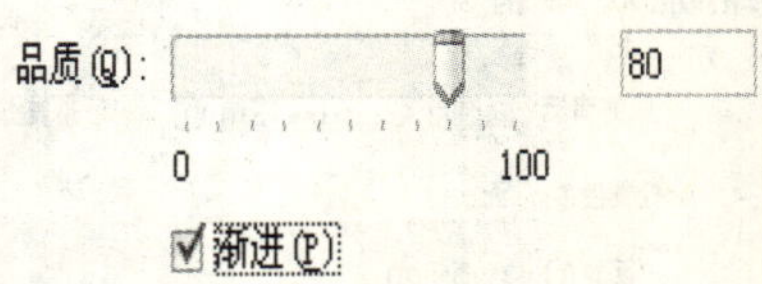

• **Quick Time 格式发布设置**

1　在“发布设置”对话框中的“格式”下的“类型”选项中，勾选“Quick Time”复选框。

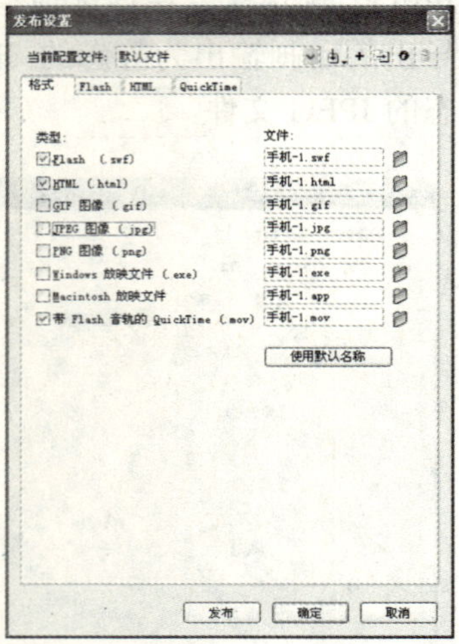

2　然后单击所显示的“Quick Time”标签，打开“Quick Time”选项卡。

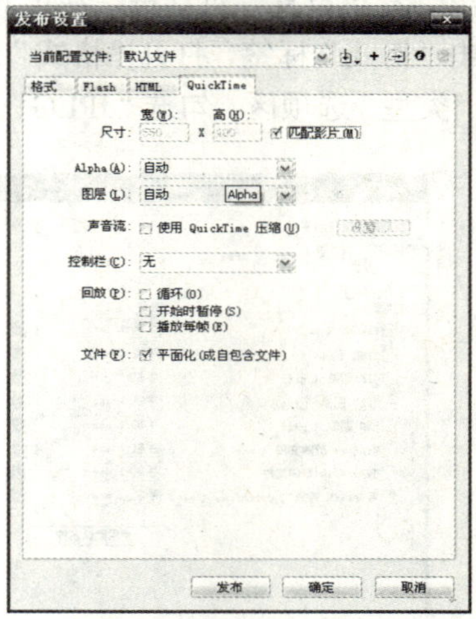

3　单击“Alpha”后下箭头按钮，在弹出的下拉选项中，可以选择 Quick Time 动画中 Flash 动画运动轨道的透明模式。

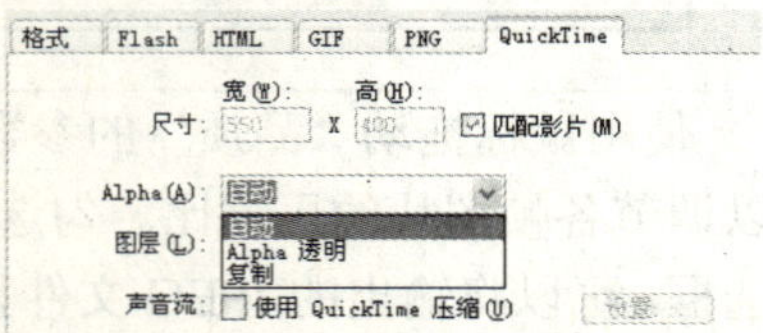

4　单击“图层”后下拉箭头按钮，在弹出的下拉选项中，可以设置Flash动画在Quick Time 动画中位于那一层的轨道上。

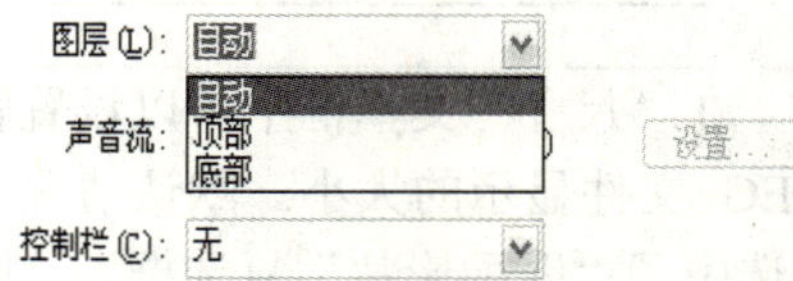

5　在“声音流”选项中，勾选“使用 Quick Time 压缩”复选框，可以将 Flash 动画的流式声音导入到 Quick Time 动画中。单击后面的“设置”按钮，可以重新压缩流式声音。

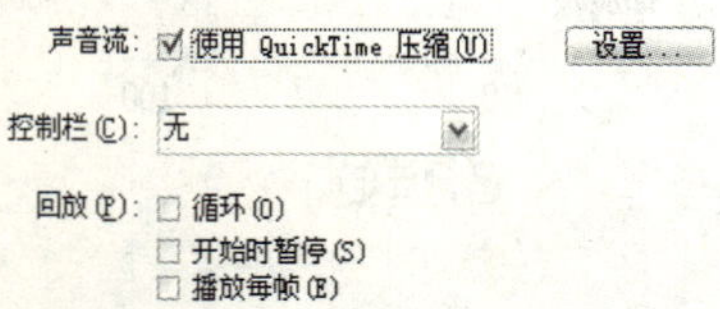

6　单击“控制栏”后下拉箭头按钮，在弹出的下拉选项中，可以设置用于播放输出 Quick Time 动画的控制器类型。

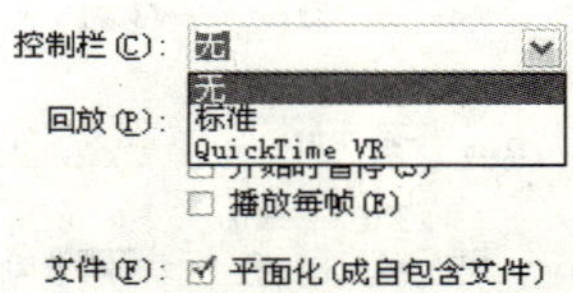

9.2 预览和发布动画

在制作完成动画并设置好输出格式之后，一般要预览一下看看输出的效果如何，如果觉得可以那么我们就要将它正式发布出来。

在将要发布的动画文件类型设置完毕后，如果不需要对所导出的动画效果进行预览，可以直接单击“发布设置”对话框中的“发布”按钮，即可将当前的Flash动画以所设置的文件类型导出。导出的动画文件和源动画文件将存放在磁盘的同一目录下。

如果想进行动画效果预览，可以单击“确定”按钮，保存所做的设置后关闭“发布设置”对话框。

1 执行“文件/发布预览”菜单命令，将弹出一个子菜单。在这个菜单中处于可选状态的选项是“发布设置”对话框中所选择文件的类型。可以分别预览设定好参数的不同格式文件。

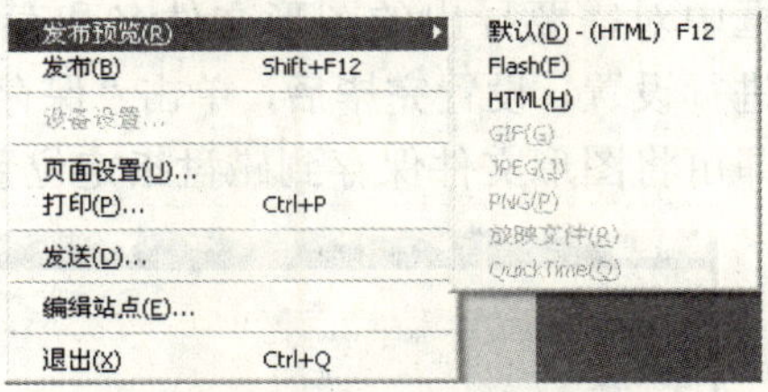

2 如果要对哪种类型的文件发布效果预览，直接选择“发布预览”子菜单中的文件类型选项，选择后会显示正在发布的进度框。如果对所选文件类型动画发布效果满意，就可以将该动画发布。发布完后的文件将以所选择文件类型的扩展名保存在和源动画文件同一目录下。

9.3 作品的输出

输出作品是整个动画的最后一步，当用户使用 Flash 8 .0 创建了影片文件之后，最后需要做的就是将它以某种格式输出，输出的文件就可以在不同的播放器中播放。

在 Flash 中创建的作品可以以多种格式输出，打开任意一个创建好的影片文件。然后执行“文件 / 导出 / 导出影片”菜单命令，系统将弹出“导出影片”对话框，单击“保存类型”后的下拉箭头按钮，在弹出的下拉列表框可选择文件输出格式。

1 选择“文件/导出”菜单命令，在弹出的子菜单中可以选择“导出影片”或“导出图像”。

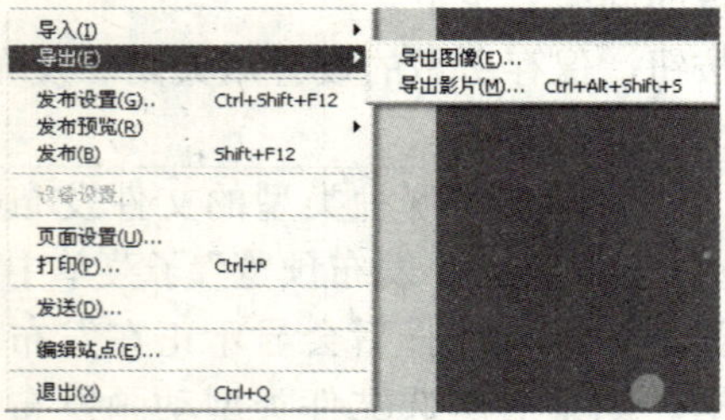

2 如果选择“导出影片”选项，将会弹出“导出影片”对话框，在该对话框中对需要导出的动画文件名和存放路径进行设置。

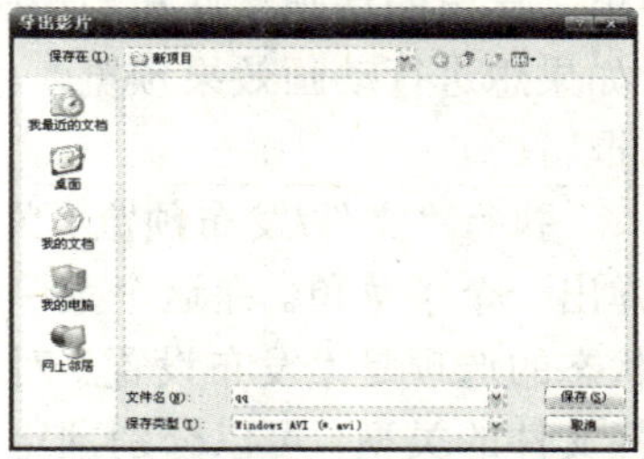

3 设置完毕后单击“保存”按钮，将会弹出“导出 Flash Player”对话框，在该对话框中可对导出的影片进行设置，设置完成后，单击“确定”按钮。

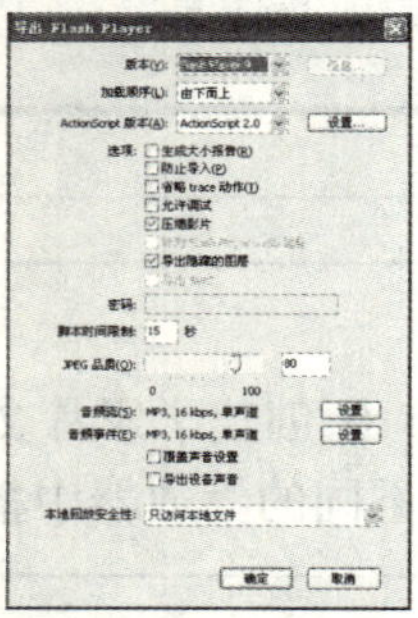

4 如果要输出图像，可以执行“导出图像”命令，它可以将动画中的某一帧图像导出为单独的图像文件。在弹出“导出图像”对话框中对需要导出的图形文件名和存放路径进行设置。设置完毕后，单击“保存”按钮即可将图形文件保存到磁盘指定位置。

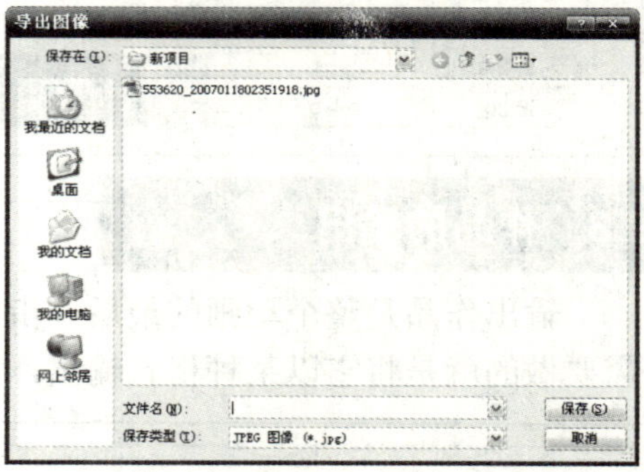

电脑即学即用

教你学电脑

第 10 章　综合应用范例

本 章 要 点：

- 文字特效制作
- 音乐贺卡制作
- 动感广告制作

电脑博士，能用前面所学到的知识制作一些实例吗？

小丽，当然可以！本章将主要为大家讲解一些在 Flash 中制作的实例，如文字特效、动感广告、音乐贺卡等。

10.1 文字特效制作

在 Flash 中可以制作各种各样的文字特效，在本节中精选了六例 Flash 文字特效，主要讲解了各种文字效果的制作方法及技巧，内容丰富实用、步骤简明，希望大家能举一反三制作出更漂亮的文字特效。

10.1.1 逐个淡入文字

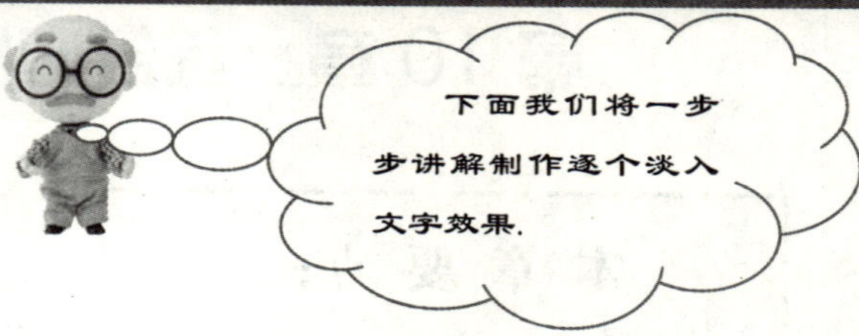

本实例实现的是在黑色背景中制作多个文字逐个淡入。主要用到更改舞台背景颜色、文本工具、调节对象透明度等知识。

1 新建一个 Flash 影片文档，在“属性”面板上单击 550 x 400 像素 按钮，弹出“文档属性”对话框，设置文档大小为 500×400 像素，“背景色”为黑色。单击“确定”按钮。

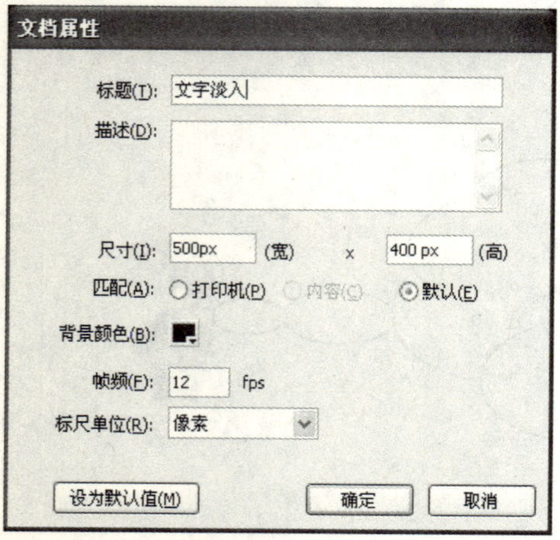

2 单击图层面板上的“插入图层”按钮，新建图层如下图所示。

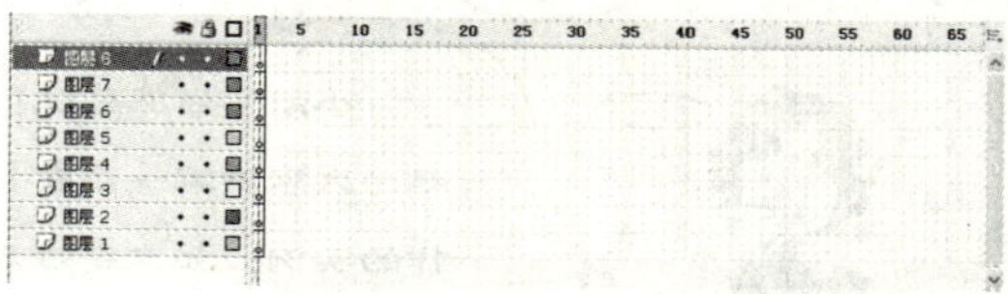

3　在工具箱中选择“文本工具” T ，打开“属性”面板，设置颜色为“红色”，字体、大小任意选择。

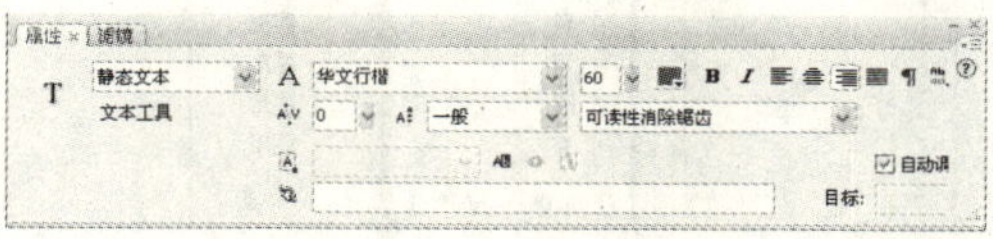

4　在图层 1 中输入“华”。

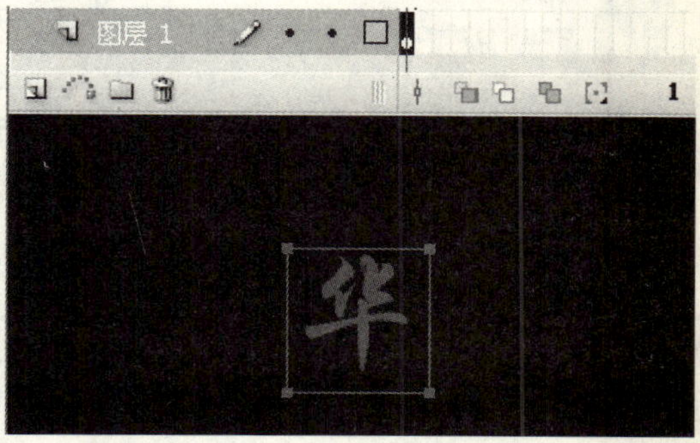

5　按照输入“华”的方法，在图层 2 中输入“创”；在图层 3 中输入“科”；在图层4中输入“技”；在图层5中输入“有”；在图层 6 中输入“限”；在图层 7 中输入“公”；在图层 8 中输入“司”。

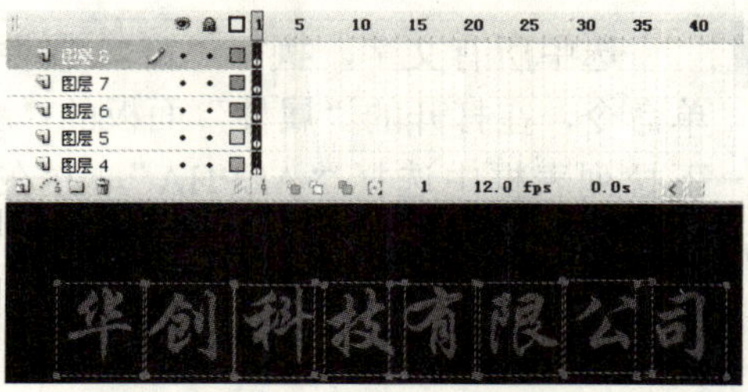

6　选中图层 1 中的文字，执行“修改/转换为元件”菜单命令，在弹出的“转换为元件”对话框的名称文本框中输入“华”，选择元件类型为“图形”，单击“确定”按钮。

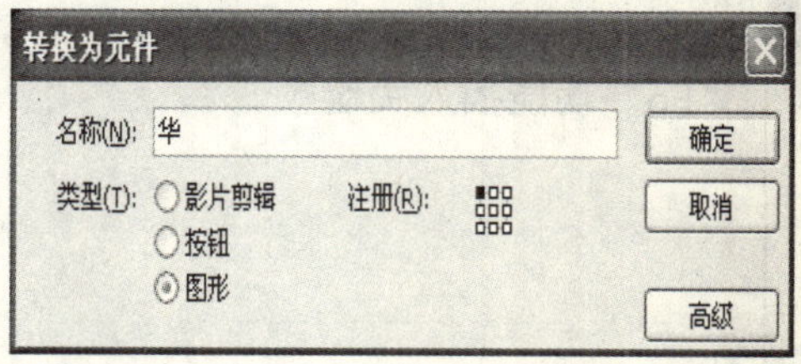

7　选中图层 2 中的文字，执行“修改/转换为元件”菜单命令，在弹出的“转换为元件”对话框的名称文本框中输入“创”，选择元件类型为“图形”，单击“确定”按钮。

8　按照步骤 6、7 的方法，依次将“科、技、有、限、公、司”转换为图形元件。执行“窗口/库”菜单命令，打开的“库”面板如下图所示。

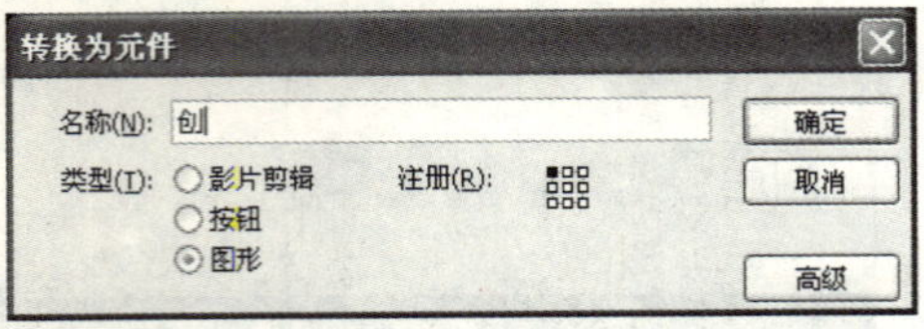

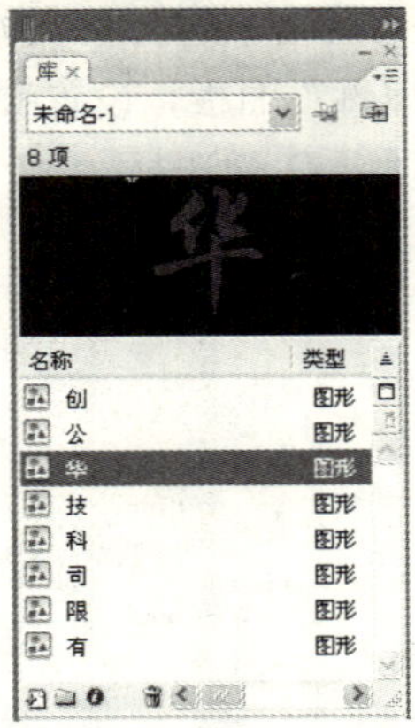

9 在工具箱中选择“箭头工具”，将场景中的文字全部选中。

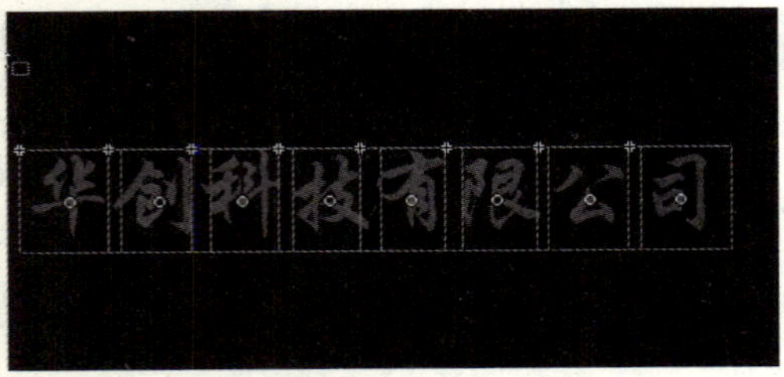

10 执行“窗口/对齐”菜单命令，在弹出的“对齐”面板中，单击“垂直居中分布”按钮 和“水平居中分布”按钮 。

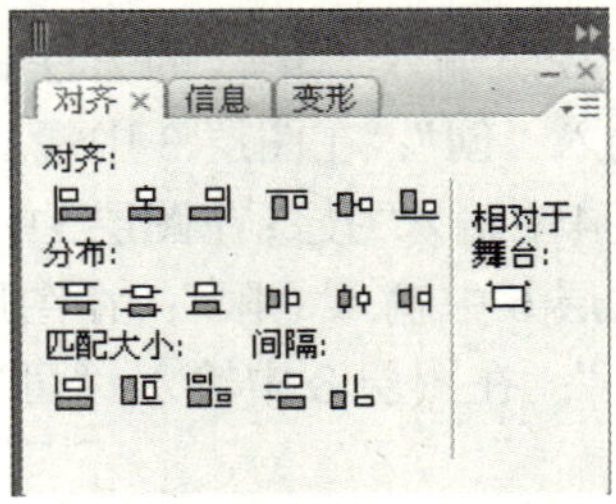

11 选中图层 1 到图层 8 的第 10 帧，按“F6”功能插入关键帧。

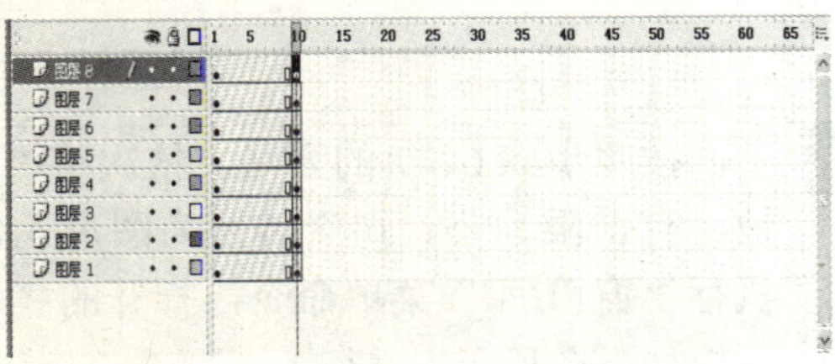

12 选中所有文字，执行“窗口/属性”菜单命令，在打开的“属性”面板的“颜色”下拉列表框中选择“ALPHA”，并在后面的文本框中设置为“0%”。

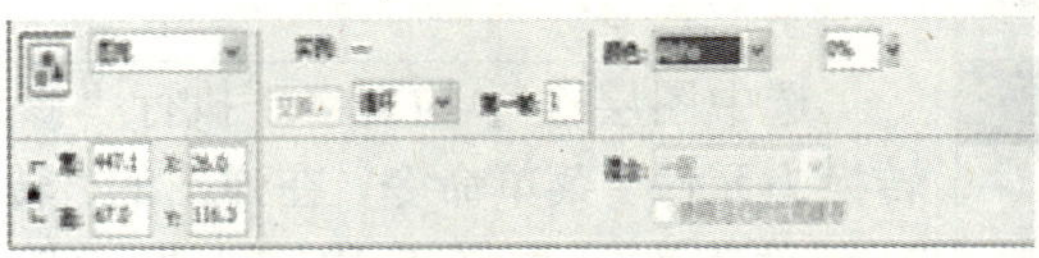

13 选中所有图层的第 1 帧，单击鼠标右键，在弹出的快捷菜单中执行“创建补间动画”命令。

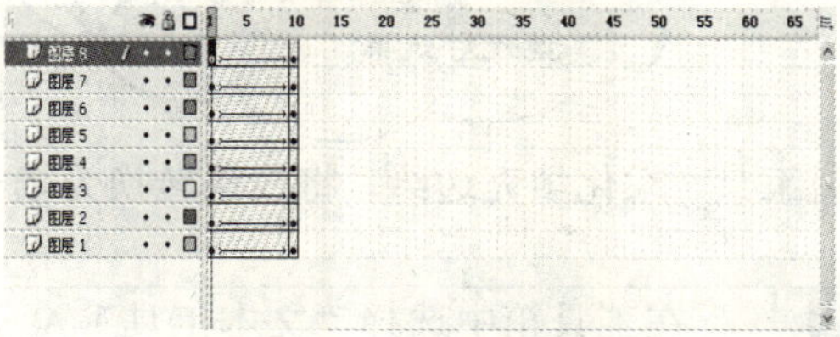

14 选中图层 2 的所有帧，按住鼠标左键不放向移动，与图层 1 的动画帧错开 5 帧。

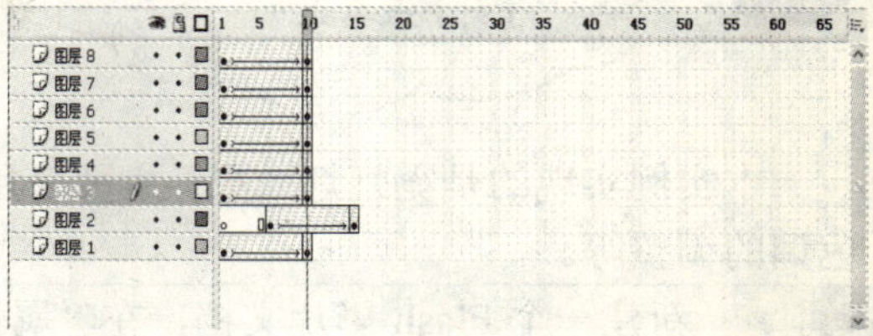

15 按照步骤 14 的方法，依次将每一层向后移动并与相邻下一层错开 5 帧。

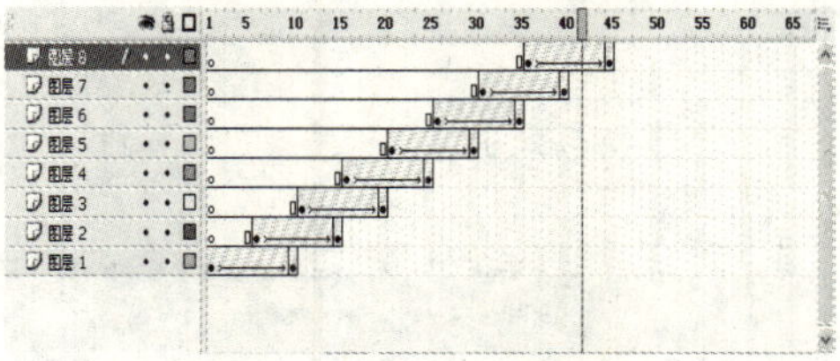

16 选中所有图层的第 65 帧，按“F5”功能键插入帧，将动画播放时间延长到第 65 帧，如下图所示。

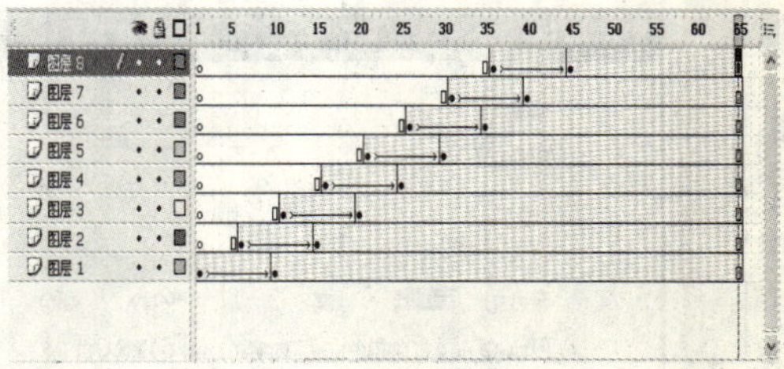

17 按“Ctrl+Enter”组合键测试影片，如感觉文字淡入速度较快可执行“修改/文档”菜单命令，在弹出的“文档属性”对话框将“帧频”修改为“8”。

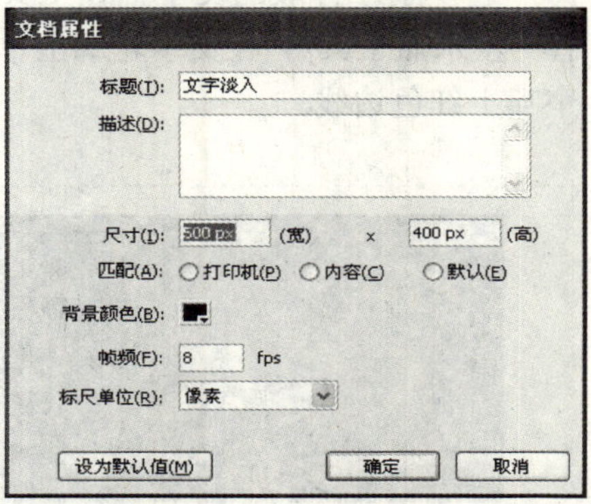

18 再次按“Ctrl+Enter”组合键测试影，其效果如下图所示。

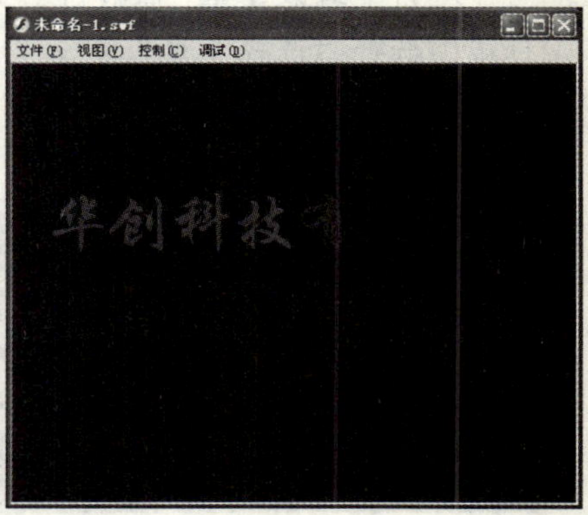

10.1.2 霓虹灯效果

本实例实现的是霓虹灯效果。主要使用墨水瓶工具、柔化填充边缘、将线条转换为填充和色调的调整等。

1 新建一个 Flash 影片文档，在“属性”面板上单击 550 x 400 像素 按钮，弹出“文档属性”对话框，在该对话框中设置文档大小为 550×400 像素，“背景色”为黑色。单击“确定”按钮。

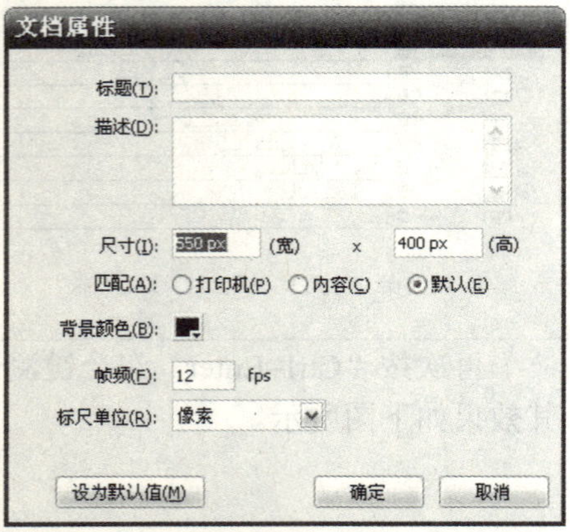

2 在工具箱中选择“文本工具” A ，在“属性”面板中设置字体为“华文楷体”，大小为“68”，颜色为“粉红色”。

3 在舞台上输入文字“霓虹灯效果”，在工具箱中选择“选择工具”将文字全部选中，按两次 Ctrl+B，将文字分离转换为矢量图形。

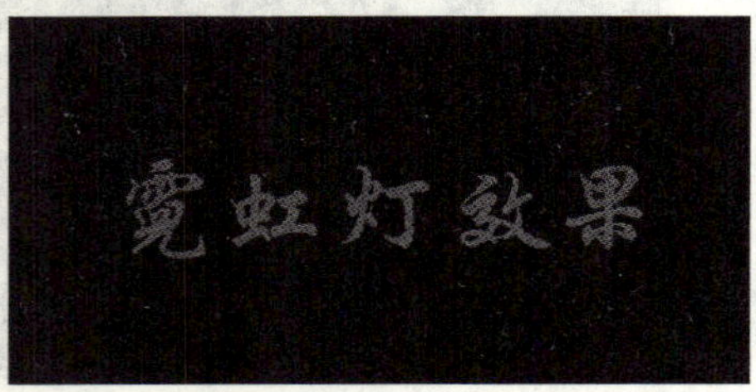

4 选中刚才打散的文字，在工具箱中选择“墨水瓶工具”，在文字轮廓上单击为文字喷上红色边线。

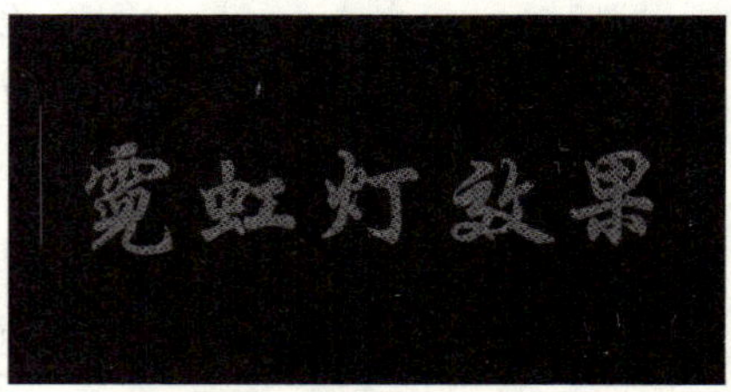

5 然后选中文字，按 Delete 键将文字中的填充删除，使文字剩下红色边线.

6 选中所有文字，执行“修改 / 形状 / 将线条转换为填充”菜单命令，执行该命令后文字的边线将会变细。

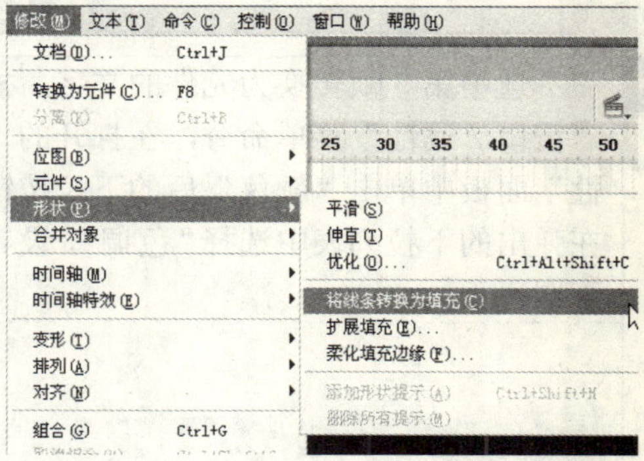

7 保持文字选中状态，执行“修改 / 形状 / 柔化填充边缘”菜单命令，会弹出“柔化填充边缘”对话框，在该对话框的距离文本框中输入“5”；在步骤数后的文本框中输入“3”；勾选“扩展”单选项。单击“确定”按钮。

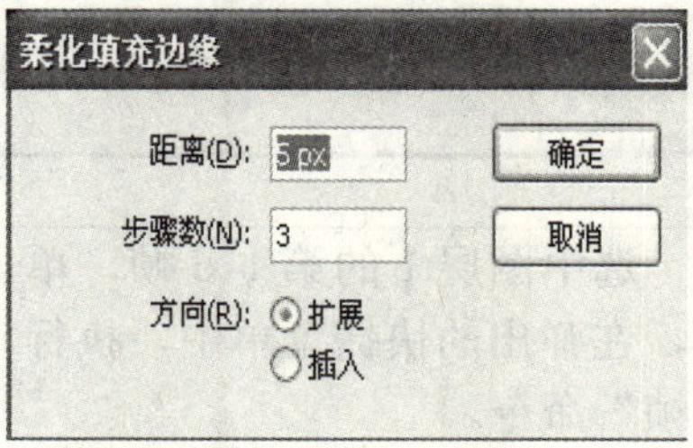

8 用鼠标单击舞台空白处，可看到场景中的文字有了霓虹灯光晕效果。

9 将文字全部选中，执行“修改 / 转换为元件”菜单命令，弹出的“转换为元件”对话框，在该对话框的名称文本框中输入“元件 1”，并选择类型为“图形”，单击“确定”按钮。

10 选中图层 1 的第 5 帧，单击鼠标右键，在弹出的快捷菜单中，执行“插入关键帧”命令。

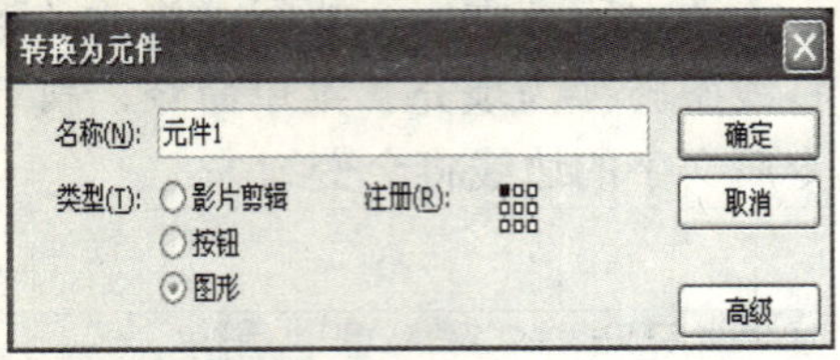

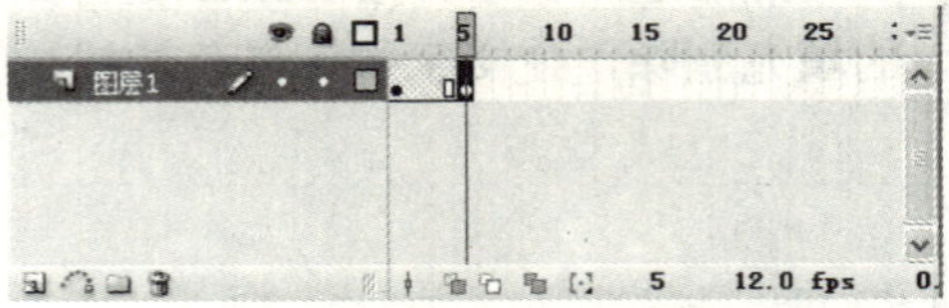

11 选中第 5 帧转换为元件的文字，执行“窗口 / 属性”菜单命令，在打开的“属性”面板中单击“颜色”后的下拉按钮，在弹出的下拉列表中选择“色调”，设置如下图所示。

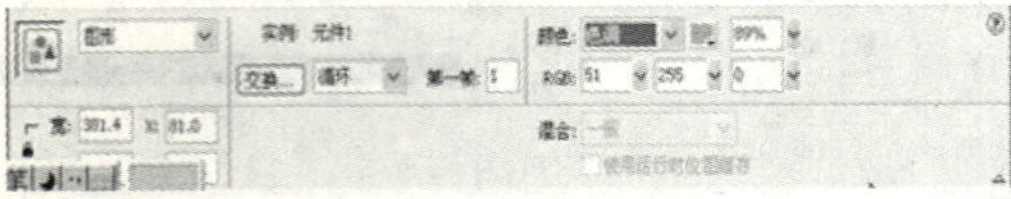

12 设置完成后，舞台上的文字将变成如下图所示效果。

13 选中图层 1 的第 10 帧，单击鼠标右键，在弹出的快捷菜单中，执行“插入关键帧”命令。

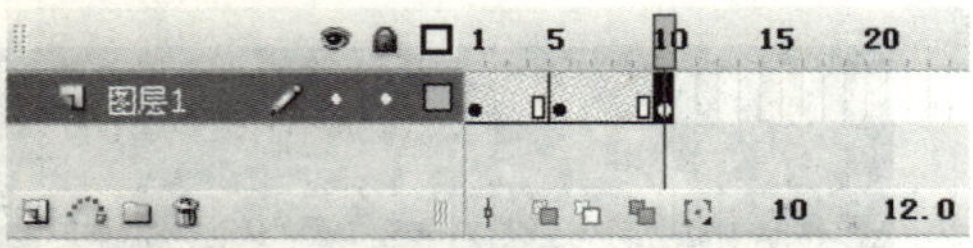

14 选中第 10 帧转换为元件的文字，执行“窗口 / 属性”菜单命令，在打开的“属性”面板中单击“颜色”后的下拉按钮，在弹出的下拉列表中选择“色调”，设置如下图所示。

15 设置完成后，舞台上的文字将变成如下图所示效果。

16 选中图层 1 的第 1 5 帧，单击鼠标右键，在弹出的快捷菜单中，执行“插入关键帧”命令。

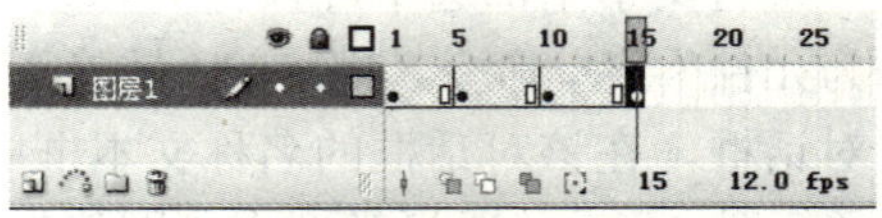

17 选中第 15 帧转换为元件的文字，执行“窗口 / 属性”菜单命令，在打开的“属性”面板中单击“颜色”后的下拉按钮，在弹出的下拉列表中选择“色调”，设置如下图所示。

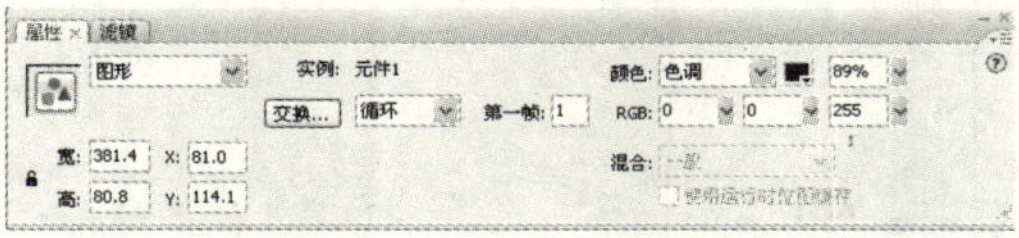

18 设置完成后，舞台上的文字将变成如下图所示效果。

19 选中图层 1 的第 20 帧，单击鼠标右键，在弹出的快捷菜单中，执行“插入关键帧”命令。将帧播放时间延长。

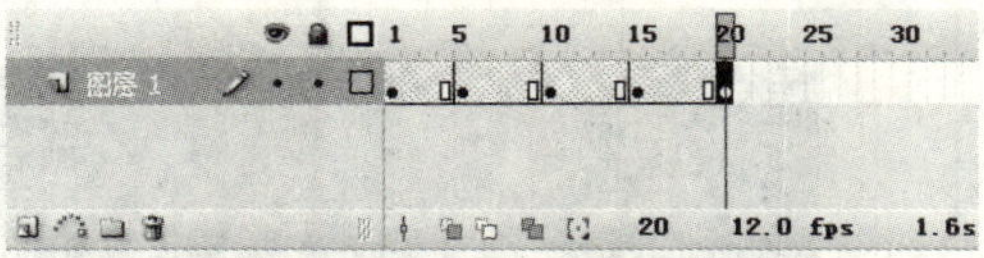

20 按“Ctrl+Enter”组合键测试影片。

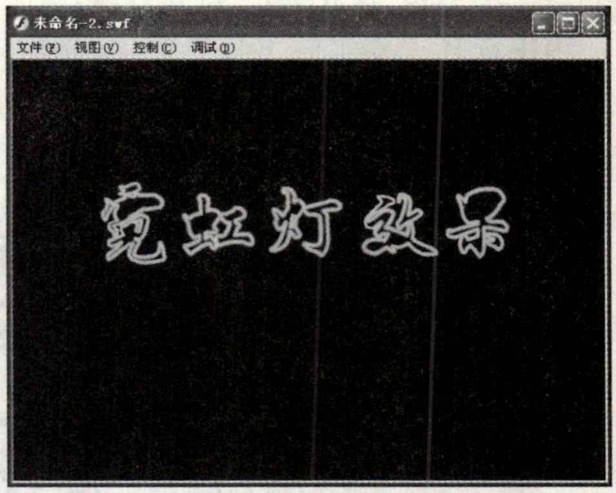

10.1.3 电波流动

本实例主要是利用了遮罩效果来实现电波流动的效果。

1 新建一个 Flash 影片文档，在“属性”面板上单击 550 x 400 像素 ，弹出“文档属性”对话框，设置文档大小为 400×300 像素，“背景色”为黑色。单击“确定”按钮。

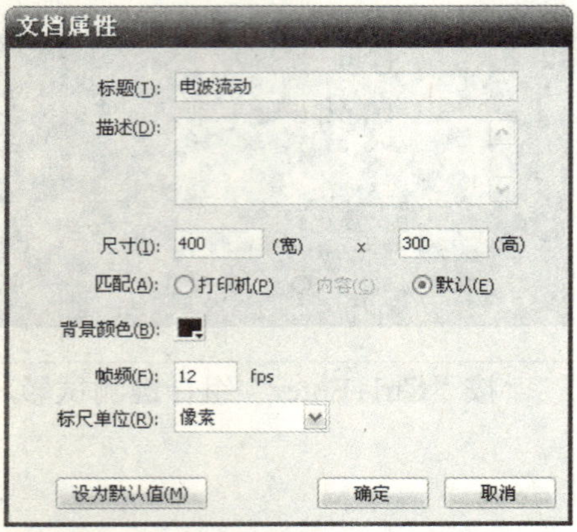

2 在工具箱中选择“文本工具” ，并在“属性”面板中选择文本类型为“静态文本”，颜色为“红色”，字体、大小任意选择。

3 然后按“Ctrl+B”将其打散，在工具箱中选择“墨水瓶工具” 来制作轮廓线。设置颜色为“黄色”，在每个字上都点一下画出轮廓线。

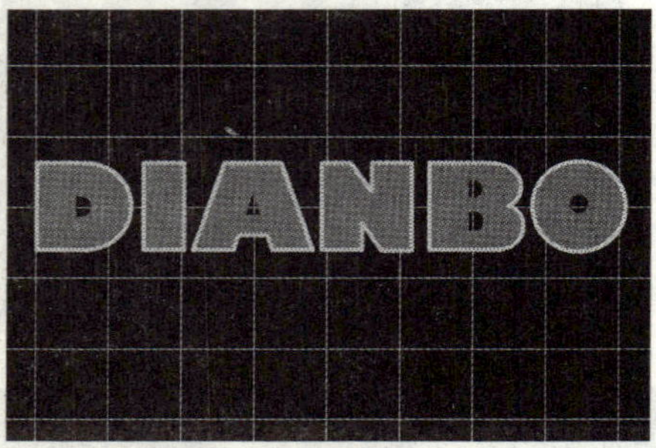

4 在工具箱中选择“箭头工具” ，并按住“Shift”键将红色的文字选中，注意不要选到轮廓线，然后按“Ctrl+X”键剪切。

5 执行“插入/新建元件”菜单命令，弹出“创建新元件”对话框，在该对话框的名称文本框中输入“文字”，并选择类型“图形”，单击“确定”按钮。进入该元件编辑场景，按“Ctrl+V”键将刚刚剪切的文字粘贴到场景中备用。

6 在 Flash 中“线”是不能做“遮罩”效果的，所以要将其转化为填充。回到“场景 1”中，选中所有的轮廓线。执行“修改”/形状/将线条转换为填充”菜单命令。

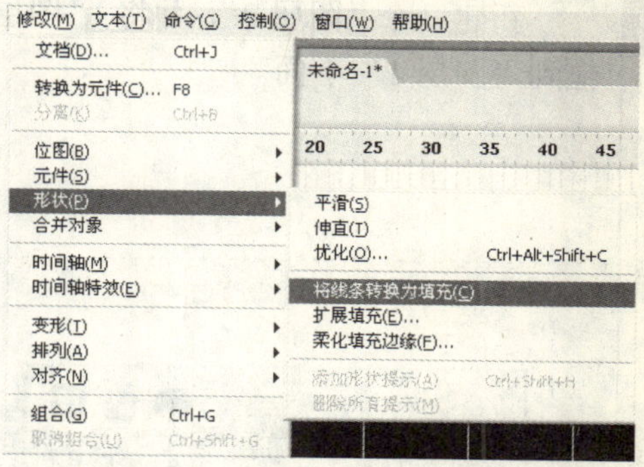

7 接下来制作“遮罩”动画，为了实现无规则效果，每个文字都需要单独做。选中一个字的轮廓线按“Ctrl+X”键，然后执行“插入/新建元件”菜单命令，弹出“创建新元件”对话框，在该对话框的名称文本框中输入“D”，并选择类型“影片剪辑”，单击“确定”按钮。进入该元件编辑场景按“Ctrl+V”键。然后用同样的方法将其他文字依次做成“影片剪辑”元件。

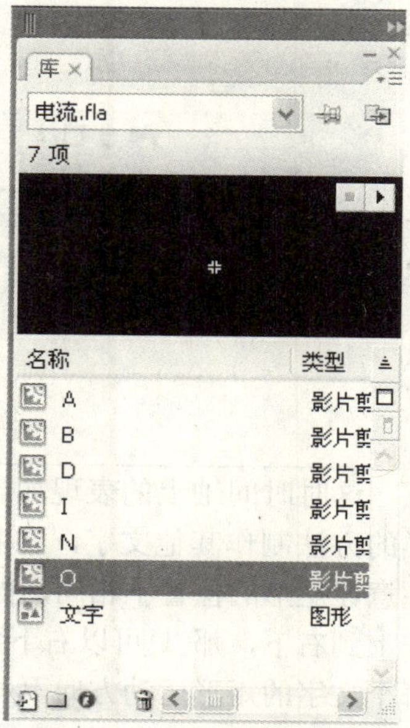

8 在这里我们以“D”为例讲解其制作过程。双击“库”中的影片剪辑元件“D”进入到该元件的编辑场景。

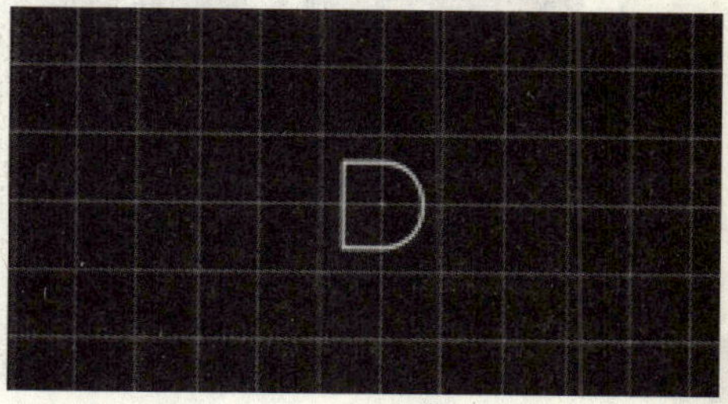

9 新建一个“图层 2”，并将“图层 2”拖到“图层 1”下面。

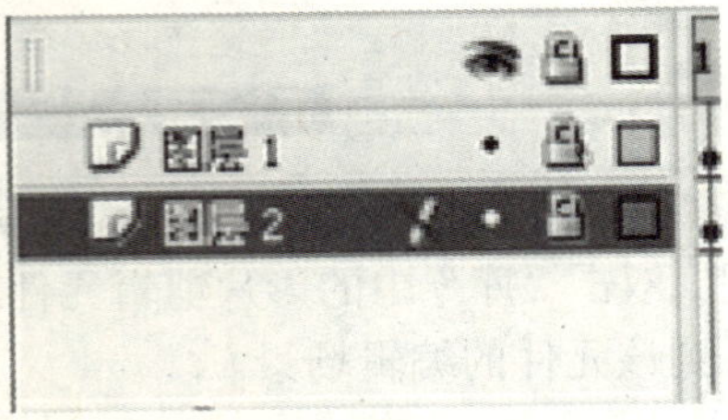

10 单击“图层 2”，在工具箱中选择“矩形工具”，设置边框为“无”，在舞台上绘制一个矩形，然后对其进行填充。打开“混色器”面板，选择填充类型为“线性”，颜色设置如下图所示。

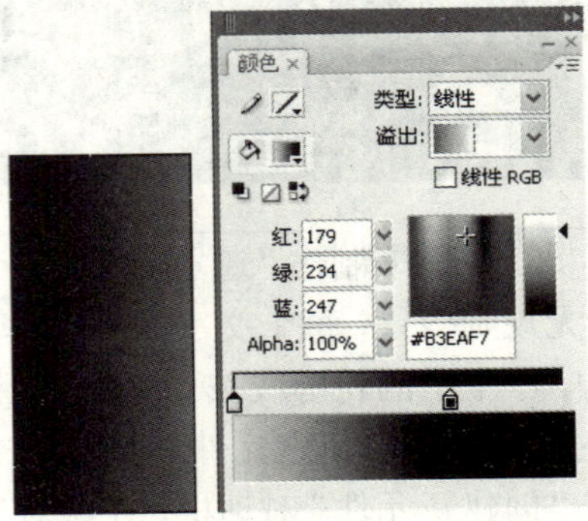

11 在舞台上选中“矩形”，在工具箱中选择“任意变形工具”，将其旋转一定的角度。

12 然后在第 7 帧处，按“F6”功能键，插入关键帧，并将该帧的“矩形”移动到右下侧。选中“图层 1”的第 7 帧，按“F5”功能键，插入普通帧。

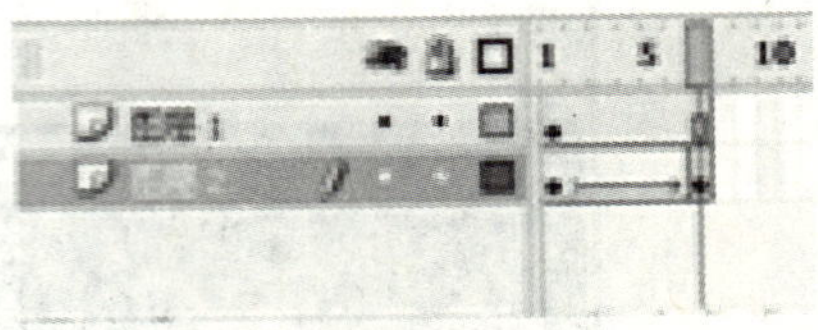

13 选中“图层 2”的第 1 帧，在“属性”面板的“补间”下拉列表中选择“形状”。

14 这时时间轴上的表现如下，然后用同样的方法制作其他文字，在制作的时候要注意让矩形的位置不相同，如 D 的矩形是左上到右下，那 I 可以右下到左上，只要每个文字的矩形运动方向不一样就行了。

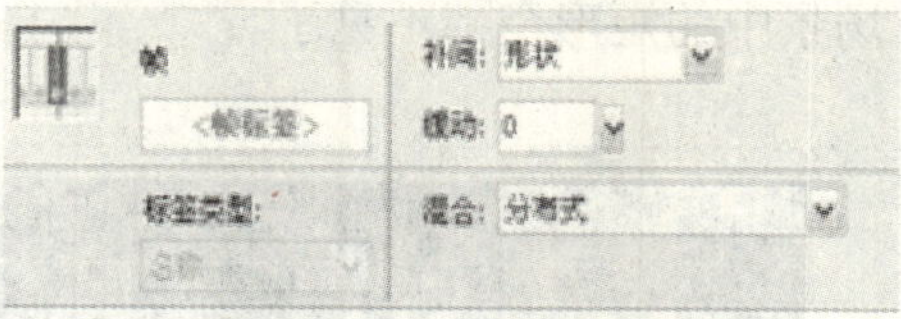

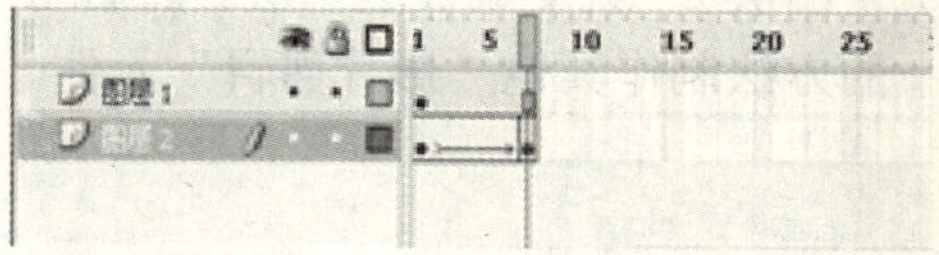

15 将所有文字都制作完毕后，返回“场景 1”，从“库”面板中将“文字”图形元件中拖入场景中。

16 新建一个图层，在“库”面板中将“D”的轮廓线影片剪辑元件拖入场景中，并与“文字”图形元件对齐位置。然后再将其他轮廓线元件依次拖入并对齐位置。

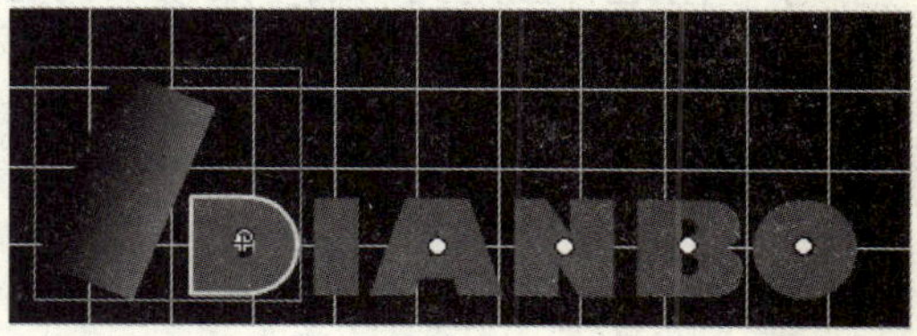

17 这时“场景 1”中的显示如下，所有元件的矩形都显示在场景中，接下来我们就要做“遮罩”效果了。

18 双击“库”中“D”的影片剪辑元件，进入元件编辑场景。在“图层 1”上单击鼠标右键，在弹出的快捷菜单中执行“遮罩层”命令。

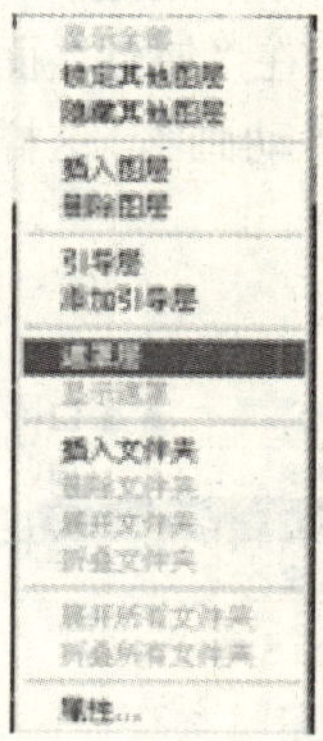

19 在时间轴上“图层 1”就变成遮罩层，“图层 2”就变成被遮罩层。然后用同样的方法制作其他“影片剪辑”元件。

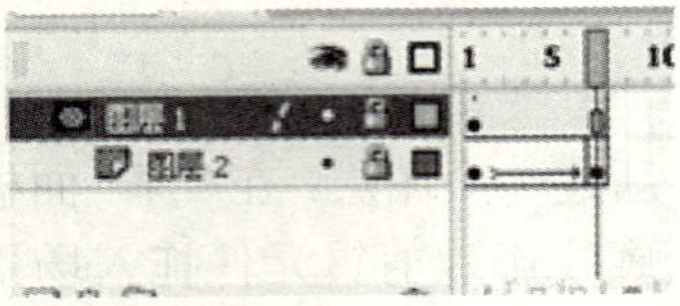

20 制作完成后，返回“场景 1”，将看到场景中的矩形全都不见了。

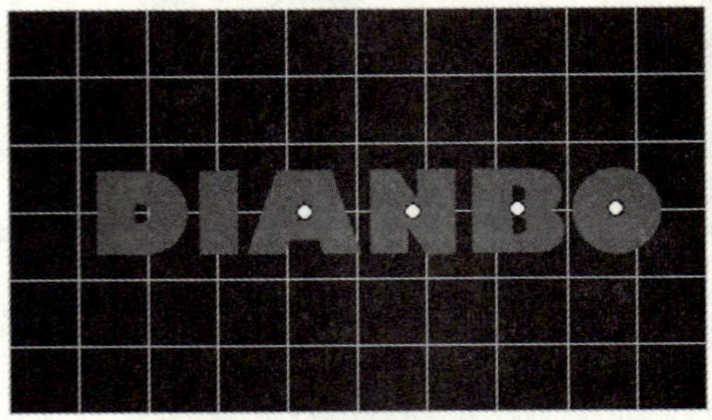

21 在所有“影片剪辑”元件中插入空白关键帧，有的空两帧，有的空三帧，有的则不空，这样应用到动画中后效果就更好了。

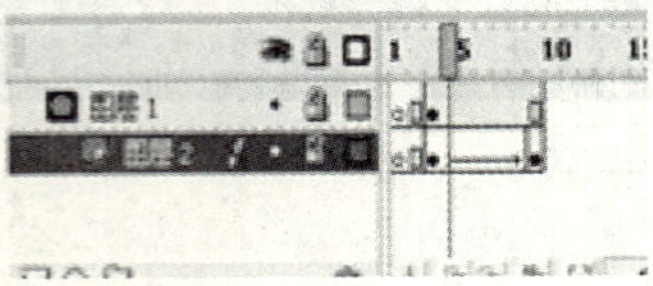

22 在“文字”图层的 8、15、25 帧处，分别插入关键帧，在属性面板中设置“Alpha”透明度为，第 1 帧 50%、第 8 帧 40%、第 15 帧 0%、第 25 帧 100%，然后分别创建动作补间动画。

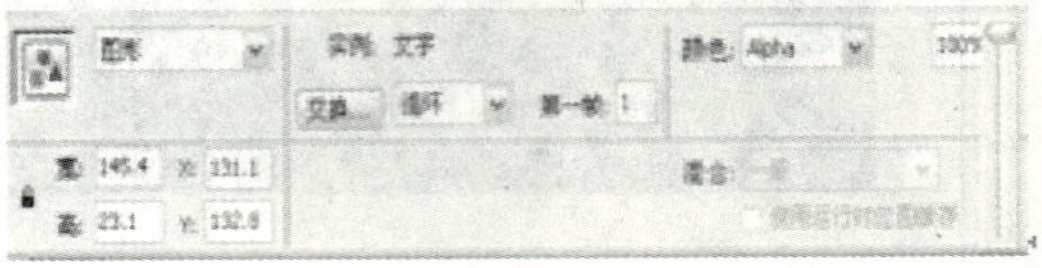

23 选中“轮廓线”图层的第 15 和 25 帧，按“F6”功能键插入关键帧，在“属性”面板上将第 25 帧的“Alpha”透明度设为 0%，创建从 15～25 帧之间的补间动画，在“属性”面板的补间下拉列表中选择“动画”，这样就有了隐现的效果。

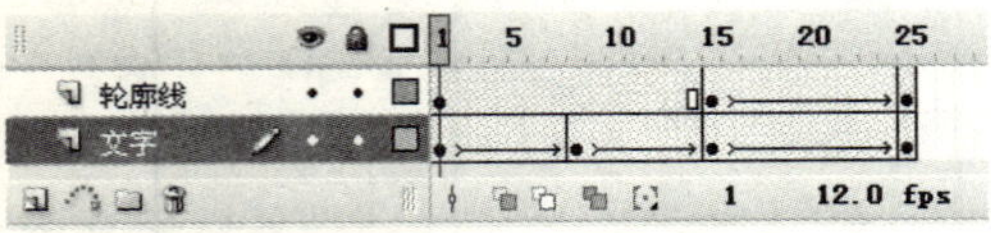

24 按“Ctrl+Enter”组合键键测试影片。

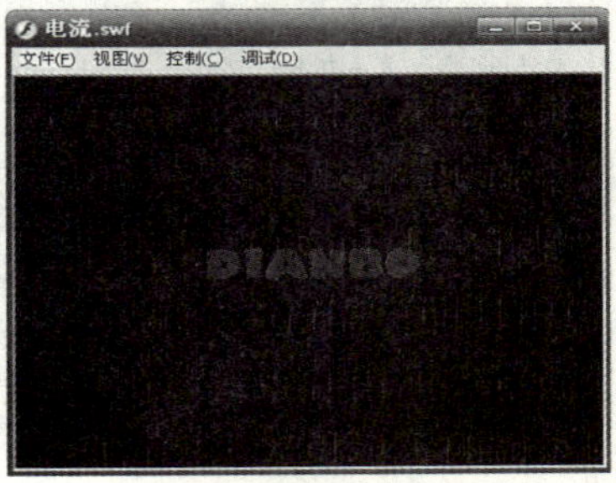

10.1.4 飘落的文字

本实例实现的是模仿文字的风吹效果。

设计要点：应用到将舞台中已存在的对象创建为组件、在库面板中复制组件、水平翻转对象、调节组件的透明度、创建移动动画等知识。

1 新建一个 Flash 影片文档，在“属性”面板上单击 [550 x 400 像素]，弹出“文档属性”对话框，设置文档大小为 550×400 像素，“背景色”为白色。单击“确定”按钮。

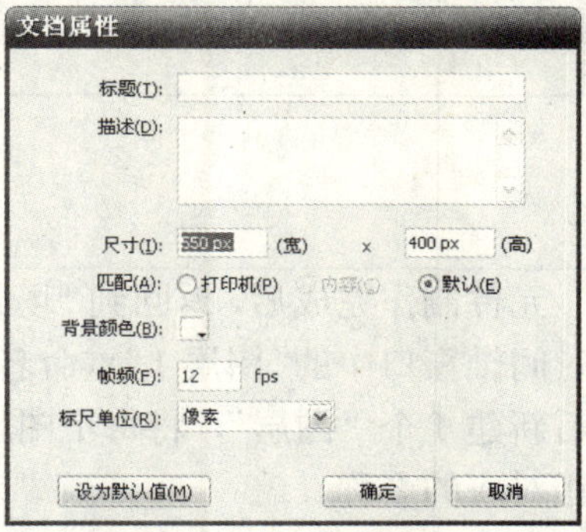

2 在工具箱中选择“文本工具” A ，在舞台上输入文字“飘”，颜色任意。字体任意。

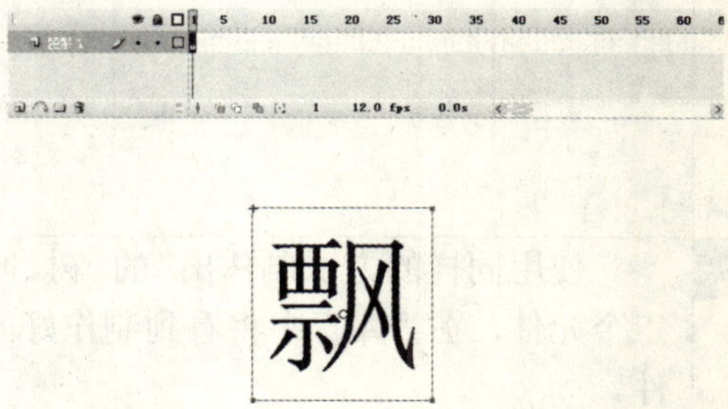

3 选中输入的文字，执行“修改/转换为元件”菜单命令，弹出“转换为元件”对话框，在该对话框的名称文本框中输入“飘”，并选择类型为“图形”，单击“确定”按钮。

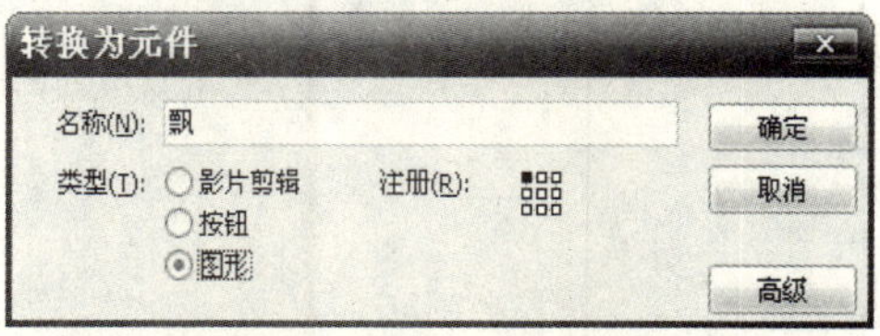

4 执行“窗口/库”菜单命令，打开“库”面板，选中“飘”元件单击鼠标右键，在弹出的快捷菜单中执行“直接复制”命令，弹出“直接复制元件”对话框，在该对话框中的名称文本框中输“落”，并选择类型为“图形”，单击“确定”按钮。

5 在“库”面板中就会增加“飘”的复制元件“落”。

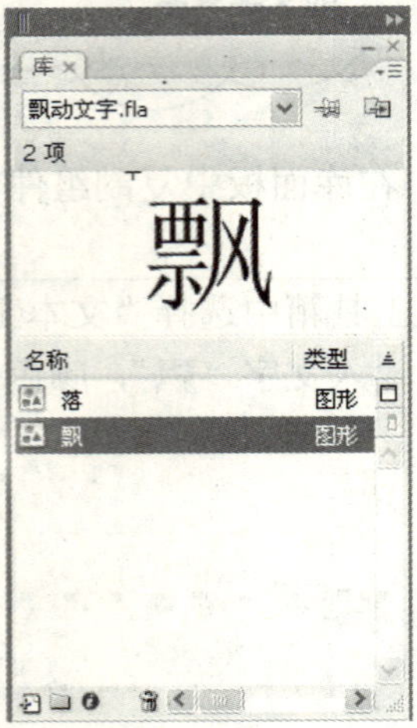

6 双击“库”面板中的“落”元件，进入元件的编辑状态。在工具箱中选择“文本工具”将元件中的“飘”改为“落”。

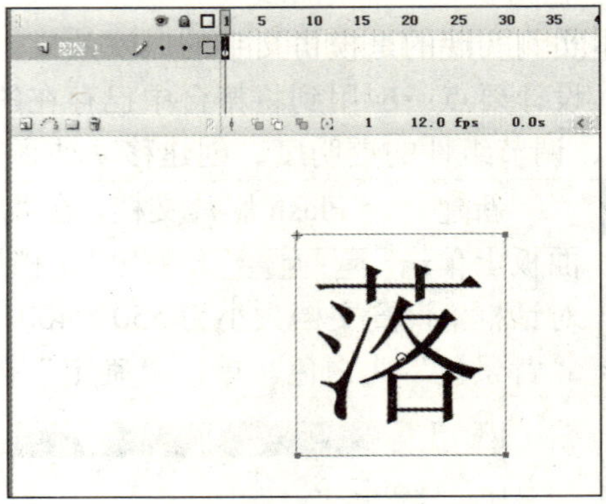

7 使用同样的方法制作出“的、树、叶”，三个元件，在“库”中将看到制作好的元件。

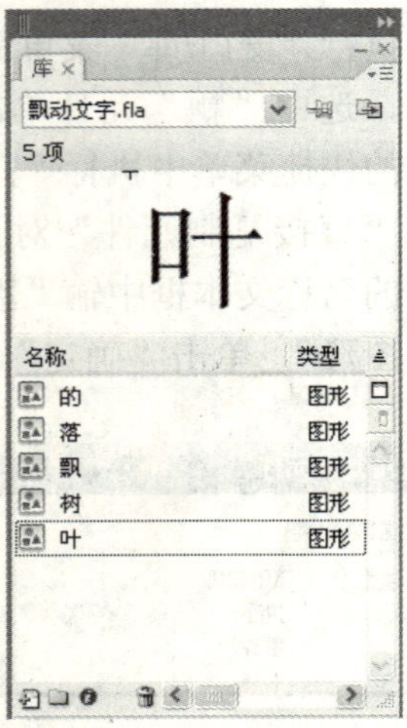

8 元件制作完成后，返回到“场景 1”中，将时间轴窗口中的“图层 1”重命名为“飘”。然后新建 4 个“图层”，将每个图层重命名为相对应的名称。

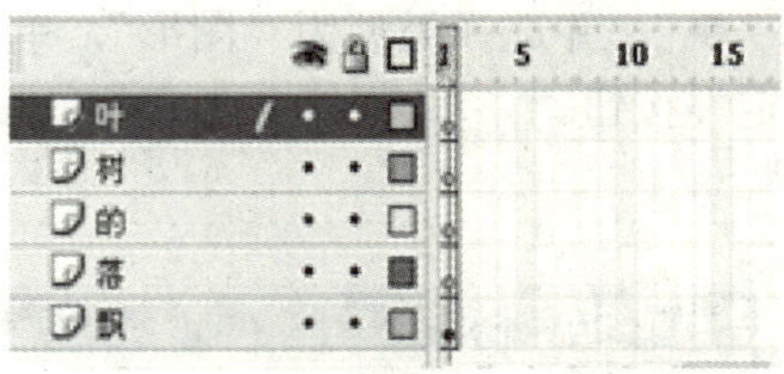

9 选中图层“落”，从“库”面板中将的元件“落”拖放到“飘”的旁边。

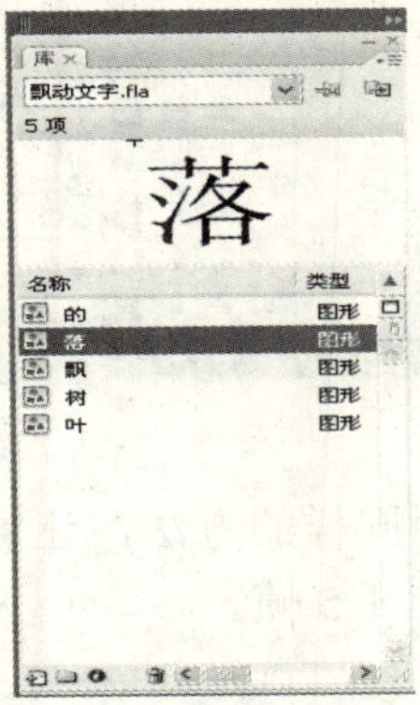

10 然后再分别选中其他图层，将对应的元件拖放到图层中，并放在上一层元件的右侧。

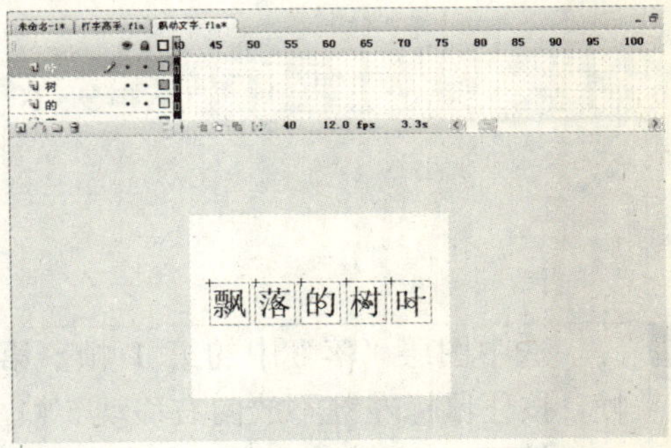

11 选中全部文字元件，执行“窗口/对齐”菜单命令，在弹出的“对齐”面板中选择“水平居中分布”，将文字对齐。

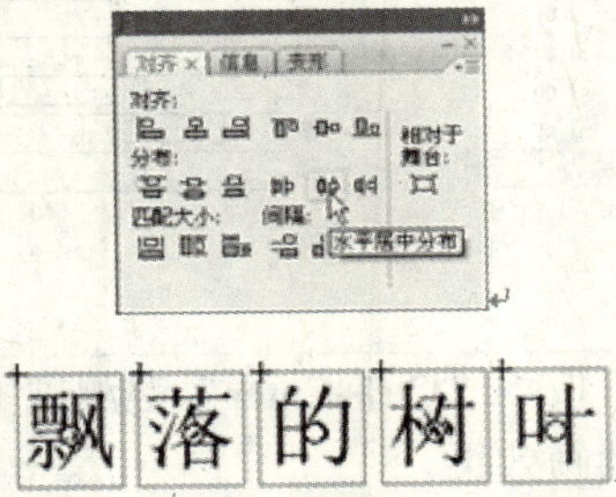

12 选中所有文字元件，放置到舞台的中心位置。然后在每个图层的第10帧，按“F6”功能键，插入关键帧。

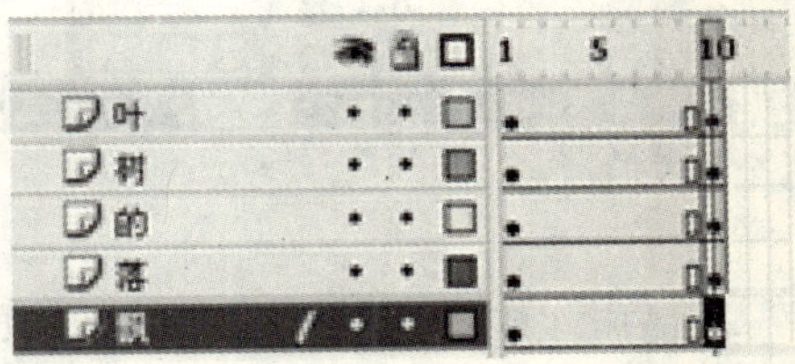

13 按住“Shift”键，选中所有图层的第1帧，然后将选中的文字，水平向上移动到舞台的上面。

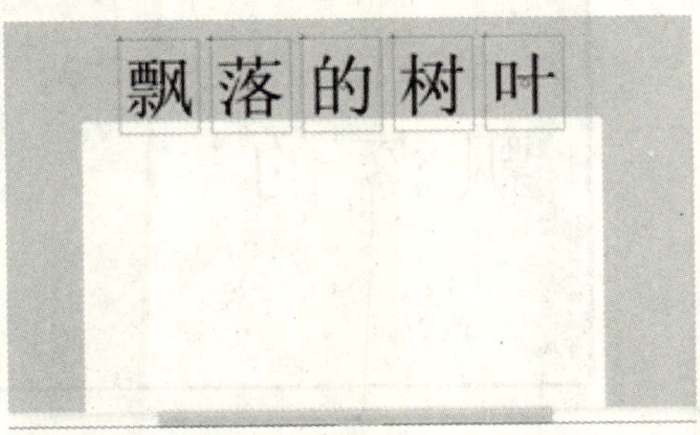

14 执行“修改/变形/水平翻转”菜单命令。修改后的图形如下图所示。

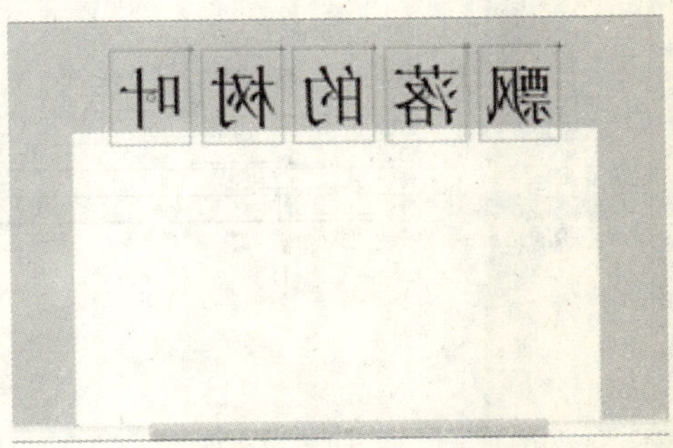

15 将水平翻转的文字选中，在“属性”面板中将文字的“Alpha”透明度设置为0%。

16 然后，创建选中每一个图层的第1到第10帧，创建补间动画，在“属性”面板的补间下拉列表中选择“动画”

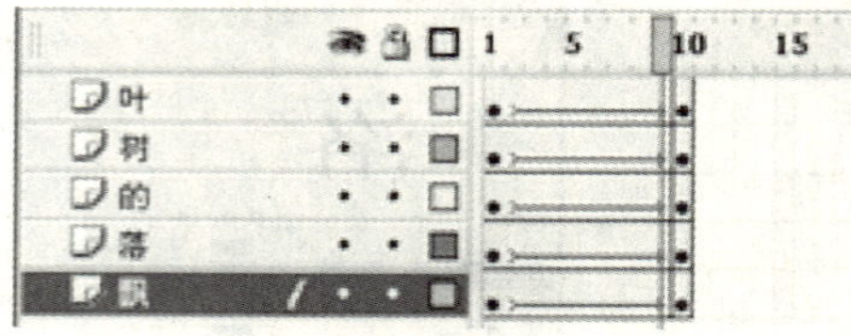

17 选中图层“落”中的第1帧～第10帧，按住鼠标左键不放向右移动5帧，使它和图层“飘”错开。

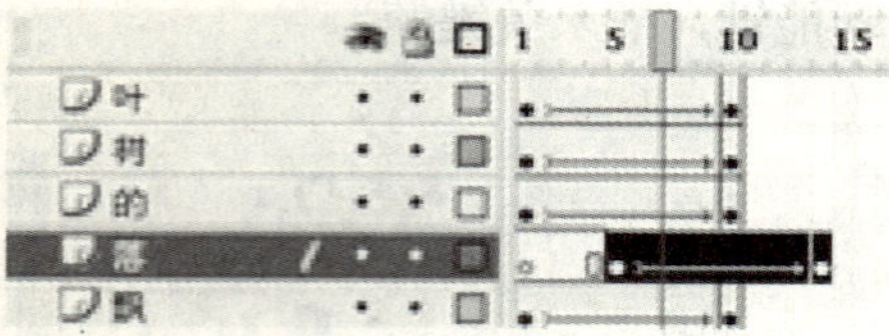

18 使用同样的方法，让每个图层都与下个图层错开5帧。

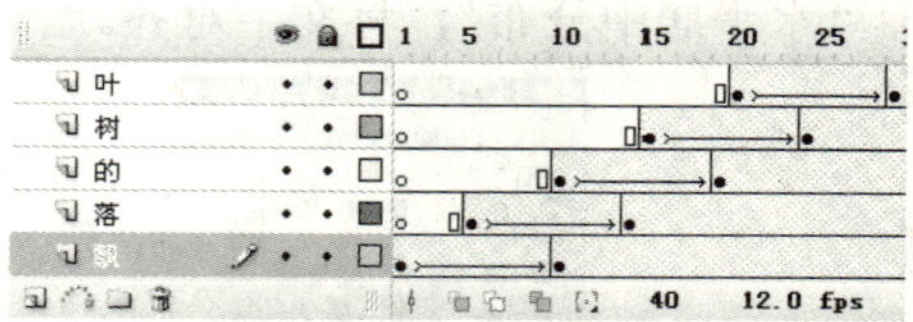

19 最后在所有的图层第40帧处，按下“F5”功能键，插入帧，延长动画的播放时间。本例到这里就全部制作完成了。

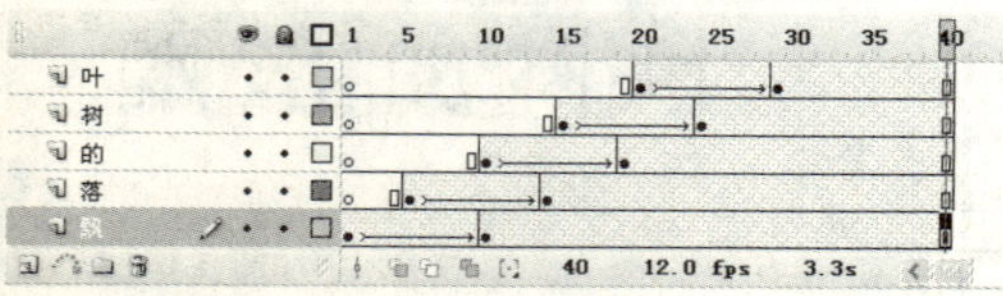

20 按下“Ctrl+Enter”键测试下影片，观看动画效果。

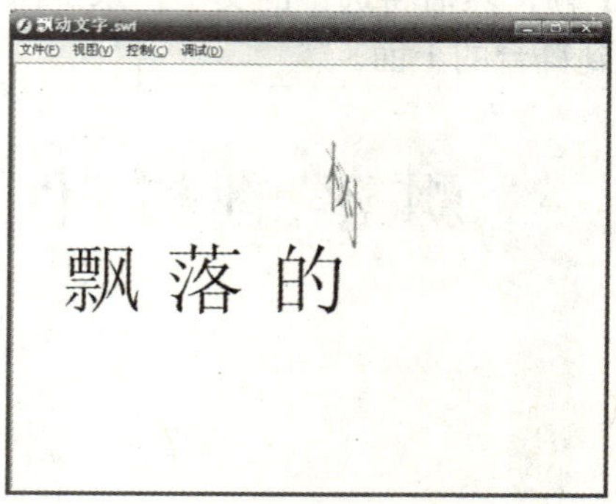

10.1.5 旋转的文字

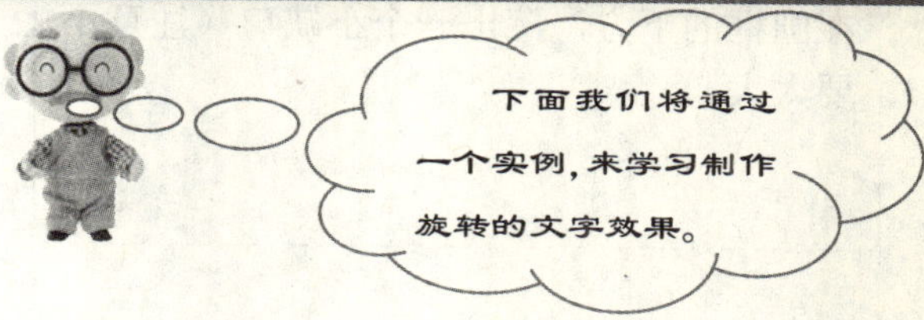

本实例实现的是文字的旋转效果。

• 创建元件

1 新建一个 Flash 影片文档，在“属性”面板上单击 550 x 400 像素 ，弹出“文档属性”对话框，设置文档大小为 550×400 像素，“背景色”为黑色。单击“确定”按钮。

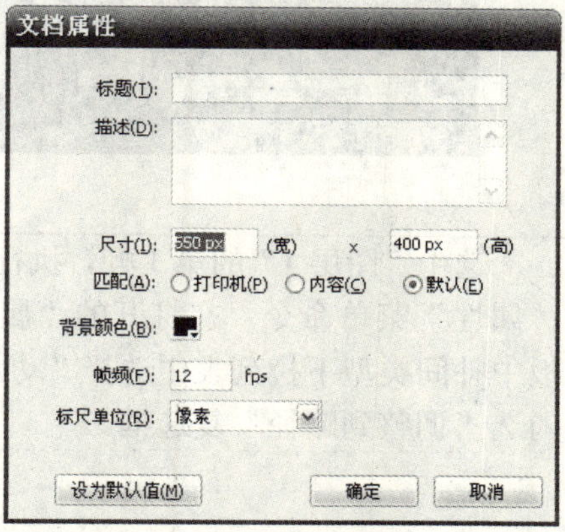

2 执行“插入/新建元件”菜单命令，弹出“创建新元件”对话框，在该对话框的名称文本框中输入“文字”，并选择类型为“图形”，单击“确定”按钮。

3 在工具箱中选择“文本工具” A ，在“属性”面板中设置字体为“华文中宋”，大小为“30”，颜色为“绿色”。在场景中，输入一个字母“A”。

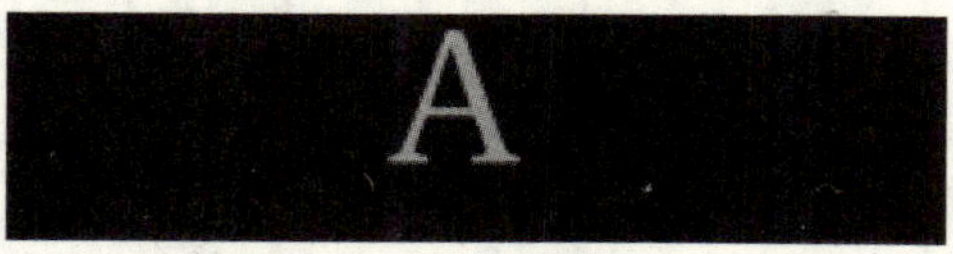

4 在时间轴面板上，单击“添加引导层”按钮，为“图层 1”添加“引导层”。选中“引导层”第 1 帧，在工具箱中选择“椭圆工具”，设置填充色为“无”边框为“绿色”，在场景中绘制一个圆。

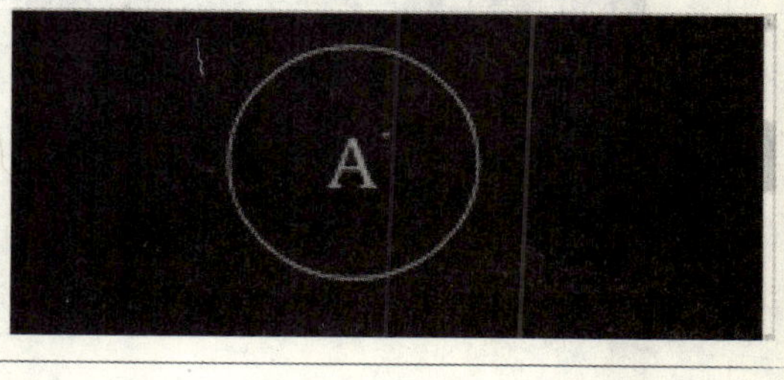

5 在工具箱中选择“橡皮擦工具”，在圆框的下方，擦出一个小缺口（注意不要太大）。

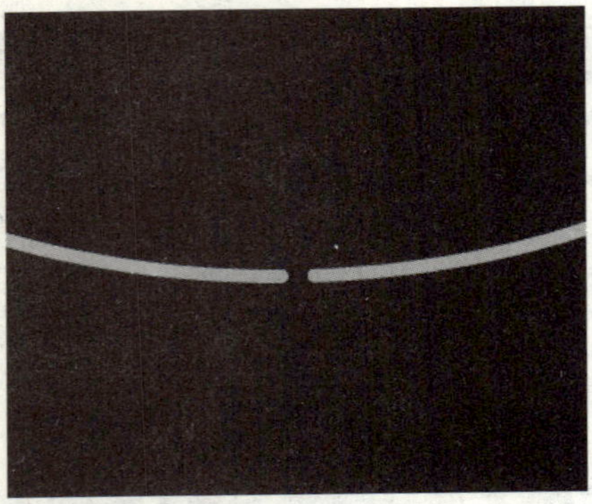

6 然后在两个图层的第49帧处，按“F6”功能键，插入关键帧，选中“图层1”的第1帧将该帧的字母拖动到圆框的缺口处放置位置如下（注意一定要将字母的中心点放置到圆框上）。

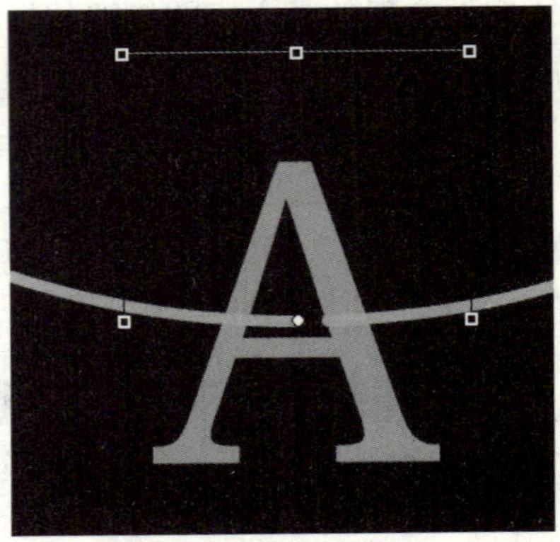

7 再选中“图层1”的第49帧，将该帧的字母拖动到圆框的缺口处放置位置如下。

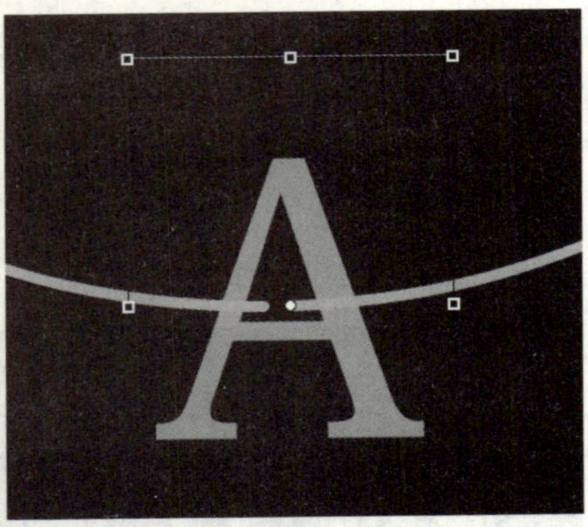

8 选中“图层1”的第1帧，执行“窗口/属性”菜单命令，在打开的“属性”面板中补间类型下拉列表中选择“动画”，并勾选“调整到路径”复选框。

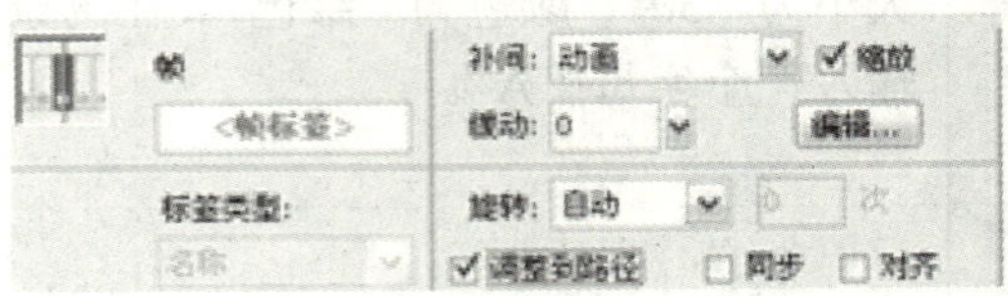

9 单击“绘图纸外观” 按钮，然后再单击“修改绘图纸标记” 按钮，从弹出的下拉菜单中选择“绘制全部”选项。如下图所示。

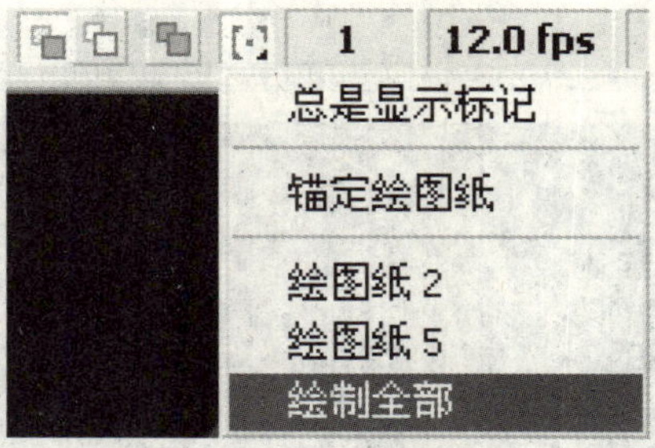

10 这时“时间轴”上的洋葱皮范围和场景中的文字效果如下。

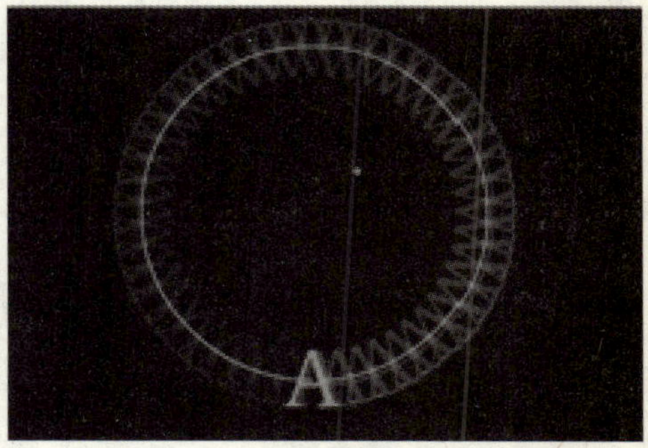

11 将“引导层”锁定，然后单击“图层1”，再选中所有帧后，单击鼠标右键，在弹出的快捷菜单中执行“转换为关键帧”命令，将“图层 1”中所有帧全部转换为关键帧。

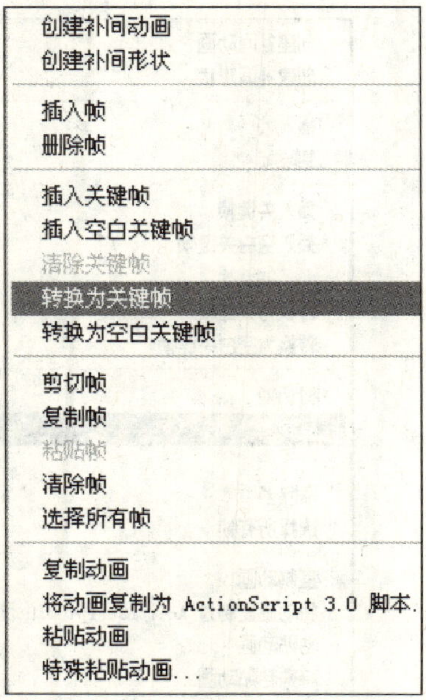

12 设置完成后“时间轴”上的表现如下图所示。

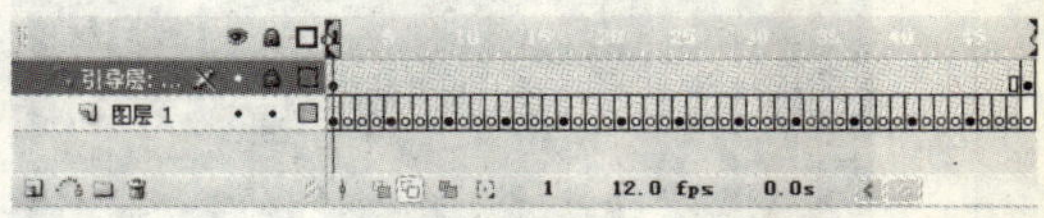

13 选中“图层 1”的第 2 帧、第 3 帧、第 4 帧按“Delete”键删除关键帧里的“字母”，依次隔 1 帧删除 3 帧里的“字母”。完成后“时间轴”上的效果如下。

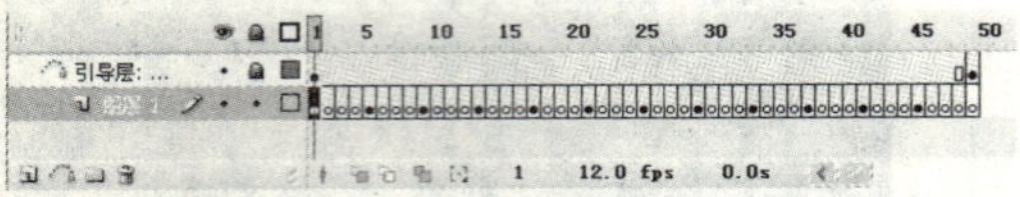

14 选中第 1 帧，双击“A”将“A”修改成“欢”字。

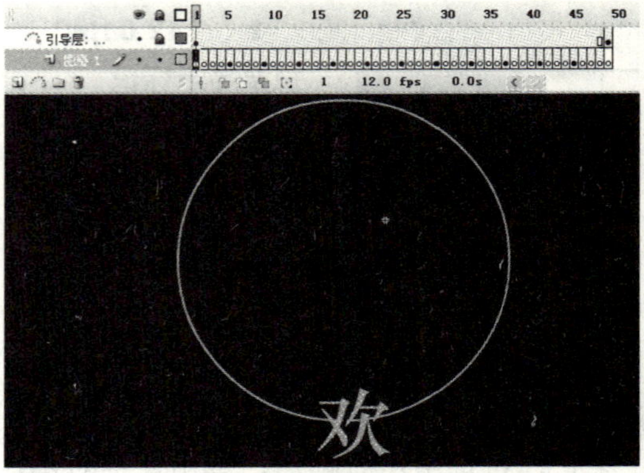

15 分别选中剩下的关键帧，依次将“A”修改成“迎、来、到、五、彩、斑、斓、的、世、界、里”，修改完成后效果如下。

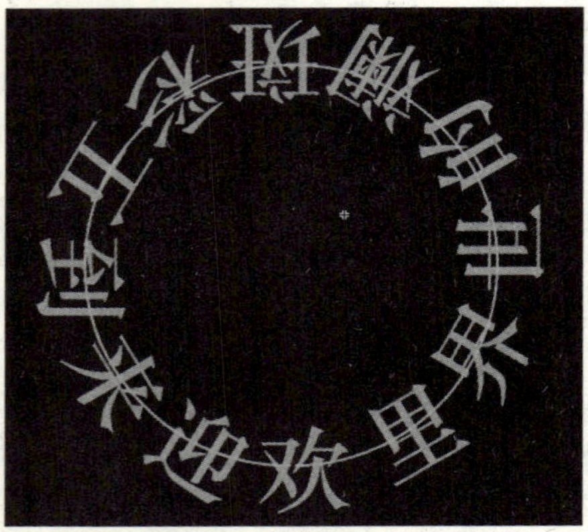

16 选中“图层 1”中的所有帧，单击鼠标右键，在弹出的快捷菜单中执行“复制帧”命令。

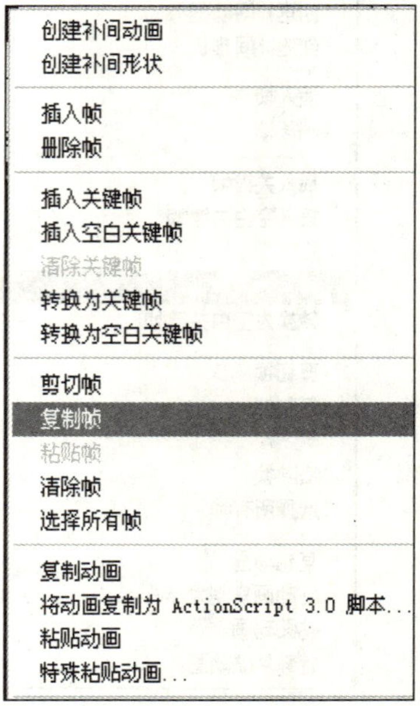

17 执行“插入/新建元件”菜单命令，弹出“创建新元件”对话框，在该对话框的名称文本框中输入“五彩世界”，并选择类型为“影片剪辑”，单击“确定”按钮。

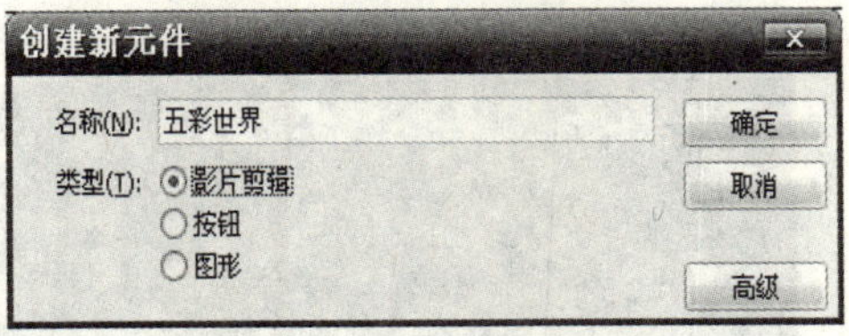

18 在元件编辑场景中单击鼠标右键，在弹出的快捷菜单中执行“粘贴到当前位置”命令，将文字全粘贴到场景中。

19 然后选中所有“文字”，执行“修改/转换为元件”菜单命令，弹出“转换为元件”对话框，在该对话框的名称文本框中输入“文字 2”，并选择类型为“图形”，单击“确定”按钮。

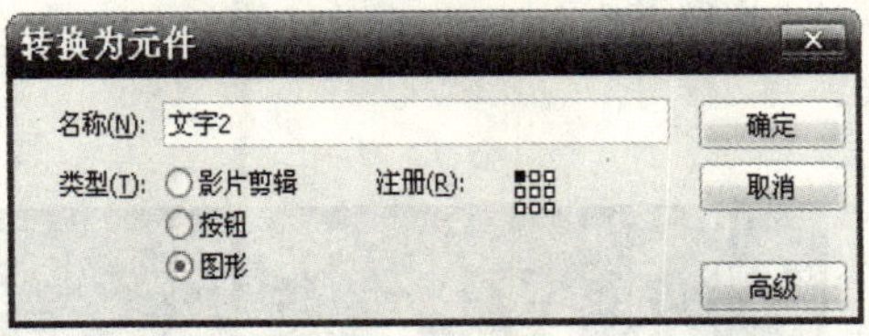

20 选中“图层”的第 81 帧，按“F6”插入关键帧，选中第 1 帧在“属性”面板的补间下拉列表中选择 “动画”，单击“旋转”后的下拉箭头按钮，在弹出的下拉列表框中选择“逆时针”，在次数文本框中输入“1”。并勾选“调整到路径”复选框。

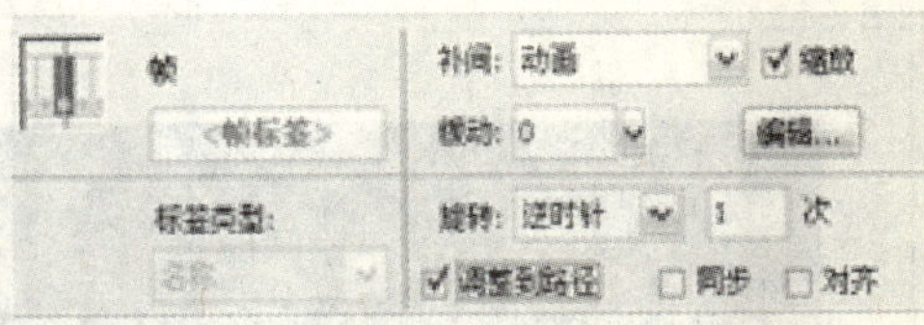

21 执行“插入/新建元件”菜单命令。弹出“创建新元件”对话框，在该对话框的名称文本框中输入“五彩缤纷”，并选择类型为“影片剪辑”，单击“确定”按钮。

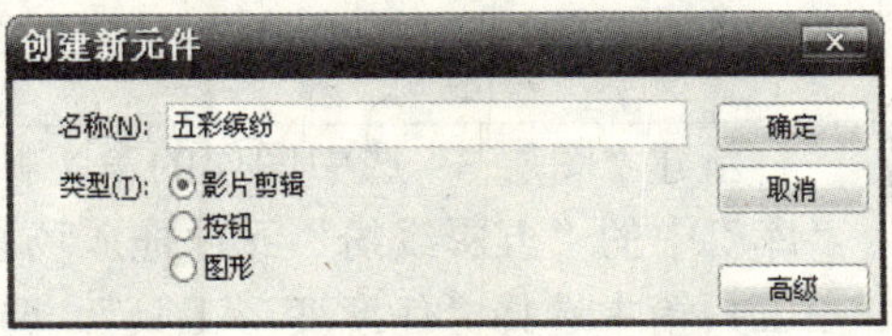

22 进入元件编辑场景，在工具箱中选择“文本工具”，在舞台上输入文字“五彩缤纷”，并按下“Ctrl+B”组合键将其打散。

23 然后打开“混色器”面板，选择填充类型为“线性”，色标从左到右依次选择颜色为“红、橙、黄、绿、青、蓝、紫”。在工具箱中选择“颜料桶工具”，对文字进行填充。

24 返回“场景 1”，从“库”面板中将“五彩世界”元件拖入场景中，并利用“任意变形工具”，调整到如下图所示效果。

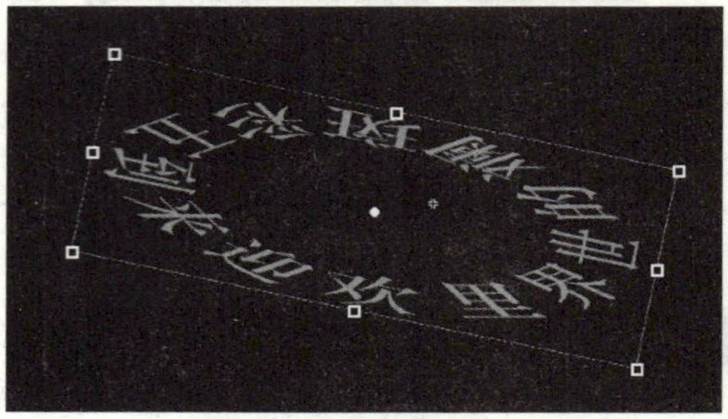

25 选中元件，在“属性”面板中设置元件的色调如下。

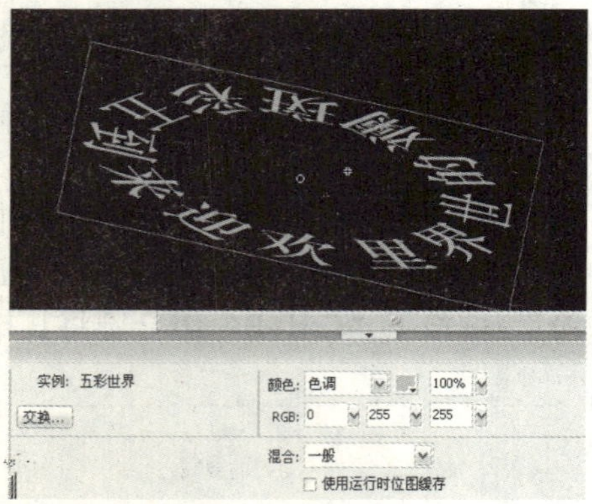

26 新建“图层 2”选中图层的第 1 帧，从“库”面板中将“五彩世界”元件拖入场景中，并利用“任意变形工具”调整到如下效果。

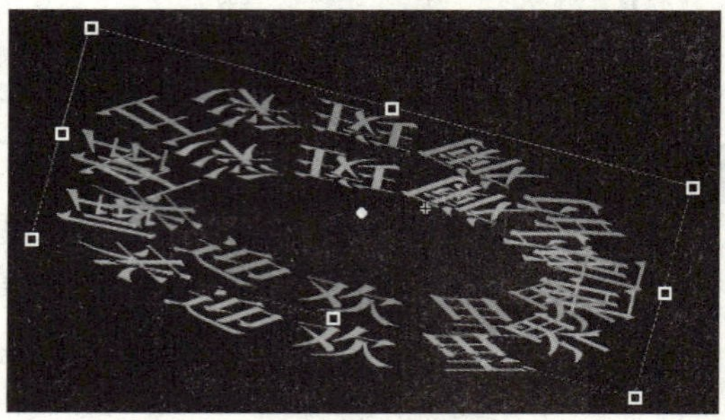

27 选中元件，在“属性”面板中设置元件的色调如下。

28 新建“图层 3”选中图层的第 1 帧，将“库”中的“五彩缤纷”元件拖入场景中，在工具箱中选择“任意变形工具”，调整其大小和位置。

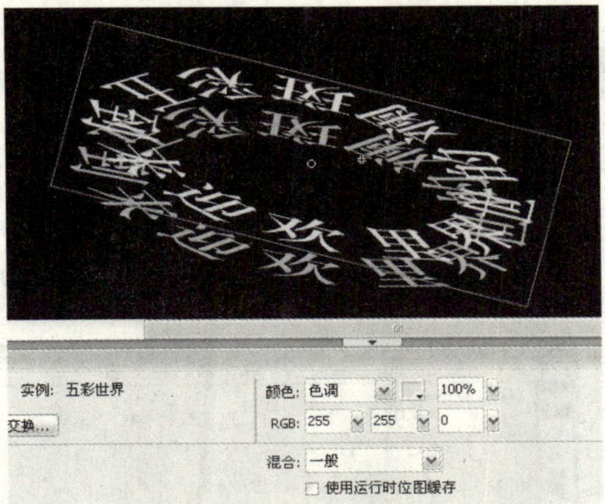

29 按下“Ctrl+Enter”组合键测试影片，其运行效果如下图所示。

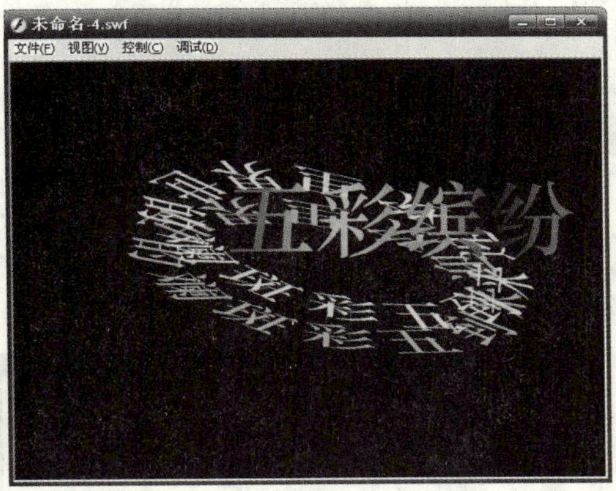

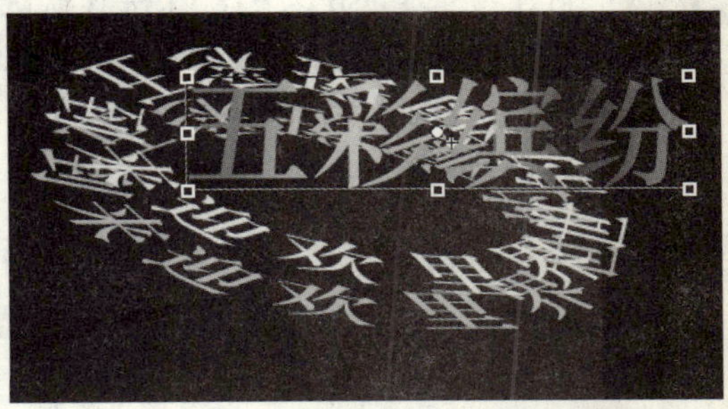

30 如果在将“字母”修改成“文字”的时候，输入的每个字颜色都不一样的话，测试影片颜色会更漂亮。

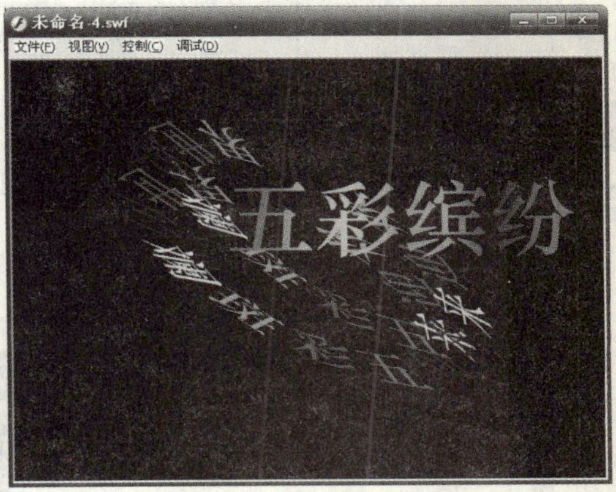

10.1.6 展开的卷轴

Flash 可以制作像卷轴一样打开的效果吗？

下面就将学习到用 Flash，制作展开的卷轴效果。

本例实现的是画卷展开的效果，主要运用到图形绘制工具、创建形状动画、创建移动蒙板效果等知识。

1 新建一个 Flash 文档，保持其默认设置。在工具箱中选择“矩形工具”，在舞台中绘制一个矩形，将矩形边框设置为“无”，填充色设置为“黑色”。

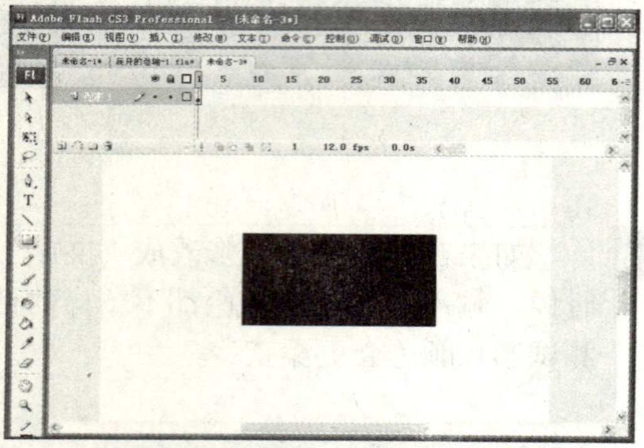

2 然后在该矩形的内部，再绘制一个矩形，填充色设置为白色。

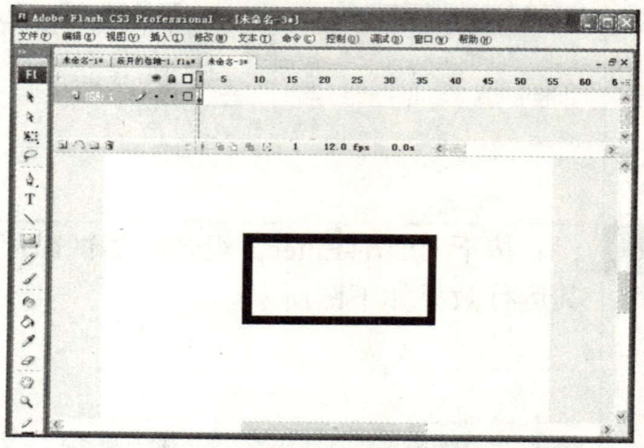

3 在工具箱中选择“文本工具” A ，在白色的矩形框中输入文字“火之卷轴”。

4 然后在白色矩形的两侧输入竖排文字，并用红色矩形块模仿印章效果。其效果如下图所示。

5 在新建“图层 2”，在工具箱中选择“矩形工具”绘制一个矩形。将边线设置为“无”，颜色为“绿色”，大小要将“图层 1”中的所有内容都遮住。

6 在“图层 1”的第 40 帧处，按“F5”功能键，插入普通帧，在“图层 2”的第 40 帧处，按“F6”功能插入关键帧。

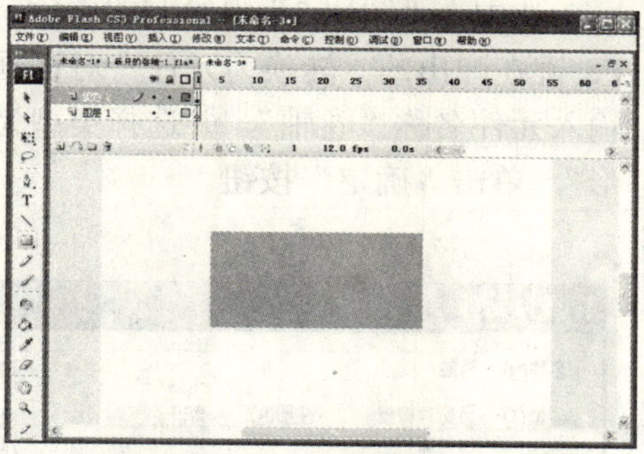

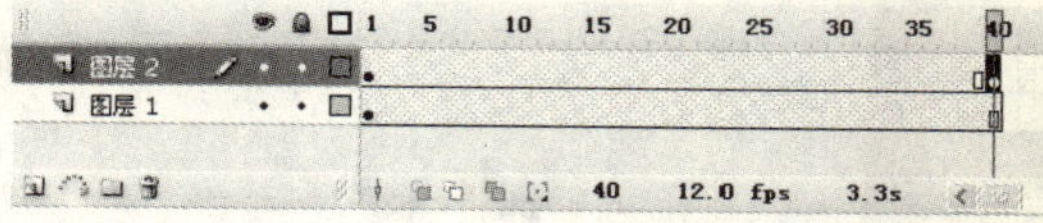

7 选中“图层 2”的第 1 帧，在工具箱中选择“任意变形工具”，将该帧图形由左向右在水平方向上缩小。

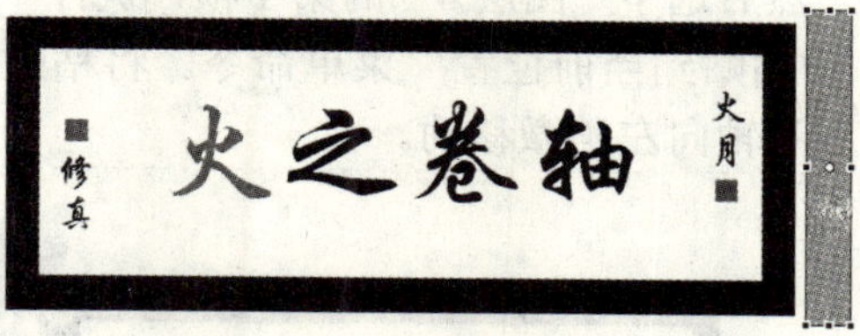

8 选中“图层 2”的第 1 帧，然后在“属性”面板的补间下拉列表中选择“形状”。这样就创建了第 1～第 40 帧的形状补间动画。

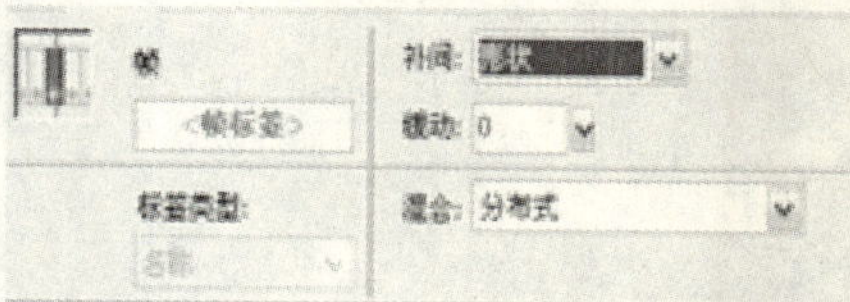

9 新建“图层 3”，打开“混色器”面板，选择填充类型为“线性”，色标作如下设置。在工具箱中选择“矩形工具”，在卷轴的左侧绘制一个矩形。

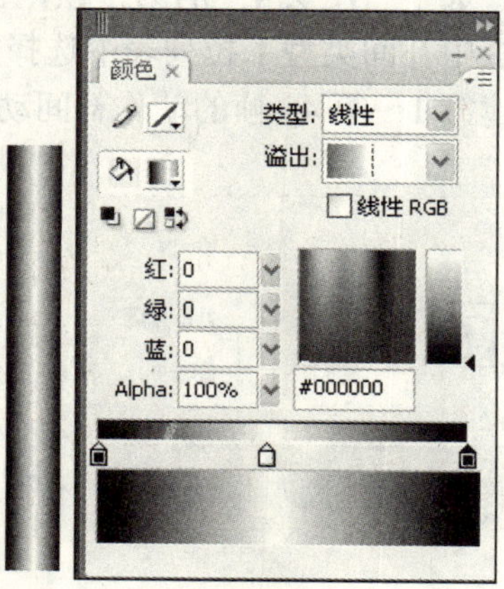

10 再选择“椭圆工具”绘制一个圆，打开“混色器”面板，选择填充类型为“放射状”，色标作如下设置，并填充圆。

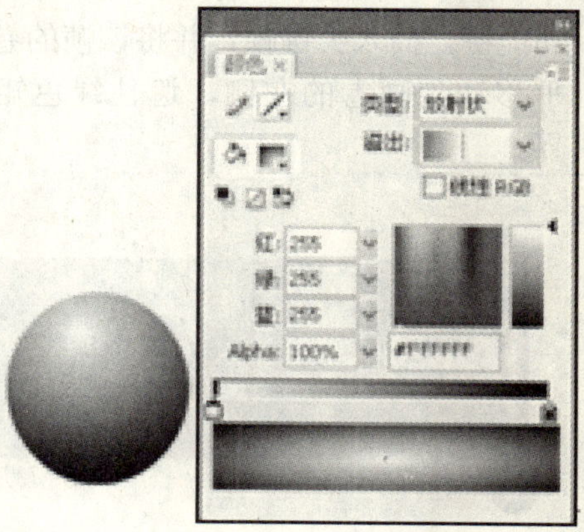

11 选中圆并将其拖动到矩形的上面，按住“Alt”键复制一个圆，并放置到矩形的下面。

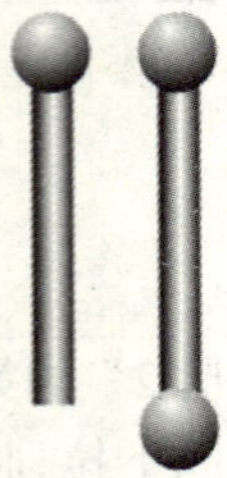

12 选中在“图层3”中绘制的卷轴，按下F8键在弹出的“转换为元件”对话框中，输入元件名称“卷轴”，并选择类型为“图形”，单击“确定”按钮。

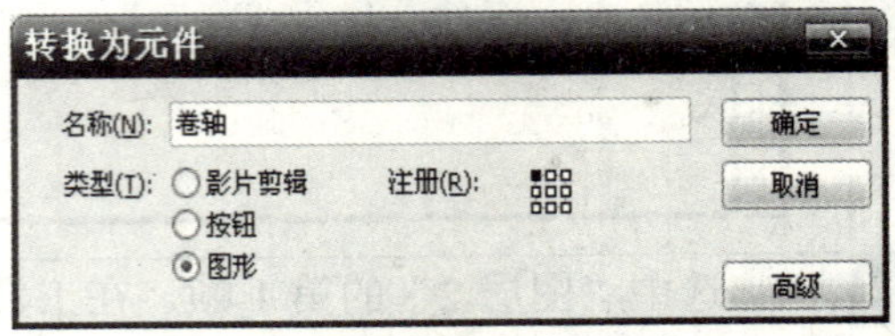

13 将卷轴移动到画卷的最右面。

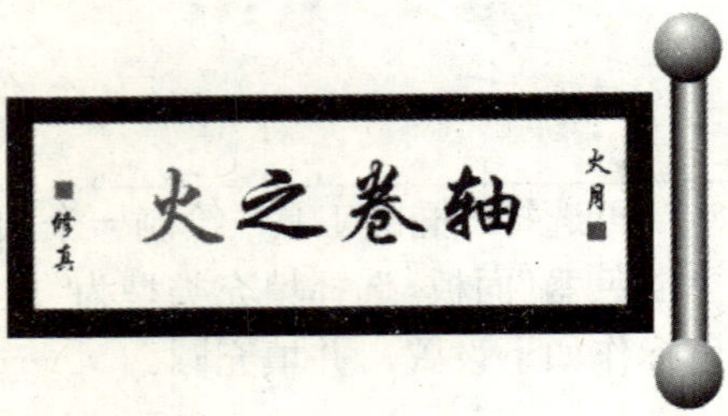

14 新建“图层4”，然后选中“图层3”中的卷轴，执行“编辑/复制”菜单命令。然后选中“图层4”的第1帧，执行“编辑/粘贴到当前位置”菜单命令。将粘贴好的卷轴向左稍微移动。

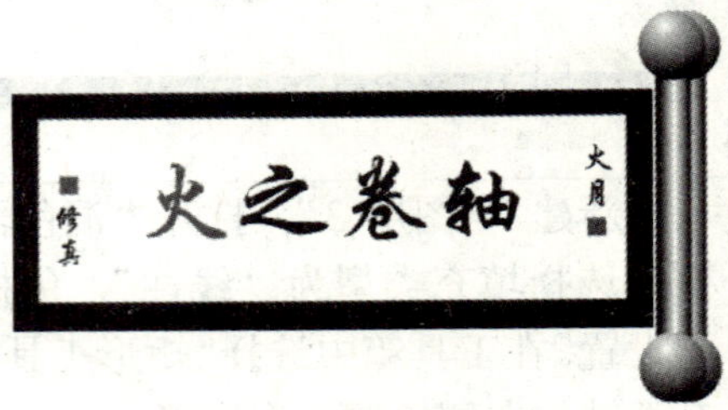

15 选中“图层4”的第40帧，按“F6”功能键，插入关键帧，并将该帧的卷轴水平移动到画卷的左侧，遮住绿色矩形边界。

16 选中“图层4”的第1帧，在“属性”面板中补间类型下拉列表中选择“动画”。创建第1～第40帧的动作补间动画。

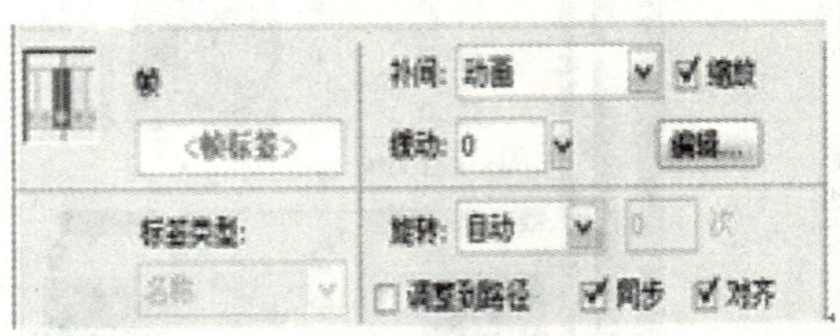

17 选中“图层 2”，单击鼠标右键，在弹出的快捷菜单中执行“遮罩层”命令，将该层设置为遮罩层。

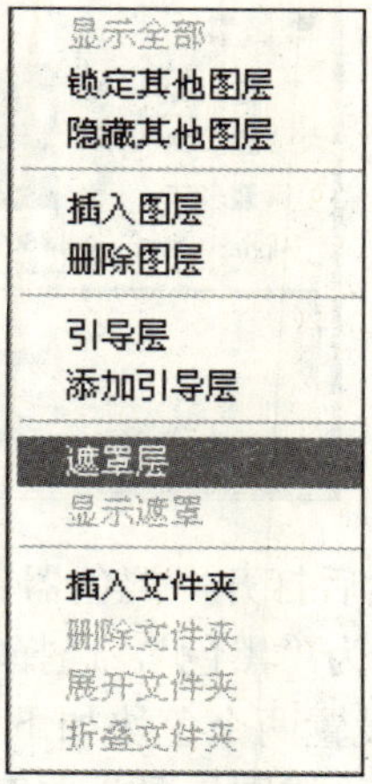

18 按“Ctrl+Enter”组合键键测试影片，其最终效果如下图所示。

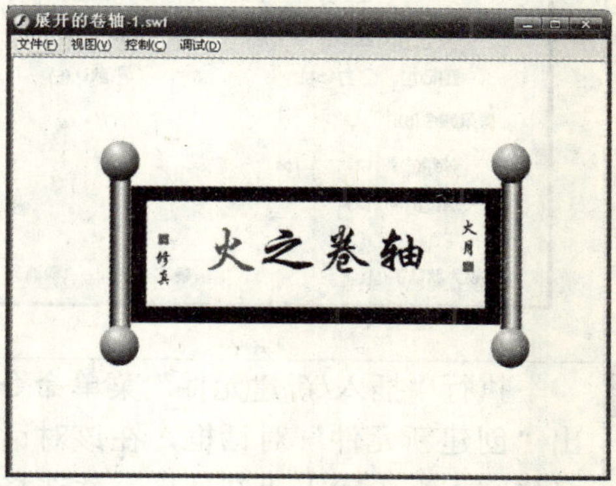

10.2 制作音乐贺卡

在 Flash 中也可以制作各种贺卡，音乐贺卡主要突出的是特定的节日气氛和温馨的祝福语言。

本例制作的是音乐贺卡，主要运用到图形绘制工具、混色器面板、任意变形工具、时间轴面板等知识。

10.2.1 创建元件

1 新建一个 Flash 影片文档，保持文档默认设置。

2 在工具箱中选择“矩形工具”□，在舞台上绘制一个矩形，执行“窗口/混色器”菜单命令，打开“颜色”面板选择类型为“线性”，色标设置如下，并填充矩形。

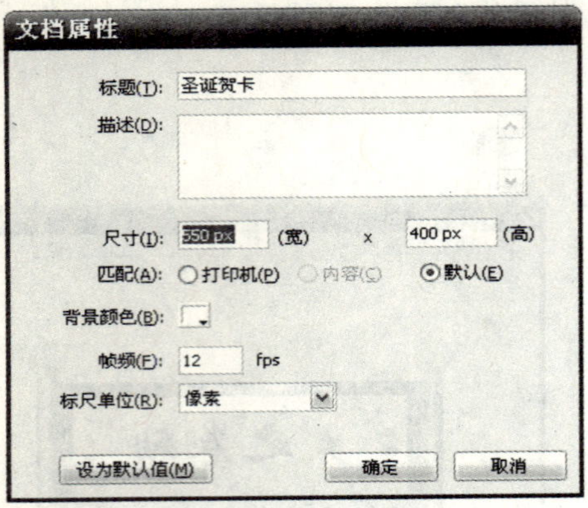

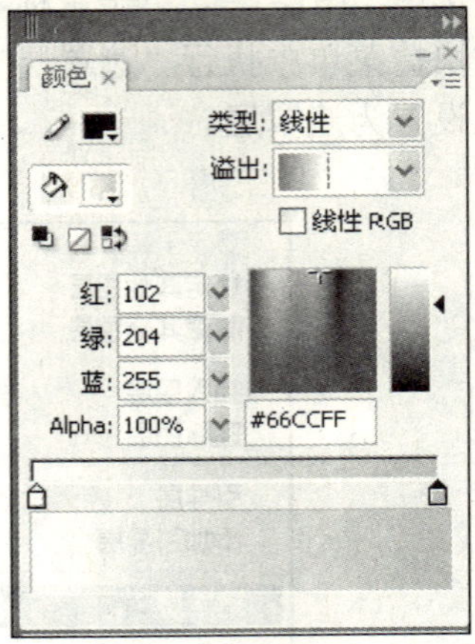

3 执行“插入/新建元件”菜单命令，弹出“创建新元件”对话框，在该对话框的名称文本框中输入“红球”，并选择类型为“图形”，单击“确定”按钮。

4 然后打开“混色器”面板，将笔触颜色设置为“黑色”，选择填充类型为“放射状”，设置两个色块如下图所示。在工具箱中选择“椭圆工具”在舞台上绘制一个圆。

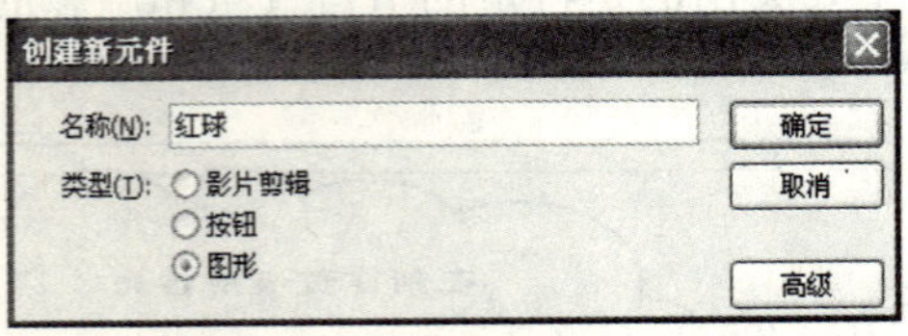

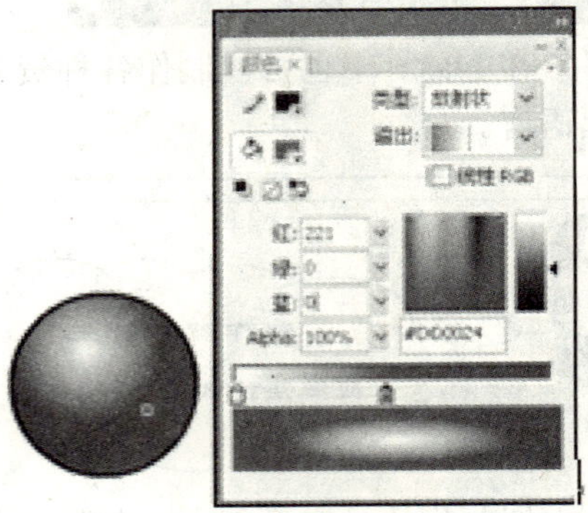

5 执行“插入/新建元件”菜单命令，弹出“创建新元件”对话框，在该对话框的名称文本框中输入“帽子”，并选择类型为“图形”，单击“确定”按钮。进入元件编辑场景中绘制一个圣诞老人的帽子

6 执行“插入/新建元件”菜单命令，在弹出的“创建新元件”对话框的名称文本框中输入“头”，并选择类型为“图形”，单击“确定“按钮。在元件编辑场景中绘制一个圣诞老人的头。

7 执行“插入/新建元件”菜单命令，在弹出的“创建新元件”对话框的名称文本框中输入“包袱”，并选择类型为“图形”，单击“确定”按钮，在元件编辑场景中绘制一个圣诞老人的包袱。

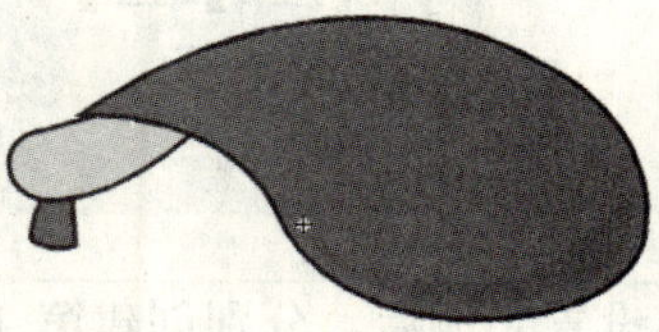

8 执行“插入/新建元件”，在弹出的“创建新元件”对话框的名称文本框中输入“身体”。并选择类型为“图形”，单击“确定”按钮。在元件编辑场景中绘制一个圣诞老人的身体。

9 执行“插入/新建元件”菜单命令，在弹出的“创建新元件”对话框的名称文本框中输入“圣诞树”，并选择类型为“图形”，单击“确定”按钮。在元件编辑场景中绘制一棵圣诞树。

提示：

填充色按钮属性只对设置后建立的对象有效，如果要修改已存在对象的填充属性，必须先选取对象，然后再设置填充按钮的属性。

10.2.2 创建动画

1 返回“场景 1”，新建“图层 2”，从“库”面板中将“红球”元件拖到舞台的右边。

2 在“图层 2”第 10、20、23、26、29、32、36、38、42、45 帧处，按“F6”功能键，插入关键帧，选中第 42 帧将其水平向上移动一段距离，在工具箱中选择“任意变形工具”，将其压扁一点。再选中第 45 帧并移动到与 42 帧相同的位置。

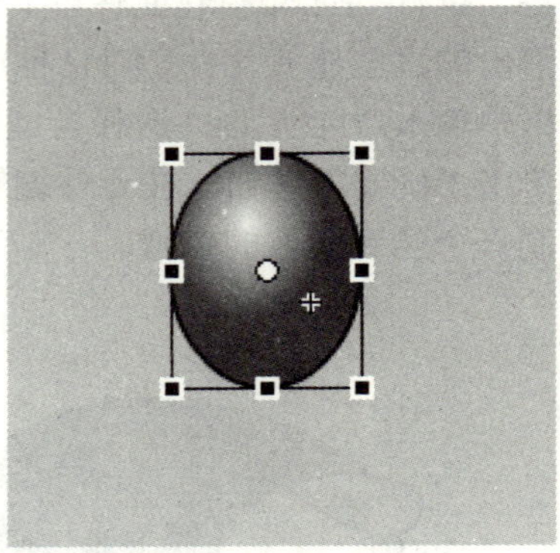

3 选中第 23 帧、第 29 帧、第 32 帧、第 36 帧、第 38 帧，然后使用“任意变形工具”将其变形。

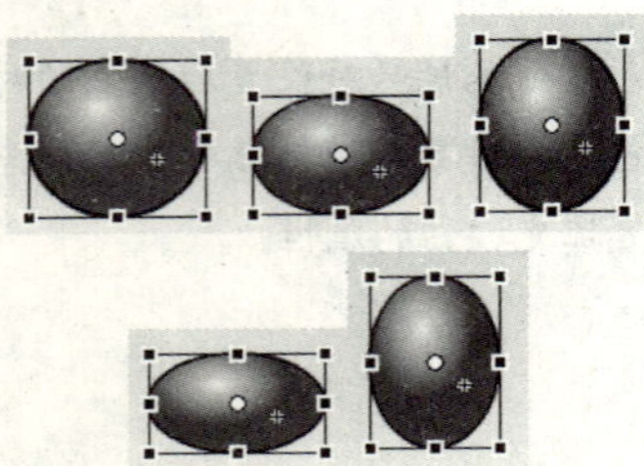

4 设置完成后，分别创建第 1～第 10、第 20～第 45 帧的动作补间动画。

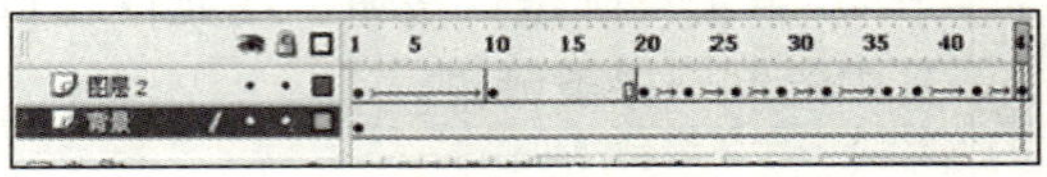

5 在第 46 帧处。按“F6”功能键，插入关键帧，选中 46 帧的图形按“Ctrl+B”将图形完全打散。然后在第 51、55、59 帧处，按“F6”插入关键帧，选中第 51、55、59 帧将“红球”的填充色改变为白色。

6 选中第 55 帧，使用“任意变形工具”将图形改变形状如下。

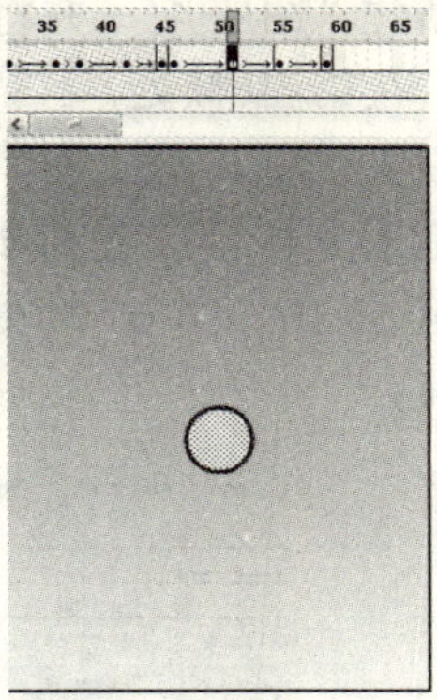

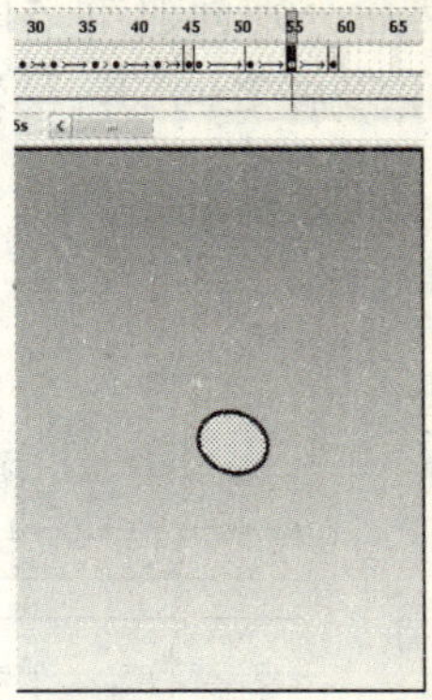

7　分别选中第 46、51、55 帧，在“属性”补间下拉列表中选择“形状”，创建各帧之间的形状补间动画。

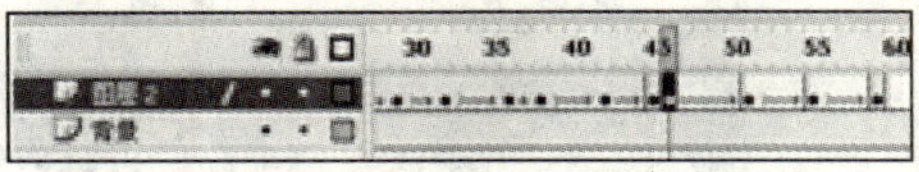

8　新建“图层 3”，并将其拖到“图层 2”下面，在第 51 帧处，按“F7”功能键，插入空白关键帧，选中此帧从“库”面板中将“帽子”元件拖入舞台，然后分别在第 55、59 帧处，按“F6”插入关键帧。

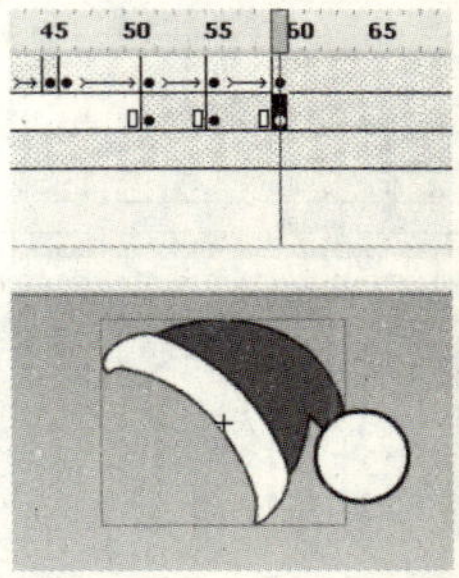

9　使用“任意变形工具”选中第 51 帧，将变形框中的圆点拖到右边，缩小该帧图形。

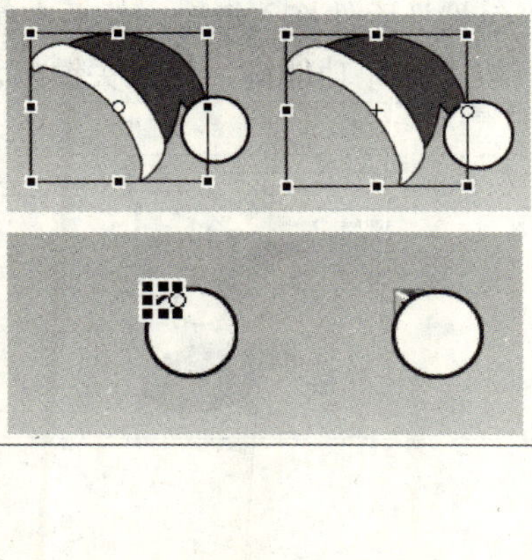

10　再使用“任意变形工具”选中第 51 帧，也将变形框中的圆点拖到右边，然后缩放该帧图形。

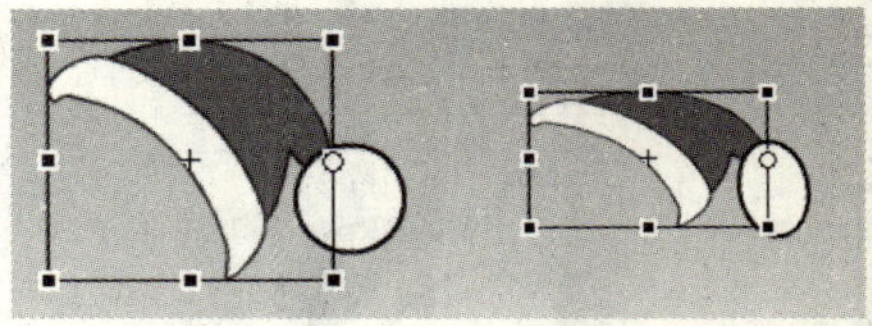

11 然后分别创建第 51～第 55 帧、第 55～第 59 帧之间的，动作补间动画。

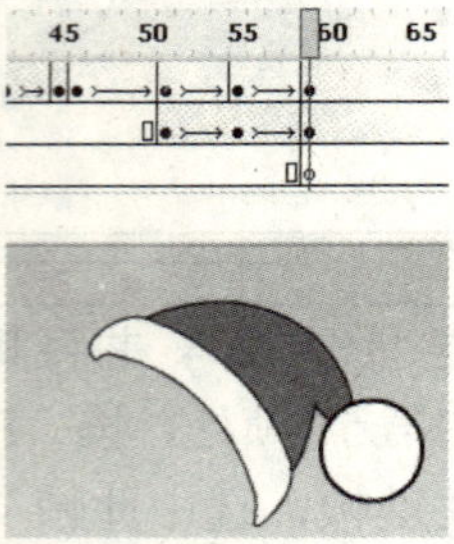

12 新建“图层 4” 并将其拖到“图层 3”下面，在第 59 帧处，按“F7”功能键，插入空白关键帧，从“库”面板中将“头”元件拖入到舞台放置到如下位置。然后分别在第 63 帧、第 67 帧处，按“F6”插入关键帧。

13 选中第 59 帧，使用“任意变形工具”，将变形框中的圆点拖到右上角，缩小该帧图形。

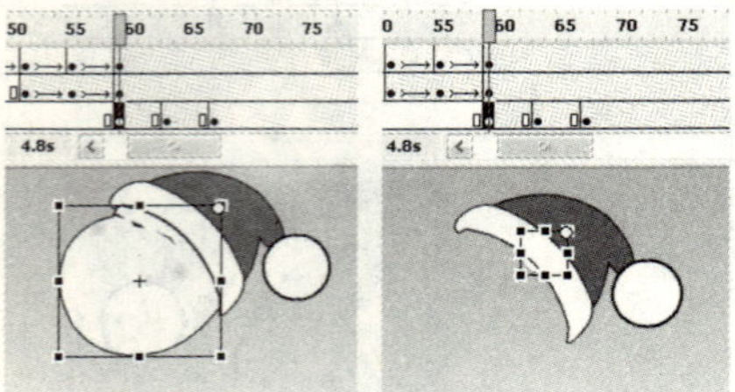

14 再使用“任意变形工具”选中第 63 帧，也将变形框中的圆点拖到右上角，然后缩放该帧图形。

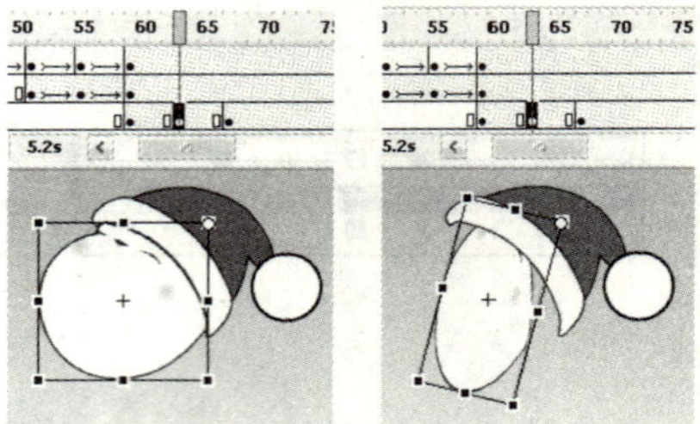

15 在“属性”面板的补间下拉列表中选择“动画”，分别创建第 59～第 63 帧、第 63～第 67 帧之间的动作补间动画。

16 新建“图层 5”并将其拖到“图层 4”下面，选中第 67 帧，按“F7”功能键，插入空白关键帧，选中此帧将“库”面板中的“包袱”元件拖入舞台，然后在第 71 帧处，按“F6”功能键，插入关键帧。

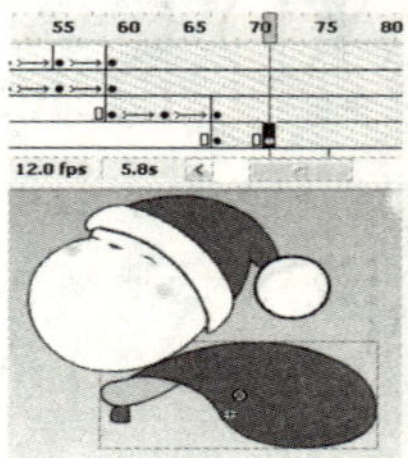

17 选中第 67 帧，使用“任意变形工具”，将变形框中的圆点拖到左上角，缩小该帧图形。

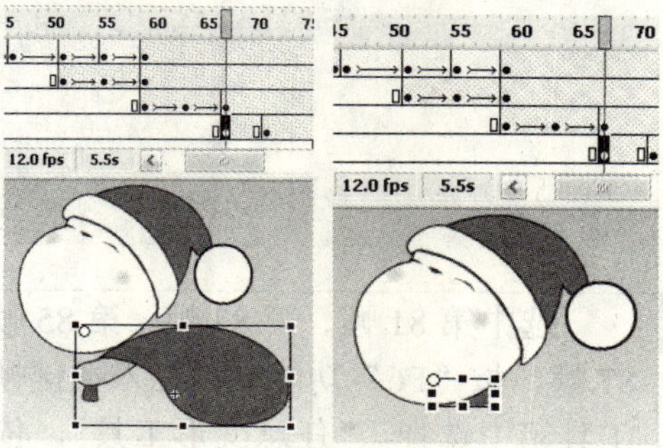

18 在“属性”面板中补间下拉列表中选择“动画”，分别创建第 67～第 71 帧之间的动作补间动画。

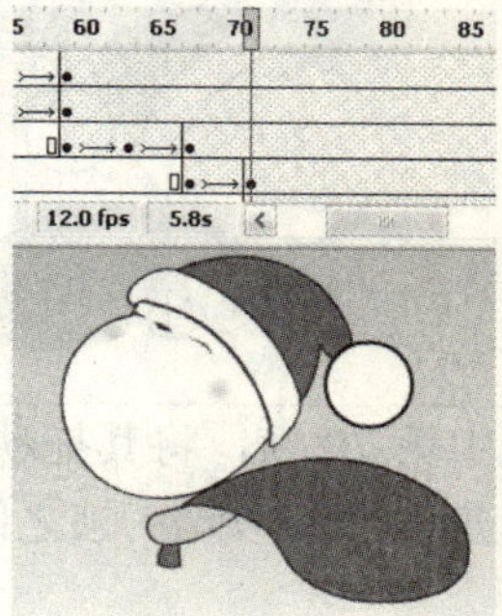

19 新建“图层 6”并将其拖到“图层 5”下面，选中第 71 帧，按“F7”功能键，插入空白关键帧，选中此帧将“库”中的“身体”元件拖入舞台，然后在第 75 帧处，按“F6”键，插入关键帧。

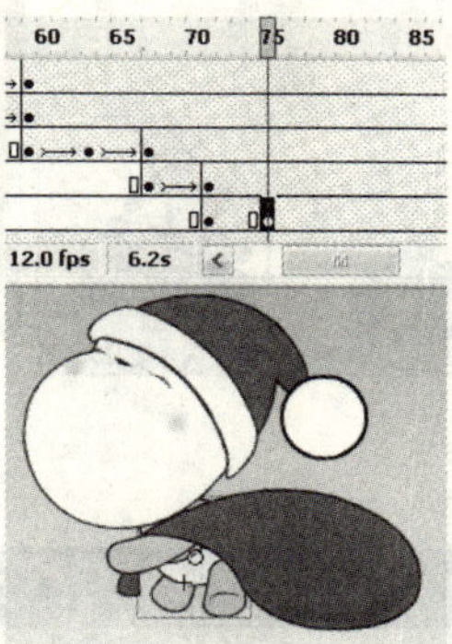

20 选中第 71 帧，使用“任意变形工具”，将变形框中的圆点拖到左上角，缩小该帧图形。

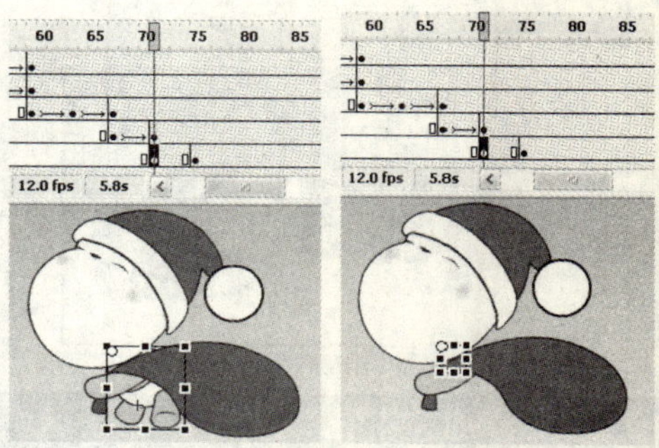

21 在“属性”面板的补间下拉列表中选择“动画”，分别创建第 71～第 75 帧之间的动作补间动画。

22 新建“图层 7”，重命名为“圣诞树”，并将其拖到“图层 6”下面，在第 75 帧处，按“F7”功能键，插入空白关键帧，选中此帧将“库”中的“圣诞树”元件拖入舞台，放置到如下图所示位置，然后在第 79 帧处，按“F6”功能键，插入关键帧。

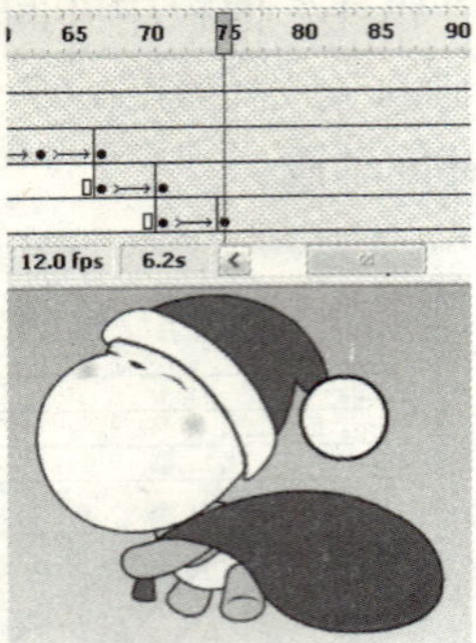

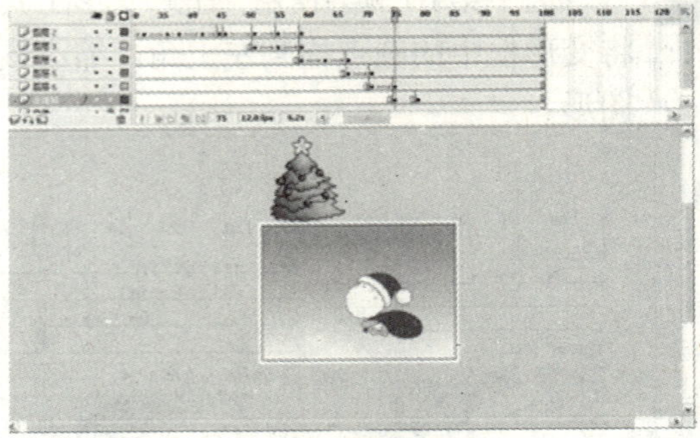

23 选中第 79 帧，将其拖动到如下位置，然后创建第 75～第 79 帧之间的动作补间动画。

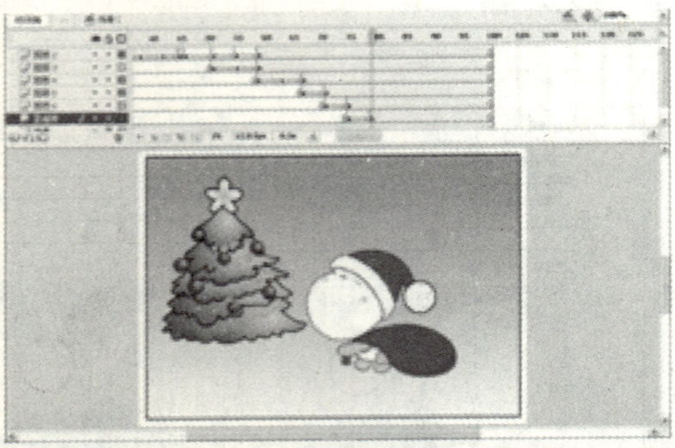

24 选中第 81 帧、第 83 帧、第 85 帧、第 87 帧，按“F6”功能键，插入关键帧，在工具箱中选择 “任意变形工具”，依次将第 81 帧、第 83 帧、第 87 帧的图形调整到如下图所示大小和位置。并创建各帧之间的补间动画，在“属性”面板的补间下拉列表中选择“动画”，按“Ctrl+Enter”组合键测试影片，动画效果基本上就出来了。

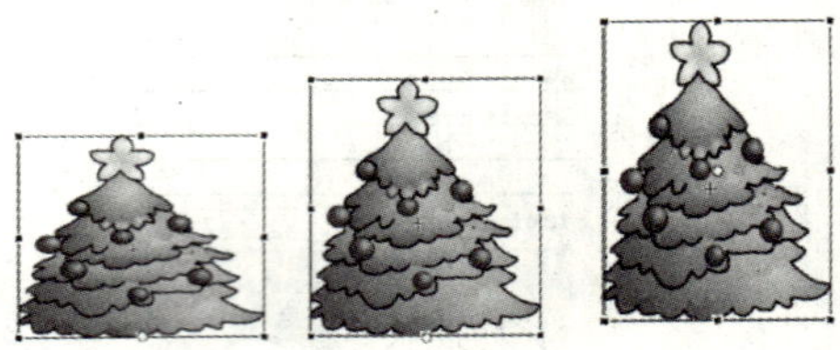

10.2.3 添加“雪花”效果

为了让动画看起来更漂亮，首先我们来为它添加“雪花”效果。

1 选择“插入/新建元件”菜单命令，弹出“创建新元件”对话框，在该对话框的名称文本框中输入“雪花”，并选择类型为“图形”，单击“确定”按钮。进入元件编辑场景，在工具箱中选择“椭圆工具”按钮 ，并在“颜色”面板中关闭笔触

2 选中圆，执行“修改/形状/柔化填充边缘”菜单命令，将弹出“柔化填充边缘”对话框，在该对话框中设置距离为 7，步骤数为 7，方向选择为“扩展”，单击“确定”按钮。

颜色，设置填充色为白色，然后在场景中绘制一个正圆。

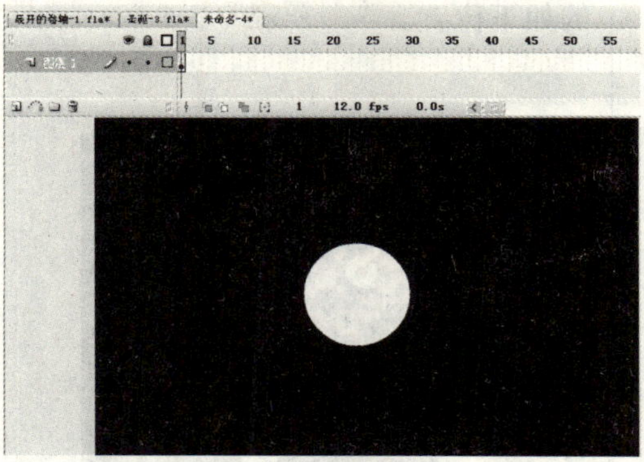

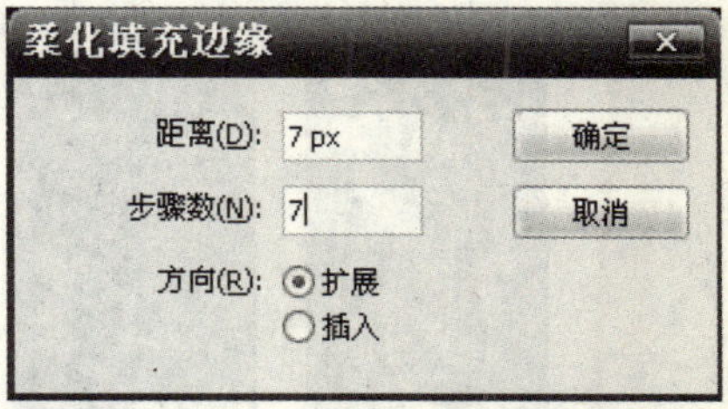

3 执行“插入/新建元件”菜单命令，弹出“创新建元件”对话框，在该对话框的名称文本框中输入“雪花动画”，并选择类型为“影片剪辑”，单击“确定”按钮。进入元件编辑场景中，从“库”面板中将“雪花”元件拖入场景中，在时间轴面板上单击添加引导层按钮“”，添加引导层。

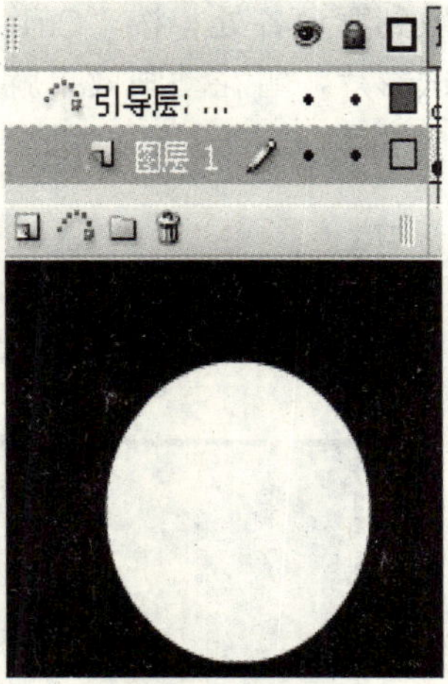

4 选中“引导层”的第 1 帧，在工具箱中选择“铅笔工具”，在舞台上绘制一条向下弯曲的“曲线”作为运动轨迹，然后在第 100 帧处，按“F5”功能键，插入普通帧。

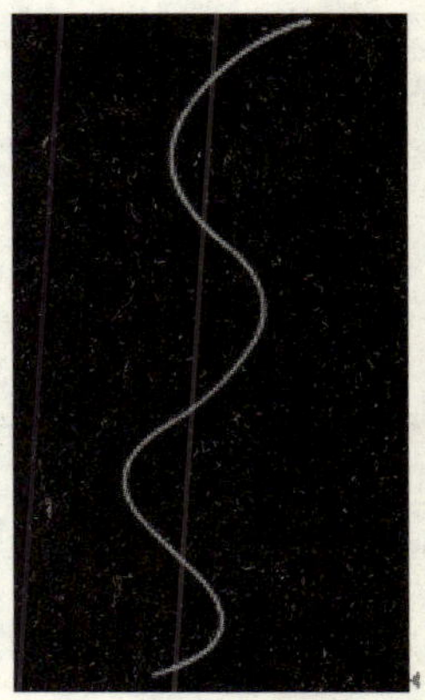

5 选中“图层 1”中的雪花元件，将其拖动到“引导线”的上端，然后在第 100 帧处，按“F6”功能键，插入关键帧，将“雪花”元件拖动到“引导线”的下面。

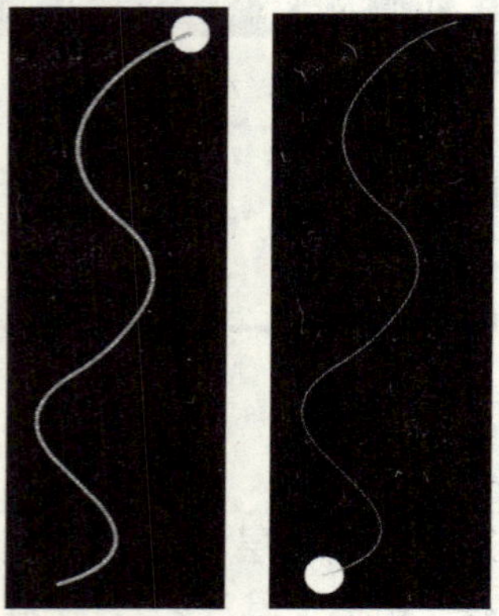

6 选中“图层 1”的第 34、第 69 帧，按“F6”功能键，插入关键帧，然后选中这两帧，分别将雪花元件拖动到“引导线”的如下位置。

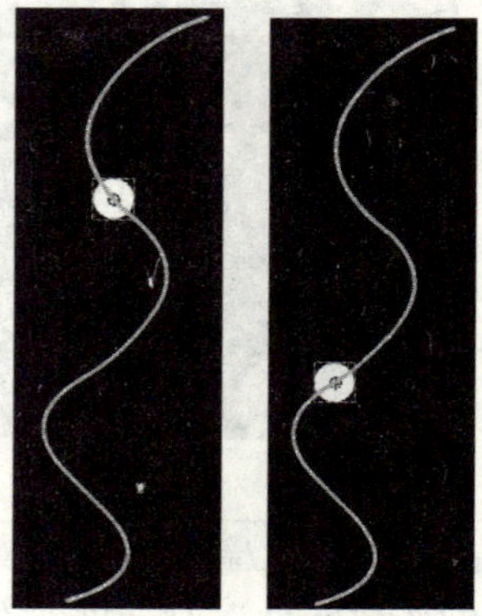

7 在“属性”面板中分别设置第 1 帧、第 34 帧、第 69 帧、第 100 帧的 Alpha 值依次为 80%、40%、20%、0%。然后分别创建各帧之间的，动作补间动画。

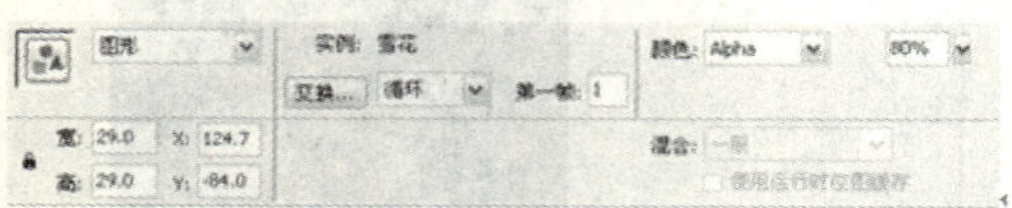

8 返回“场景 1”，新建一个图层并重命名为“雪花”，将该图层放置在“背景”图层的上面。然后从“库”面板中将“雪花动画”元件拖入到场景中，多拖入几个，并利用“任意变形工具”将元件任意缩放，分散到舞台各处。按“Ctrl+Enter”组合键测试影片，雪花动画效果就出来了。

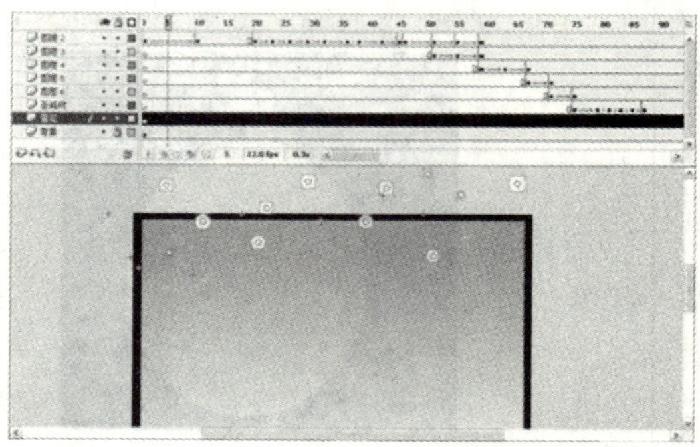

10.2.4 添加“变色”字和声音效果

1 选择“插入/新建元件”菜单命令，在弹出的“创建新元件”对话框的名称文本框中输入“圣诞快乐”，并选择类型为“图形”，单击“确定”按钮。进入元件编辑场景中，在工具箱中选择“文本工具”，在文本框中输入“圣诞快乐”四个字，颜色、字体任意。

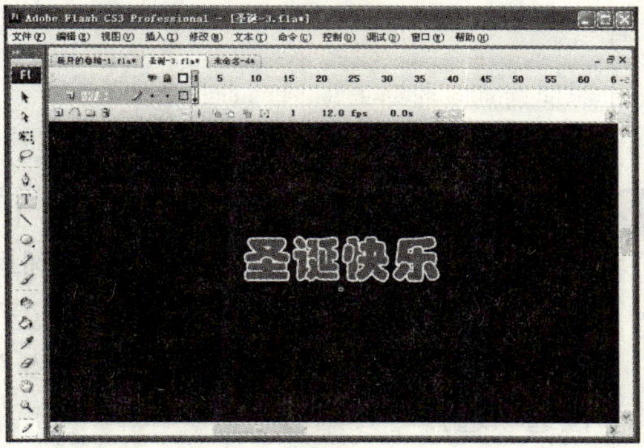

2 返回“场景 1”，新建“文字”图层，将该图层放置在所有图层的上面。然后从“库”面板中将“圣诞快乐”元件拖入到舞台，并使用“任意变形工具”调整合适的大小和位置。

3 在“文字”图层的第 45 帧、第 50 帧、第 55 帧、第 60 帧处，按“F6”功能键，插入关键帧，选中第 50 帧，打开“属性”面板，在“颜色”下拉列表框中选择“高级”，然后再单击旁边的“设置”按钮。

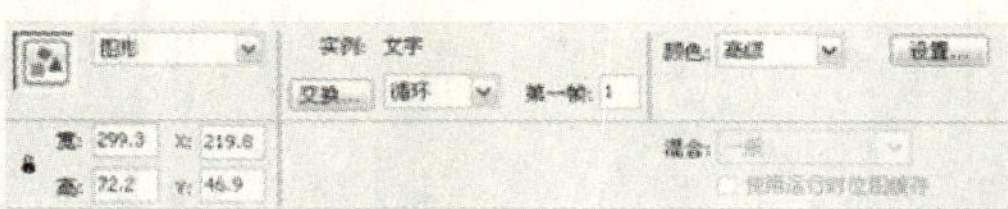

4 在弹出的“高级效果”对话框中，设置“R”为 0、“G”为 9、“B”为 250，单击“确定”按钮。

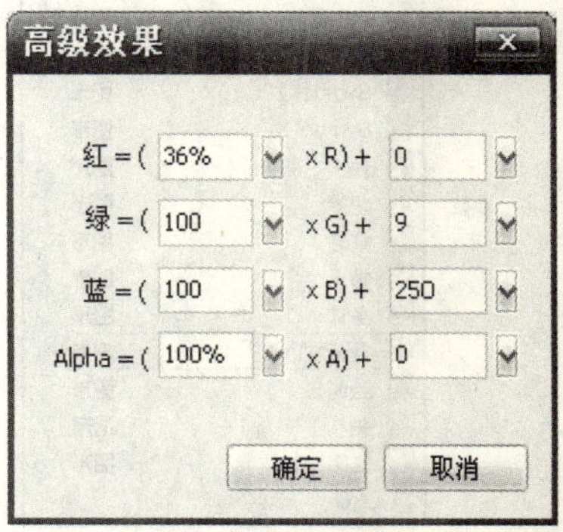

5　选中第 55 帧，在“高级效果”对话框中设置“R”为 208、“G”为-9、“B”为 250，单击“确定”按钮。

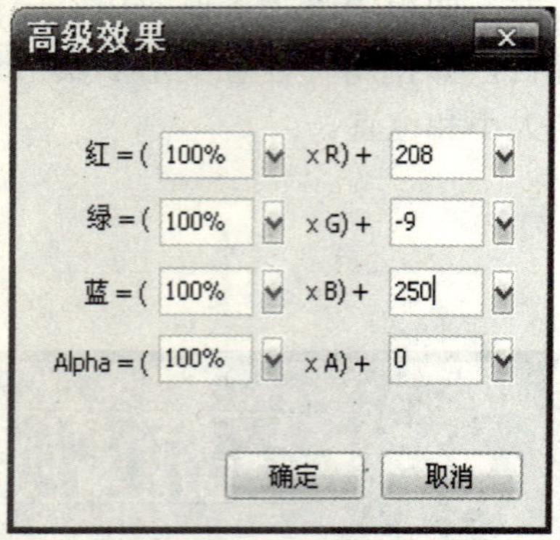

6　然后在第 45 帧、第 50 帧、第 55 帧、第 60 帧之间创建补间动画，在“属性”面板的补间下拉列表中选择“动画”。.

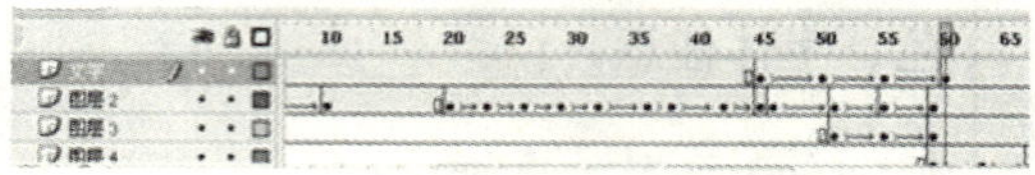

7　执行“文件/导入/导入到库”菜单命令，在电脑中选择想要导入的音乐，然后打开“库”面板，将看到已经导入的音乐。

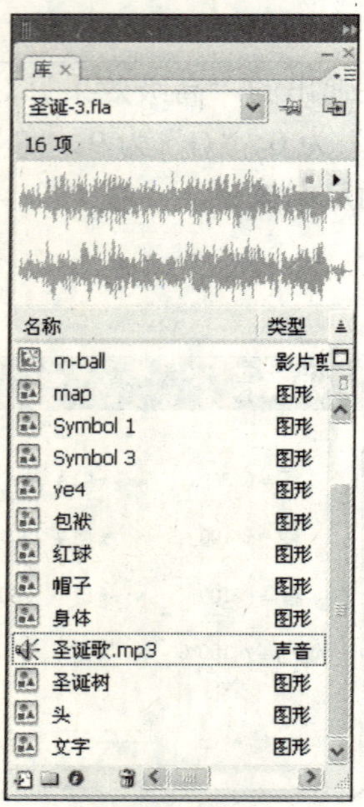

8　新建一个“音乐”图层，单击第 1 帧，然后从“库”面板中将歌曲元件拖到场景中，在“属性”面板中“声音”下拉列隔开框中选择“圣诞歌.mp3”，在“同步”下拉选项选择“开始”。

9 然后将“声音”图层，移动到所有图层的最上面，在时间轴上的表现如下。

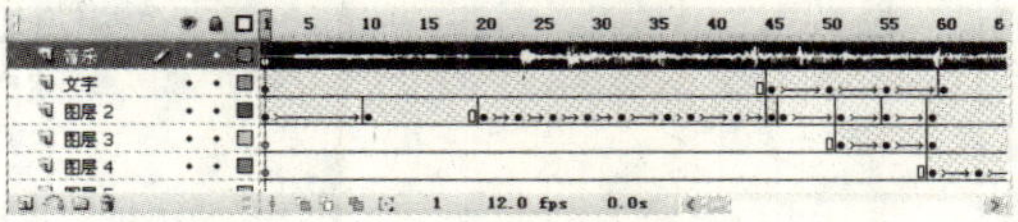

10 按“Ctrl+Enter”组合键测试影片，运行的效果如下图所示。

圣诞-3.swf
文件(F) 视图(V) 控制(C) 调试(D)
圣诞快乐

10.3 制作动感广告

在 Flash 中可以制作各种贺卡，当然也可以制作流行于网络的动感广告。在本节中就为大家讲解和制作一款流行于网络的手机广告。

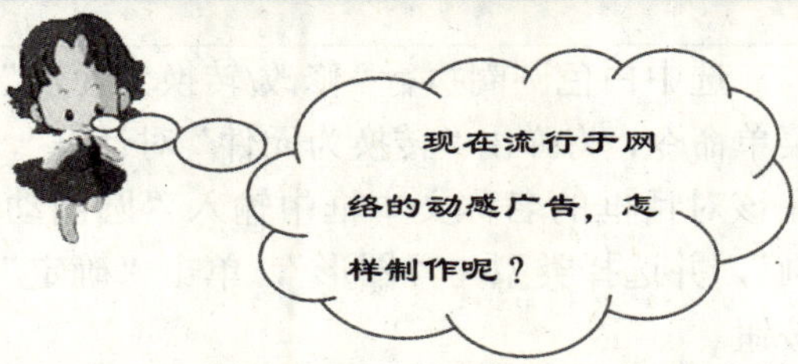
现在流行于网络的动感广告，怎样制作呢？

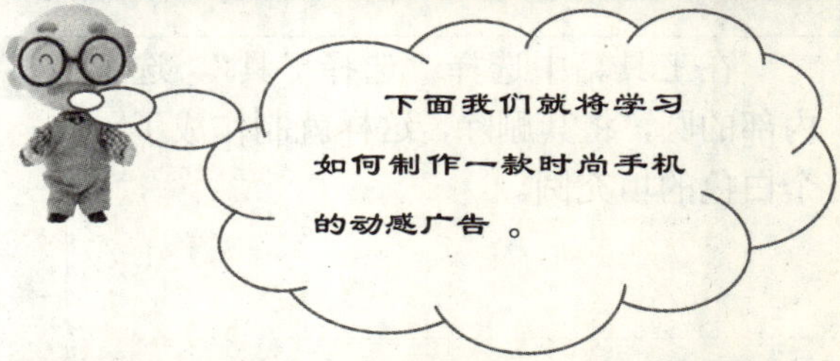
下面我们就将学习如何制作一款时尚手机的动感广告 。

本实例围绕手机动画，而制作的光晕闪动动画和运动轨迹的动画效果。都是为了突出手机的品质和时尚外形。

10.3.1 制作“圆圈”动画

1 新建一个 Flash 影片文档，在“属性”面板上单击“550 x 400 像素”按钮，弹出“文档属性”对话框，设置文档大小为 550×400 像素，“背景色”为蓝色。单击“确定”按钮。

2 执行“插入/新建元件”菜单命令，在弹出的“创建新元件”对话框的名称文本框中输入“圆圈”，并选择类型为“图形”，单击“确定”按钮。

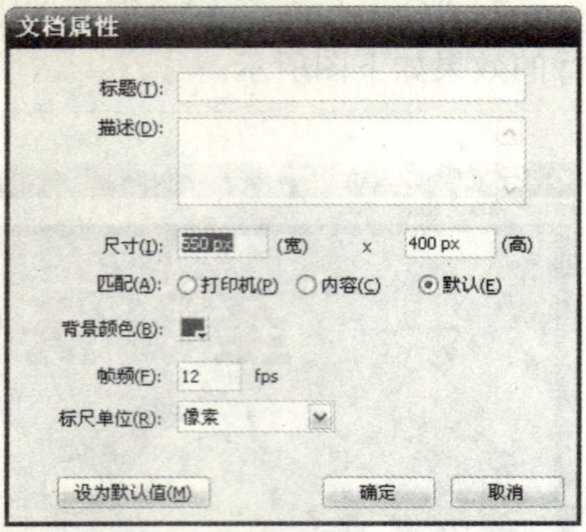

3 单击工具箱中的“椭圆工具” ○ 按钮，在场景中绘制一个无边的圆。

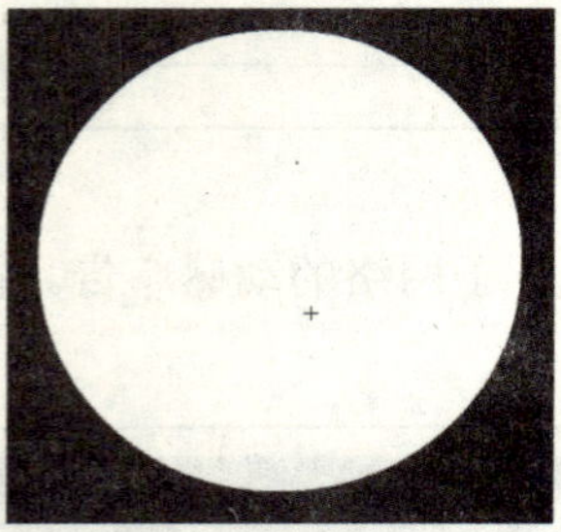

4 再选择“椭圆工具”，在白色圆的内部选择其他颜色绘制一个同心圆。

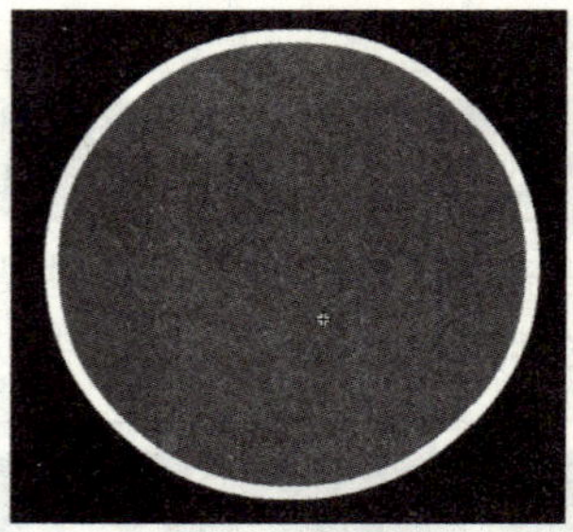

5 在工具箱中选择“选择工具”，选中内部的圆，将其删除，这样就制作成了一个白色的填充圆。

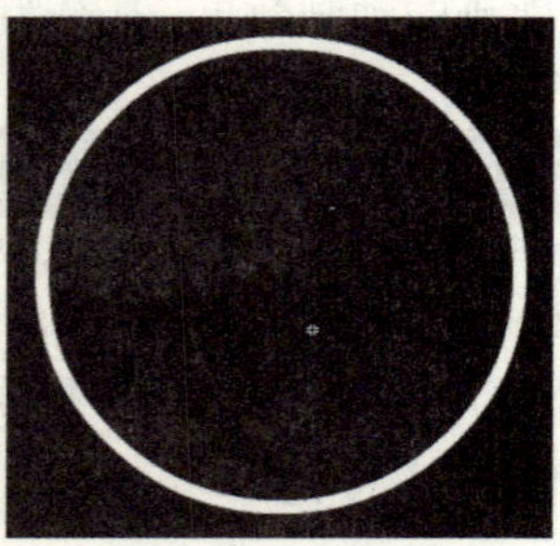

6 选中白色圆圈执行“修改/转换为元件”菜单命令，将弹出“转换为元件”对话框，在该对话框的名称文本框中输入“圆圈动画”，并选择类型为“图形”，单击“确定”按钮。

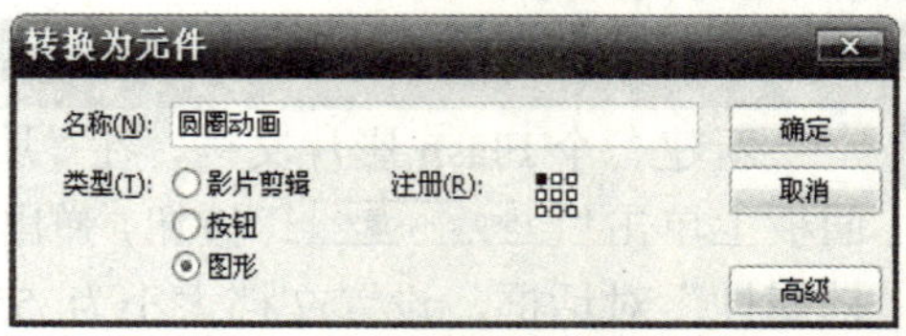

7　选中第 1 帧的“圆圈”，并使用“任意变形工具”按一定比例放大，然后在“属性”面板中，设置其 Alpha 值为 50%。

8　然后选中第 8 帧，按“F6”功能键。插入关键帧。在工具箱中选择“任意变形工具”，将该帧的图形按一定比例缩小，然后在“属性”面板中，设置其 Alpha 值为 100%。选中第 1 帧～第 8 帧创建补间动画，并在“属性”面板的补间下拉列表中选择“动画”。在第 9 帧处，按“F7”功能键，插入空白关键帧。

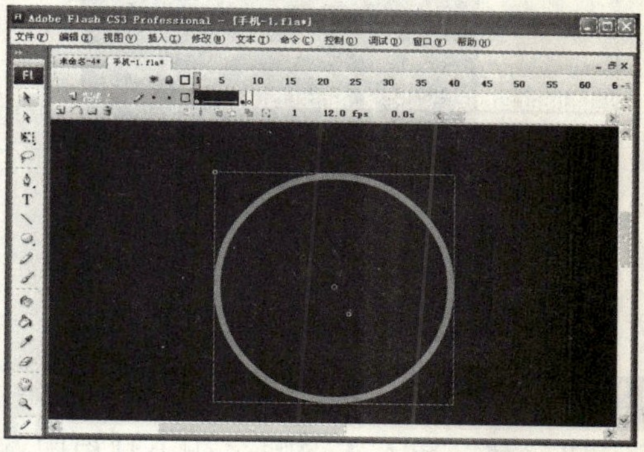

9　新建“图层 2”，在第 3 帧和第 9 帧处，分别按“F7”功能键，插入空白关键帧。选中“图层 1”的第 1 帧，复制粘贴到“图层 2”的第 3 帧，在“属性”面板中将该帧的 Alpha 值设置为 10%。

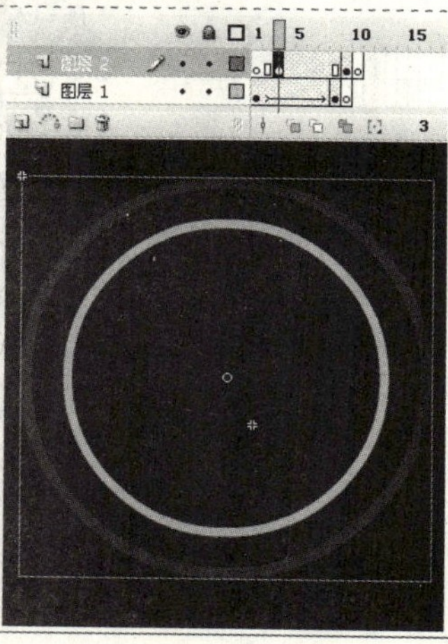

10　将“图层 1”的第 8 帧复制粘贴到“图层 2”的第 9 帧，在“属性”面板中将该帧的 Alpha 值设置为 50%，然后在第 10 帧处，按“F7”功能键，插入空白关键帧。

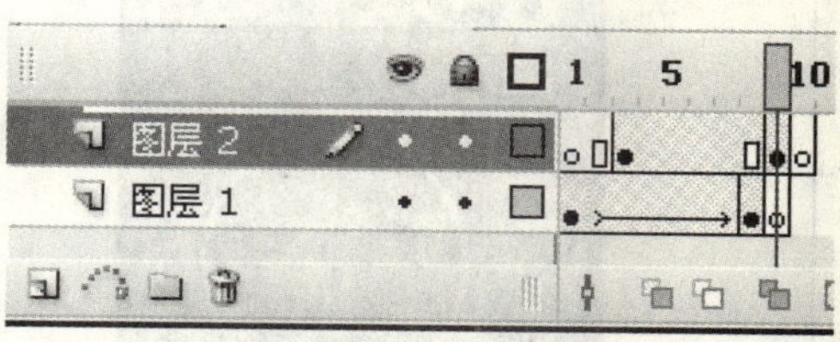

11 新建"图层 3"，选中第 5 帧和第 10 帧，分别按"F7"功能键，插入空白关键帧。选中"图层 2"的第 3 帧，将它复制粘贴到"图层 3"的第 5 帧。

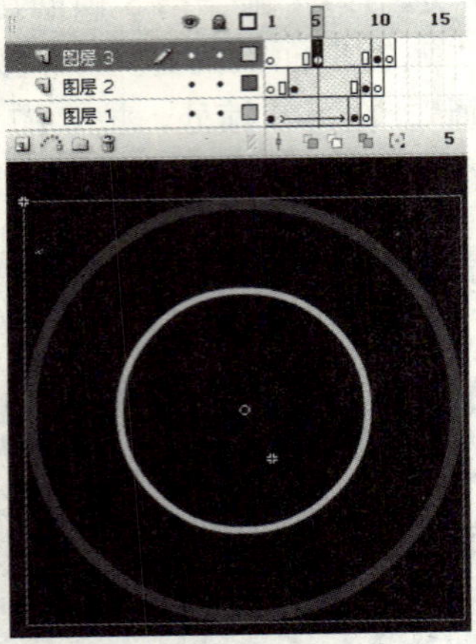

12 然后选中"图层 2"的第 9 帧，将它复制粘贴到"图层 3"的第 10 帧，选中第 11 帧，按"F7"功能键，插入空白关键帧。

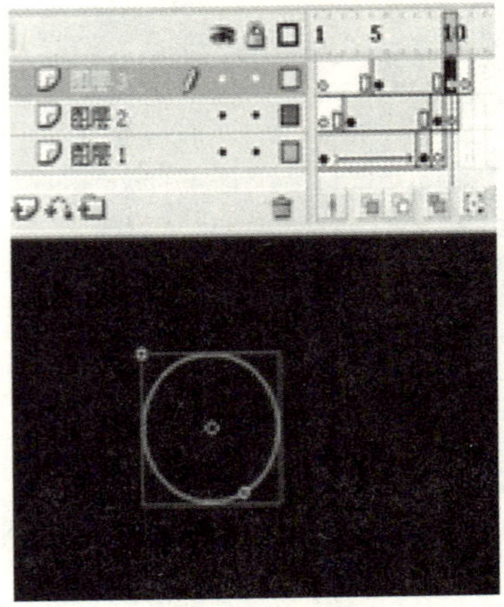

13 新建"图层 4"，在第 6 帧处，按"F5"功能键，插入关键帧，在工具箱中选择"椭圆工具"，并在"混色器"面板中设置笔触颜色为"无"，填充色为"蓝色"然后在场景中绘制一个圆，使圆的中心与其他圆的中心对齐。

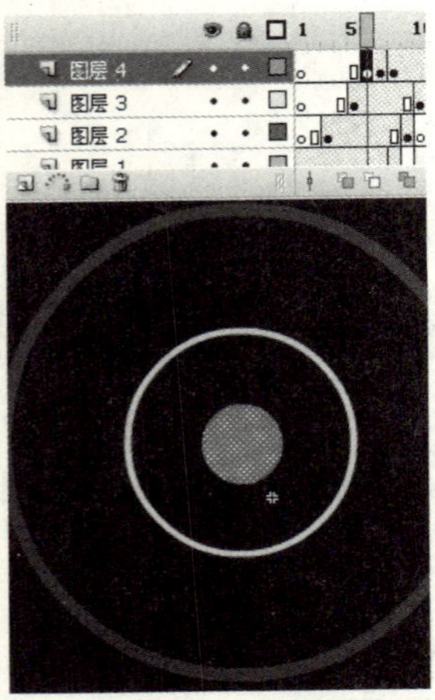

14 在第 7 帧处，按"F6"功能键，插入关键帧，并利用"任意变形工具"将该帧处的圆按一定比例放大。

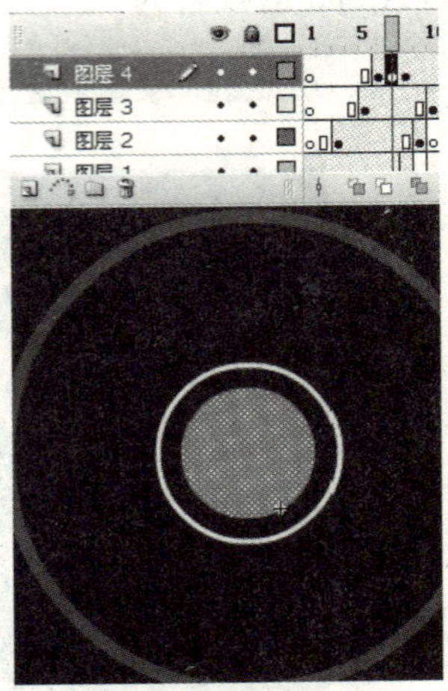

15 在第 8 帧处，按“F6”功能键，插入关键帧，在工具箱中选择“椭圆工具”，并在“混色器”面板中设置笔触颜色为“无”，填充色为“红色”，然后在场景中绘制一个圆。

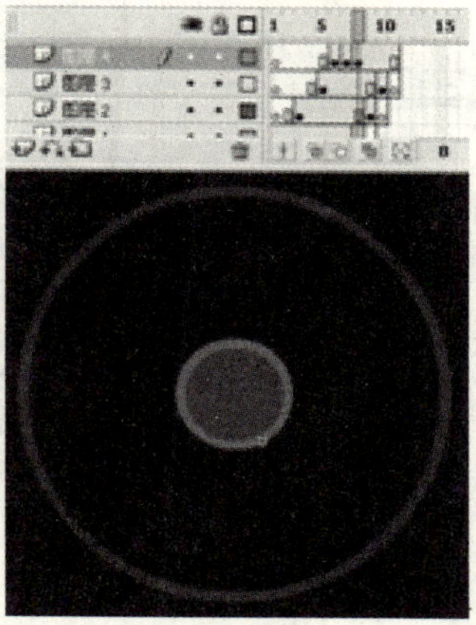

16 在工具箱中选择“选择工具”选中内部的圆，将其删除，这样就制作了一个由蓝色填充的圆圈。

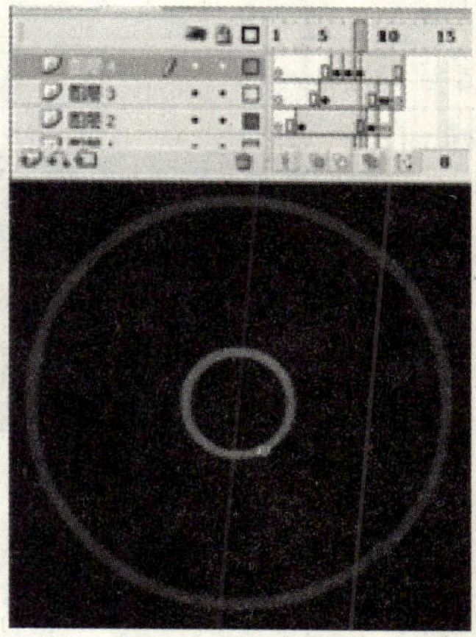

17 选中蓝色圆圈，按下“F8”键在弹出的“转换为元件”对话框的“名称”文本框中输入“圆圈 1”，并选择类型为“图形”，单击“确定”按钮。

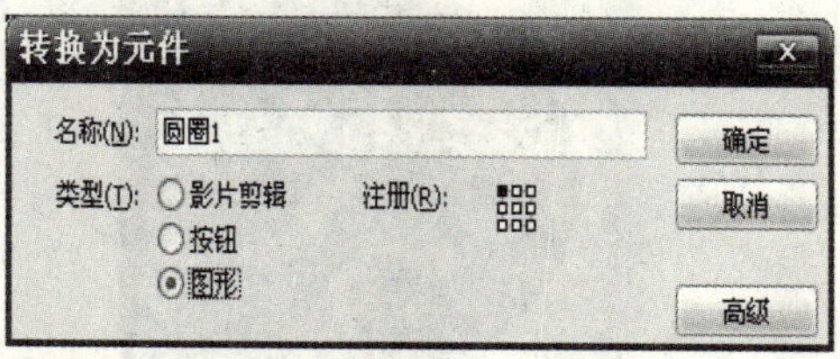

18 然后在第 15 帧处，按“F6”功能键，插入关键帧，并使用“任意变形工具”将该帧处的图形按一定比例放大，在“属性”面板中设置其 Alpha 值为 10%，创建第 8～第 15 帧的补间动画，然后在“属性”面板的“补间”下拉列表选择“动画”，效果如下图所示。

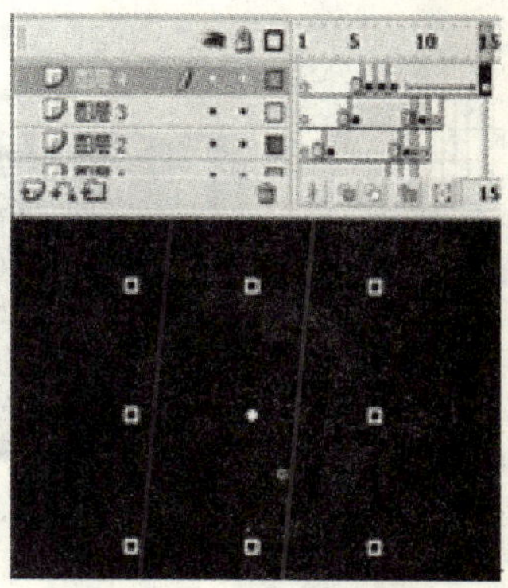

19 回到“场景 1”将“图层 1”重命名为“圆圈”，然后从“库”面板中将“圆圈”元件拖入场景。并使用“任意变形工具”按一定比例放大。

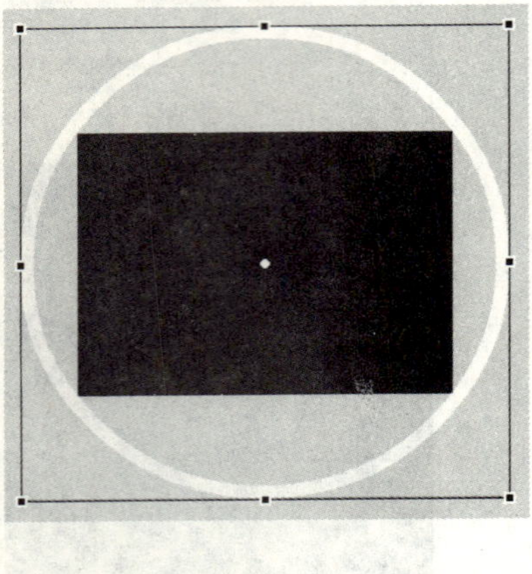

20 最后在第 16 帧处，按“F7”功能键，插入空白关键帧，确定该动画元件的播放长度。在第 60 帧处，按“F6”功能键，插入关键帧，确定整个动画的长度。

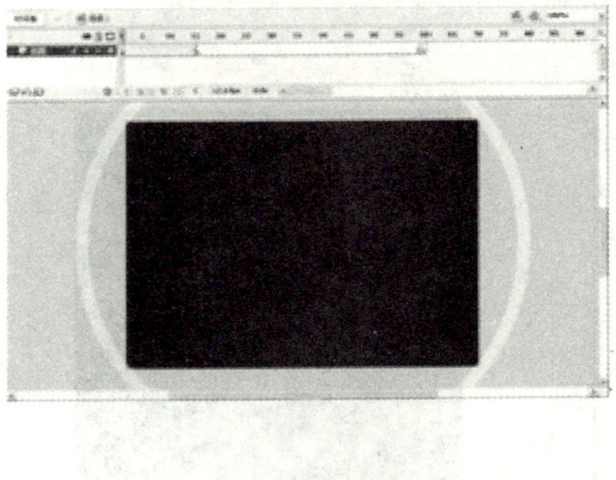

10.3.2 制作“圆弧”背景动画

1 在“圆圈”图层上新建“左圆弧”图层，在第 12 帧处，按“F6”功能键，插入关键帧，选中该帧并使用“矩形工具”在场景中绘制一个无边线的黄色矩形。

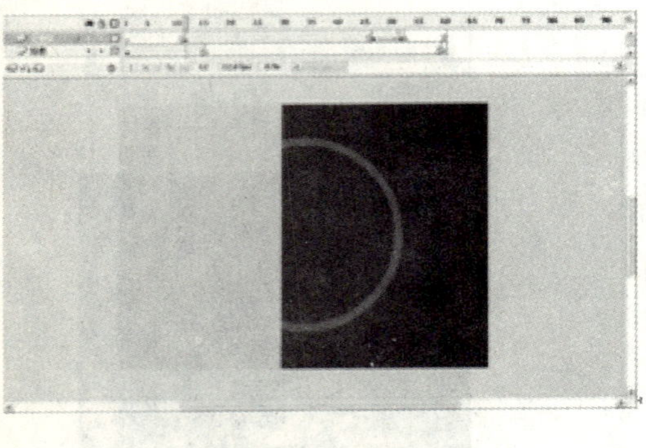

2 接着再使用“选择工具”拖住矩形的右边线向里边拉进，产生一个向内凹陷的弧形。

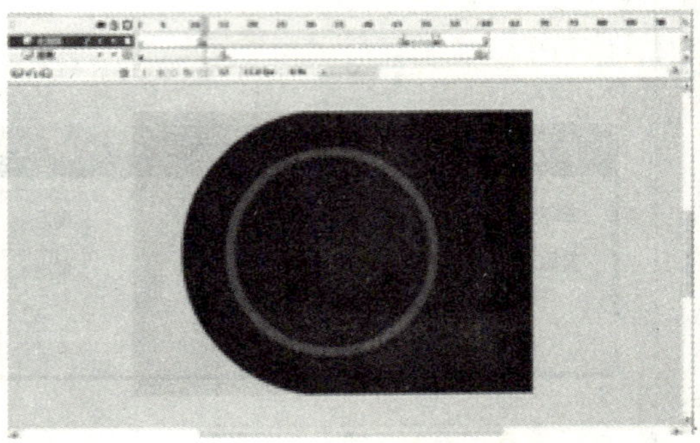

3 选中图形，执行“修改/转换为元件”菜单命令，将弹出“转换为元件”对话框，在该对话框的名称文本框中输入“圆弧”，并选择类型为“图形”，单击“确定”按钮。

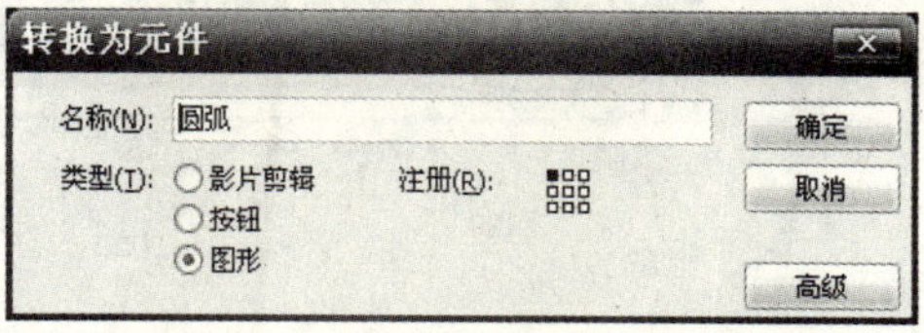

4 在第 47 帧和第 52 帧处，分别按“F6”功能键插入关键帧，选中第 52 帧，向左移动一段距离，并在“属性”面板上设置 Alpha 值为 10%。

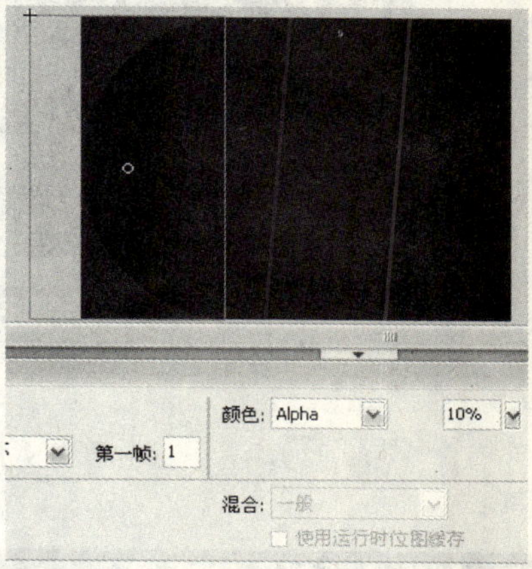

5 分别在第 47～第 52 帧之间创建动作补间动画，在第 53 帧处，按“F7”功能键，插入空白关键帧。

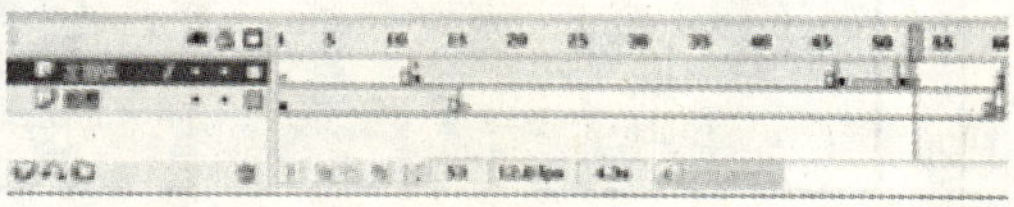

6 新建一个图层，改名为“右圆弧”。在第 12 帧处，插入关键帧，将“左圆弧”图层的第 12 帧，复制粘贴到“右圆弧”图层的第 12 帧。执行“修改/变形/水平翻转”菜单命令，使元件水平翻转，位置与“左圆弧”相对应。

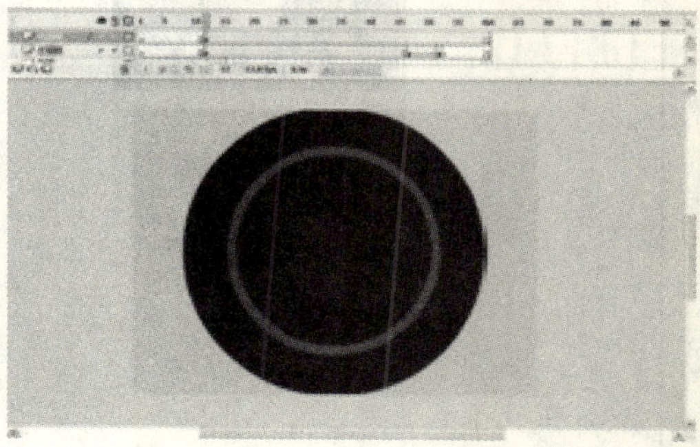

7 在第 47 帧和第 52 帧处，分别按“F6”功能键插入关键帧，选中第 52 帧向右移动一段距离，并在“属性”面板设置 Alpha 值为 10%。

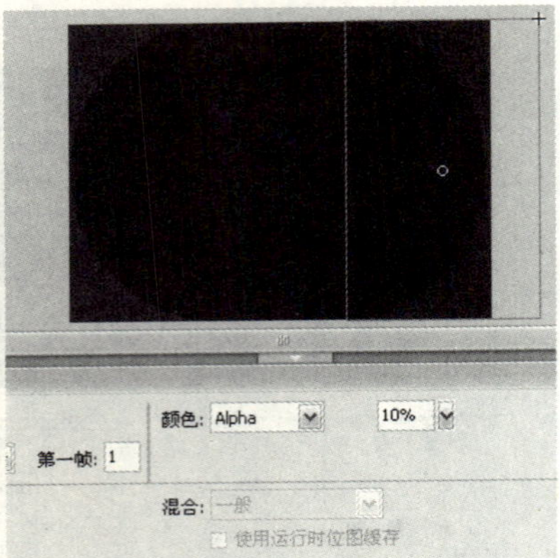

8 然后创建第 47～52 帧之间的动作补间动画，在第 53 帧处，按“F7”功能键，插入空白关键帧。

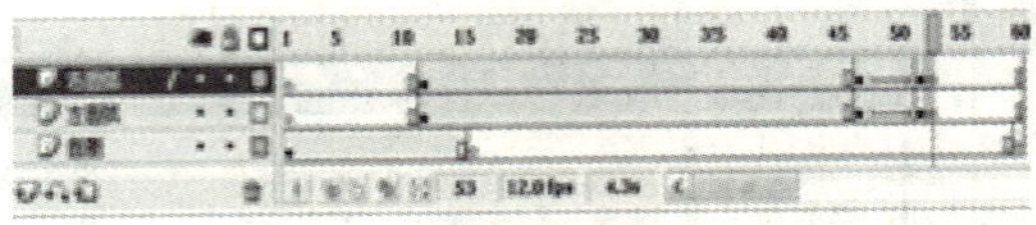

10.3.3 制作“手机”动画

1 执行“文件/导入/导入到库”菜单命令，弹出“导入到库”对话框，将“手机”图片导入到“库”中。

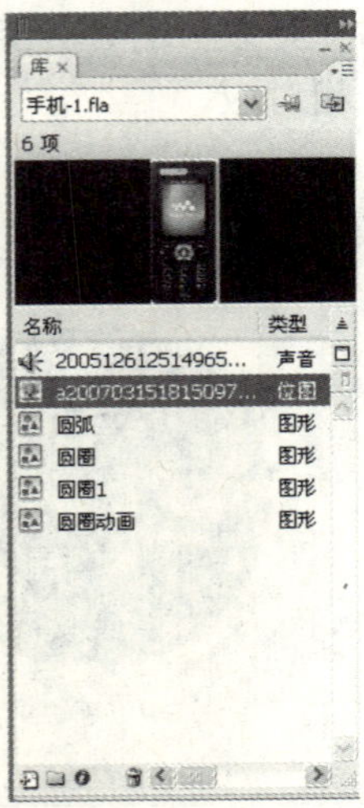

2 执行“插入/新建元件”菜单命令，弹出“创建新元件”对话框，在该对话框的名称文本框中输入“手机”，并选择类型为“图形”，单击“确定”按钮。

3 在元件编辑场景中，从“库”面板中将手机图片拖入场景中，选中图片单击鼠标右键，在弹出的快捷菜单中执行“分离”命令，将图片打散。

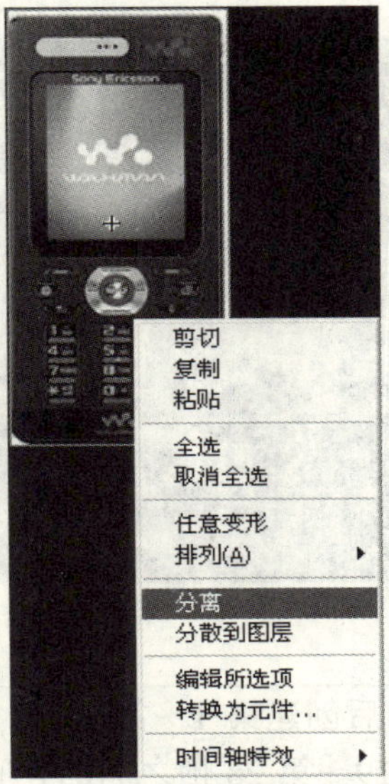

4 然后“手机”图片进行修改调整，在第 60 帧处，按“F6”功能键，插入关键帧。

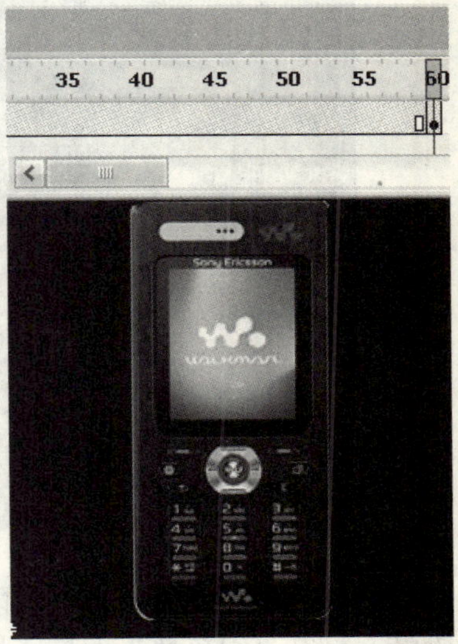

5 新建一个图层，打开“混色器”面板，选择填充方式为“放射状”，设置两个色块，色块颜色为“白色”，Alpha 值从左到右依次为 50%、0%。然后在工具箱中选择“椭圆工具”，在舞台上绘制一个无边线的圆。

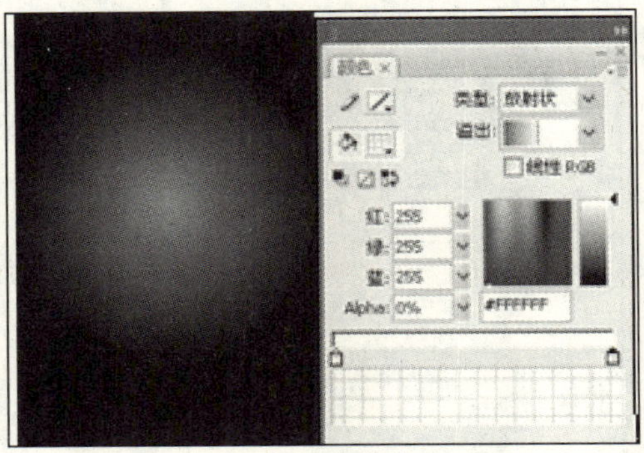

6 接着再利用“填充变形工具”，将圆调整为如下图的倾斜线型效果。

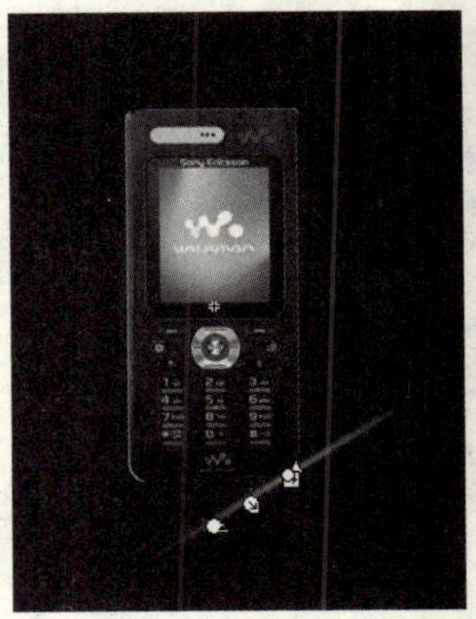

7 在第 8 帧处，按“F6”功能键，插入关键帧，在工具箱中选择“填充变形工具”，将圆调整为如下图所示的效果。

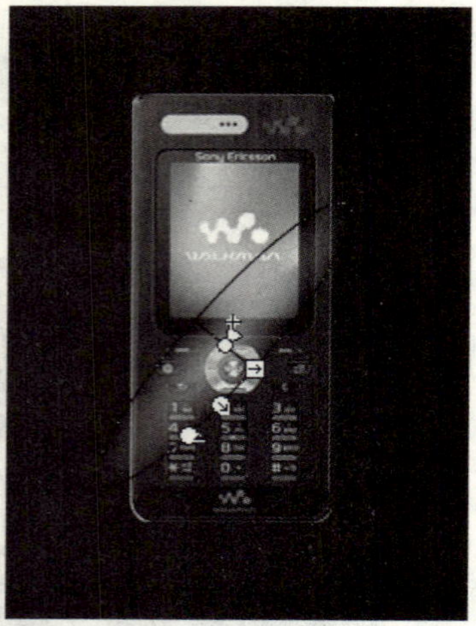

8 在第 19 帧处，按“F6”功能键，插入关键帧，在工具箱中选择“填充变形工具”，将圆调整为如下图所示的效果。

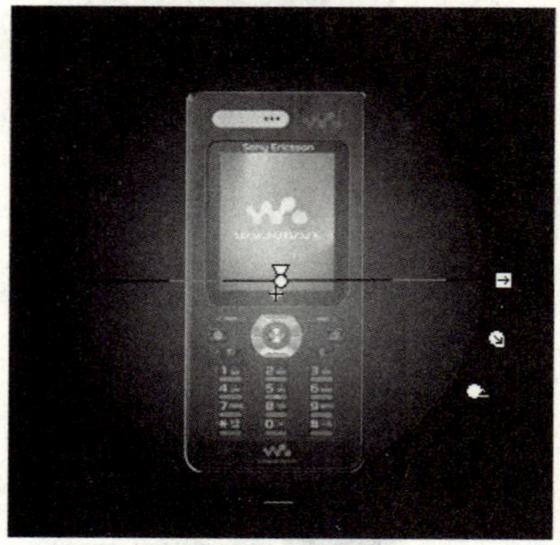

9 在第 28 帧处，按“F6”功能键插入关键帧，打开“混色器”面板，将色块的 Alpha 值设置从左到右依次为 100%、0%。并利用“填充变形工具”，将圆调整为如下图所示的效果。

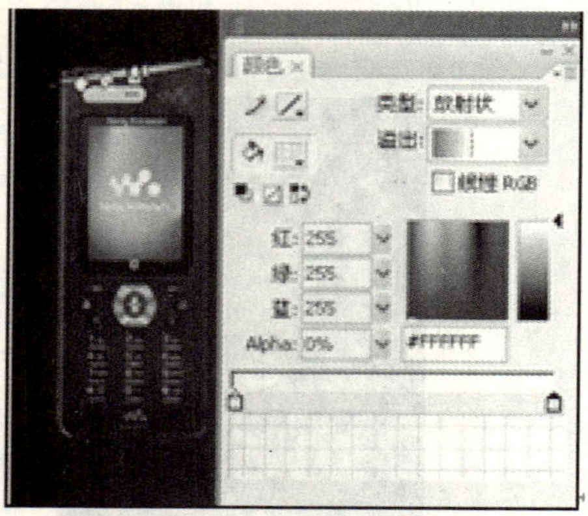

10 然后创建第 1～第 8 帧、第 8～第 19 帧、第 19～第 28 帧之间的补间动画，在“属性”面板的补间下拉列表中选择“形状”。

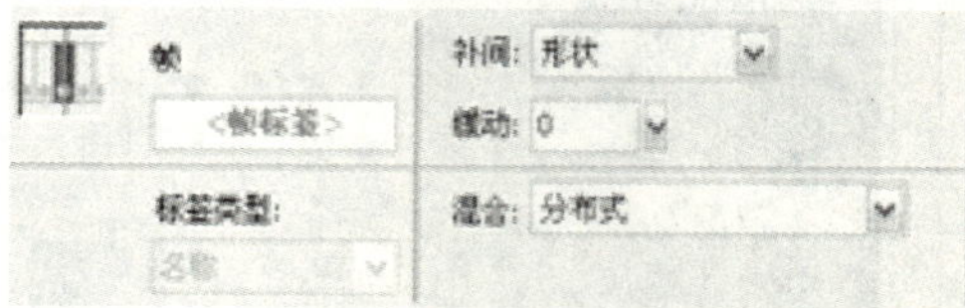

11 新建“图层 3”，选中“图层 1”的第 1 帧，复制粘贴到“图层 3”的第 1 帧上，并利用“套索工具”，将手机中的显示屏选中后删除。

12 选中“图层 3”，单击鼠标右键，在弹出的快捷菜单中执行“遮罩层”命令，将“图层 3”设置为遮罩层。

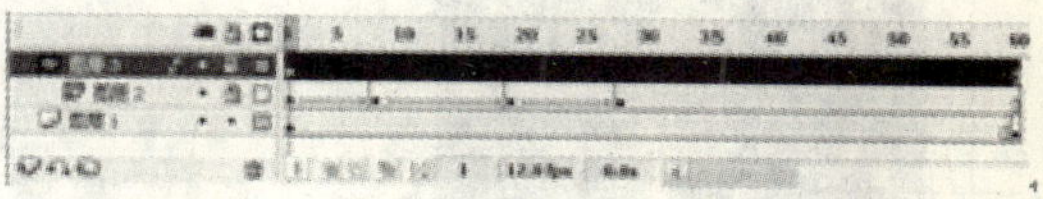

10.3.4 制作“闪光”动画

1 执行“插入/新建元件”菜单命令，弹出“创建新元件”对话框，在该对话框的名称文本框中输入“闪光”，并选择类型为“影片剪辑”，单击“确定”按钮。

2 在工具箱中选择“线条工具”，在编辑场景中，绘制出闪光的轮廓效果。

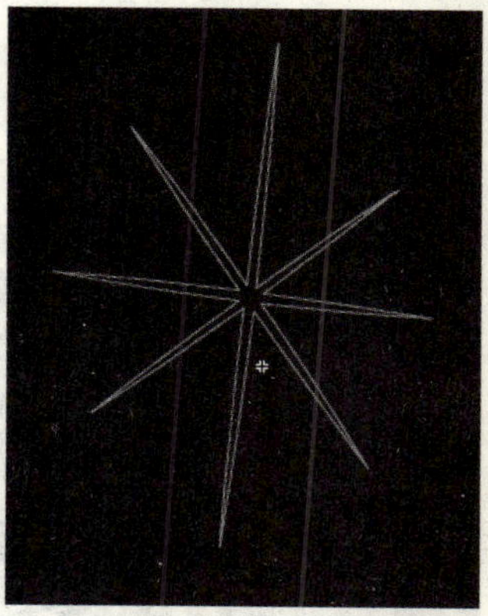

3　打开“混色器”面板，选择填充方式为“放射状”，设置色块颜色为“白色”，Alpha 值从左到右依次为 100%、0%。将颜色填充到“闪光”中，选中轮廓线并删除。

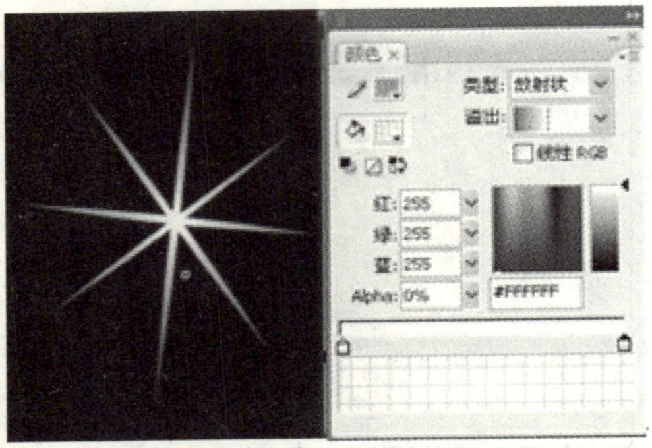

4　在第 5 和第 7 帧处，按“F6”功能键，插入关键帧，在工具箱中选择“任意变形工具”，将第 5 帧处的图形按一定比例缩小。并创建第 1～第 5 帧之间的补间动画，在“属性”面板的补间下拉列表中选择“形状”。在第 6 帧处，按“F7”功能键插入空白关键帧，这样就创建了闪光的动画效果。如下图所示。

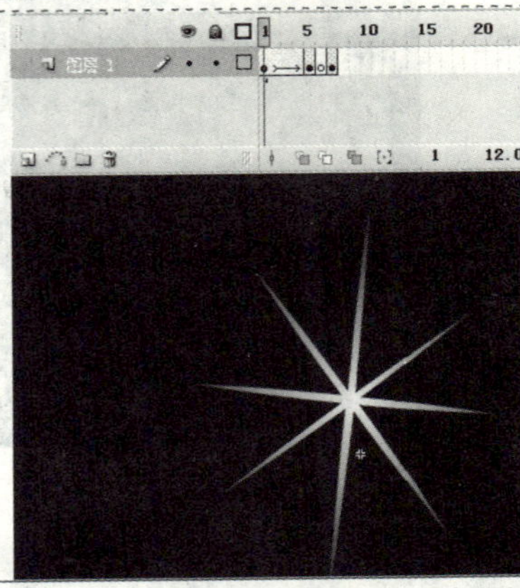

7　打开“库”面板，双击库中的“手机”元件，进入该元件的编辑场景，新建“图层 4”，在第 28 帧处，按“F6”功能键，插入关键帧，从“库”面板中将“闪光”元件拖入场景中，放置到合适的位置。

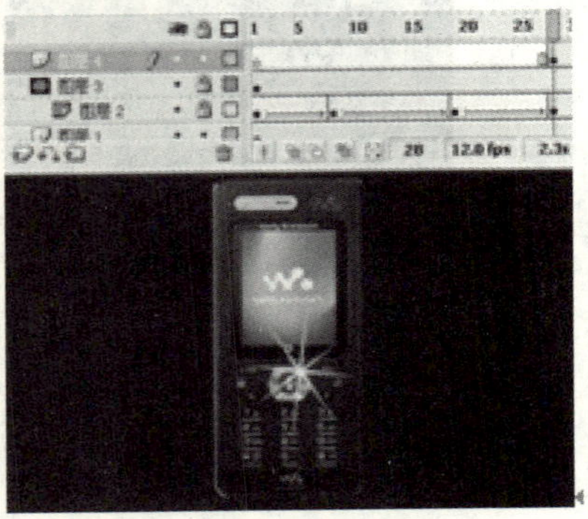

8　然后返回“场景 1”，在“右圆弧”图层上新建一个图层，重命名为“手机”。在第 10 帧处，按“F6”功能键插入关键帧，从“库”面板中将手机元件拖入场景的中心位置，然后在 16 帧处，按“F6”功能键插入关键帧。

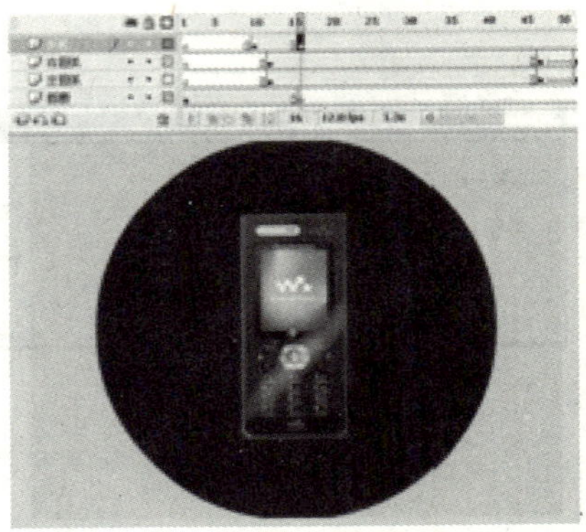

9 选中第 10 帧，在工具箱中选择“任意变形工具”将该帧图形按一定比例缩小，创建补间动画。

10 在“属性”面板的补间下拉列表中选择“动画”，在旋转下拉列表中选择顺时针，并在旋转数文本框中输入“1”次。

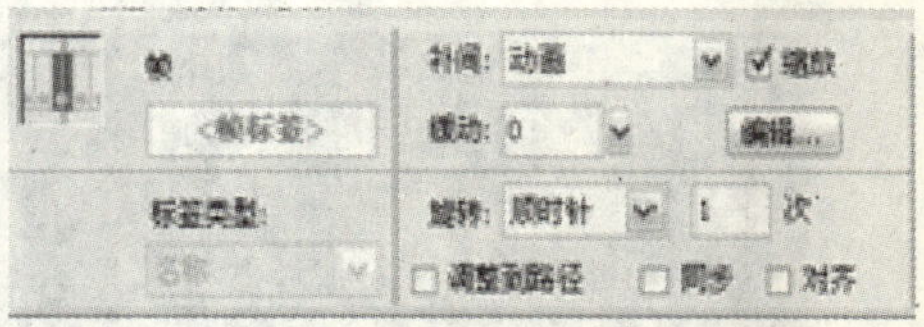

10.3.5 制作“轮廓线”动画

1 新建“线条”图层，将它拖放到“手机”图层下，在第 42 帧处，按“F6”功能键插入关键帧，在工具箱中选择“椭圆工具”，绘制一个无填充的圆形轮廓线。

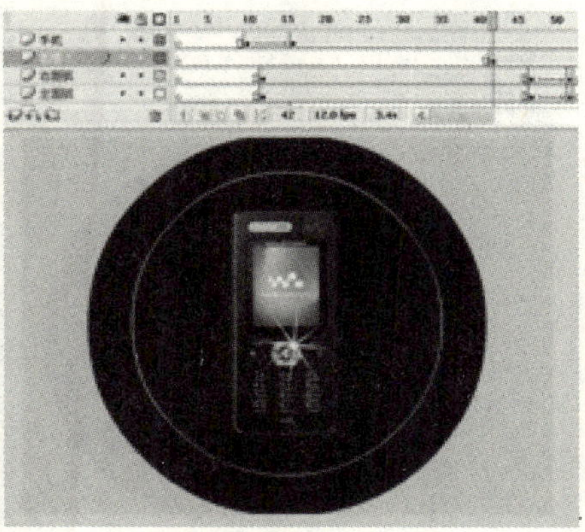

2 然后在第 43～第 51 帧处，分别按“F6”功能键，插入关键帧，从第 42 帧开始使用“橡皮擦工具”按顺时针的方向，依次擦除轮廓线，按照帧的进程，擦除部分逐渐减少，直到第 51 帧保留完整的圆。

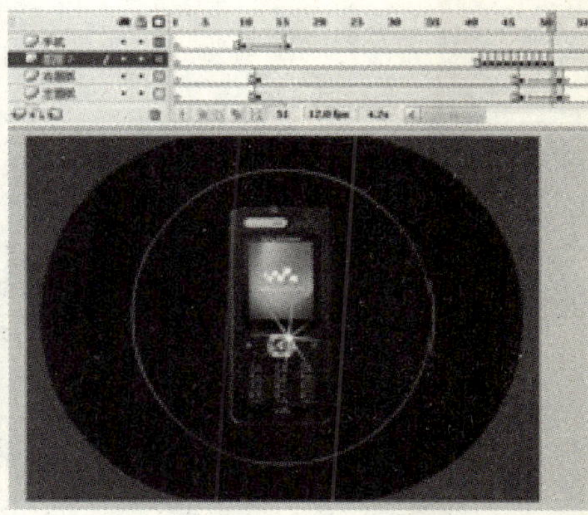

3 在“线条”图层上新建“星光”图层，在第 51 帧处按“F6”功能键插入关键帧，将“线条”图层的第 51 帧复制粘贴到“星光”图层的第 51 帧。

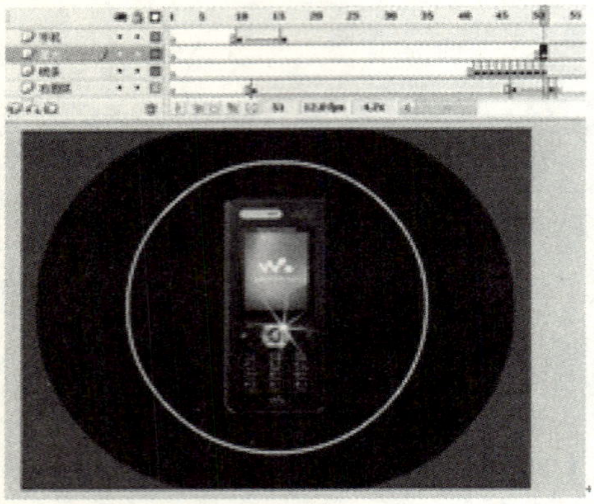

4 然后在工具箱中选择“颜料桶工具”，并在“混色器”面板中设置由白色到橙色的“放射状”填充，

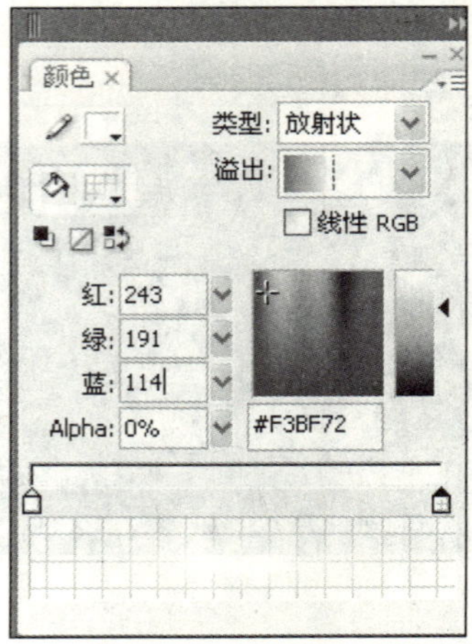

5 在工具箱中选择“选择工具”，选中轮廓线并删除。在第 58 帧处按“F6”功能键插入关键帧，将该帧的 Alpha 值修改为 100%。然后重新填充该帧图形，创建第 51～第 58 帧之间的补间动画，并在“属性”面板的补间下拉列表中选择“形状”。

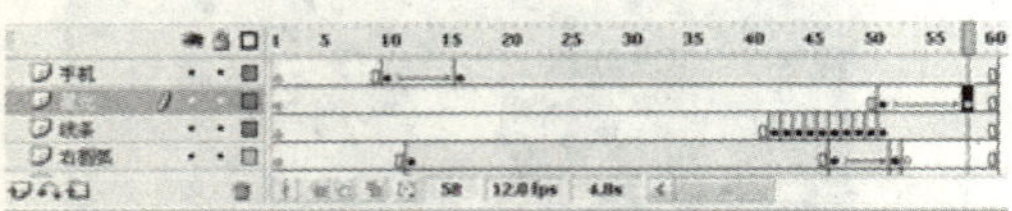

6 在“星光”图层上新建“亮点”图层，在第 38 帧处，按“F6”功能键插入关键帧，在工具箱中选择“椭圆工具”，并在舞台上绘制一个无边线的圆。

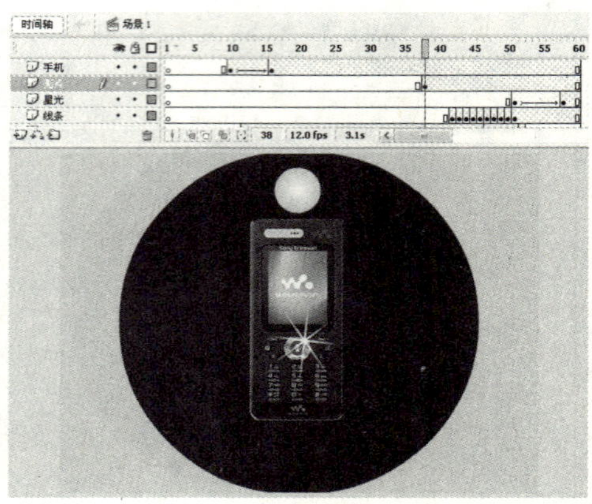

7 打开“颜色”面板，选择填充类型为“放射状”Alpha 值为 100%的白色到 0%的蓝色之间的渐变填充小圆。

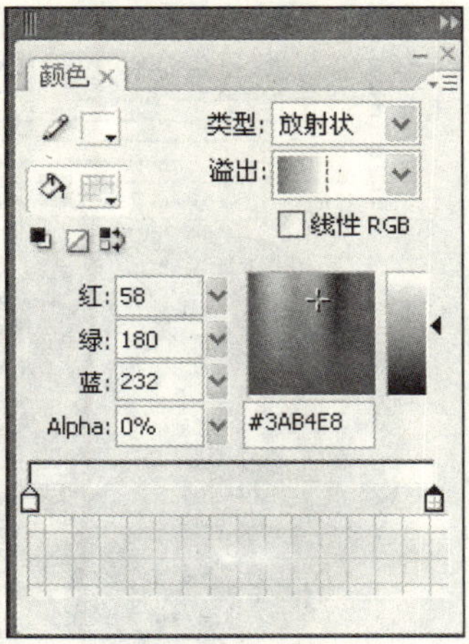

8 选中小圆，执行“修改/转换为元件”菜单命令，会弹出“转换为元件”对话框中，在该对话框的名称文本框中输入“小圆”，并选择类型为“图形”，单击“确定”按钮。

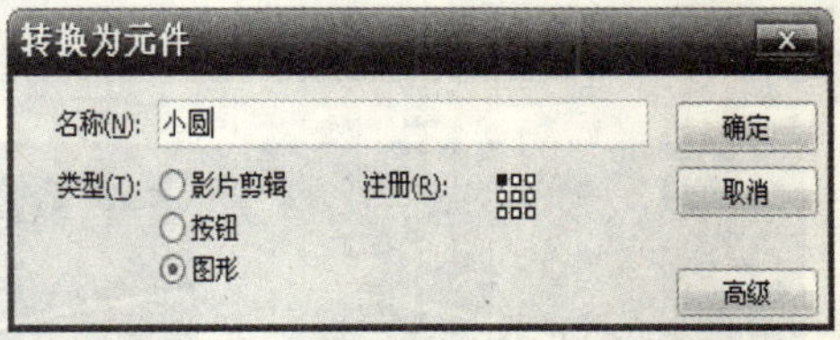

9 在第 42 帧处，按“F6”功能键，插入关键帧，参考该帧“线条”图层中线条的开始位置，把小圆放置到该位置上，并把第 38 帧也放到相同的位置。

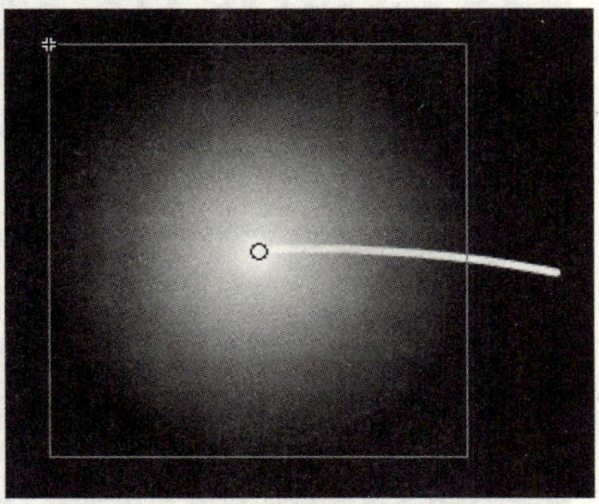

10 选中第 38 帧，然后在“属性”面板中设置小圆的 Alpha 值为 0%，并创建第 38～第 42 帧之间的动作补间动画。

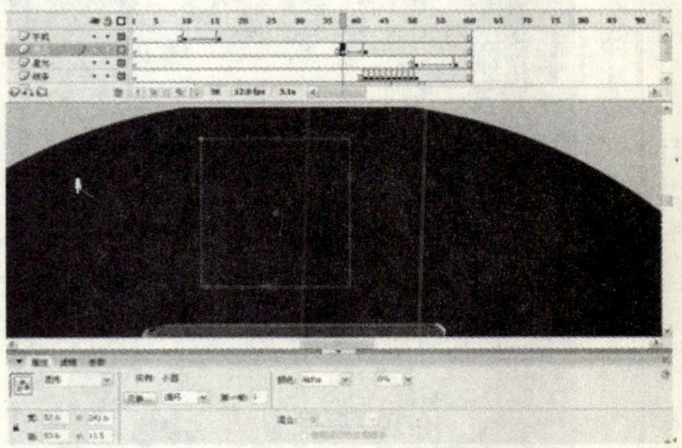

11 选中“小圆”图层的第52帧，按“F6”键插入关键帧，参考“线条”图层线条的末端位置，将“小圆”元件放置到该位置上。并创建第42～第51帧之间的动作补间动画。在第52帧处，按“F7”功能键插入空白关键帧。

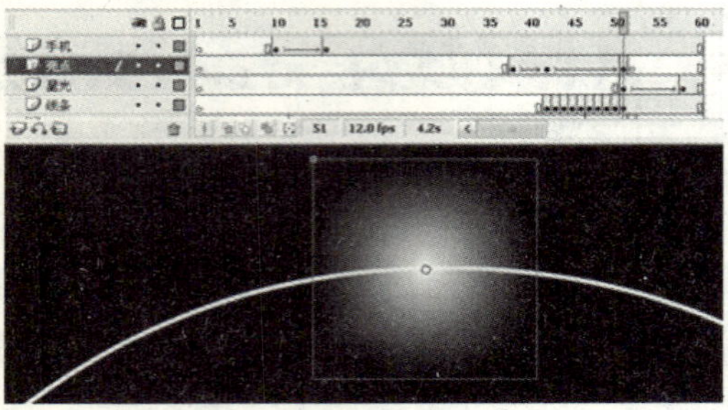

12 在时间轴面板上单击添加“引导层”按钮，添加“小圆”图层的引导层，在第42帧处，按“F6”功能键插入关键帧，将“线条”图层的第51帧复制粘贴到该帧。

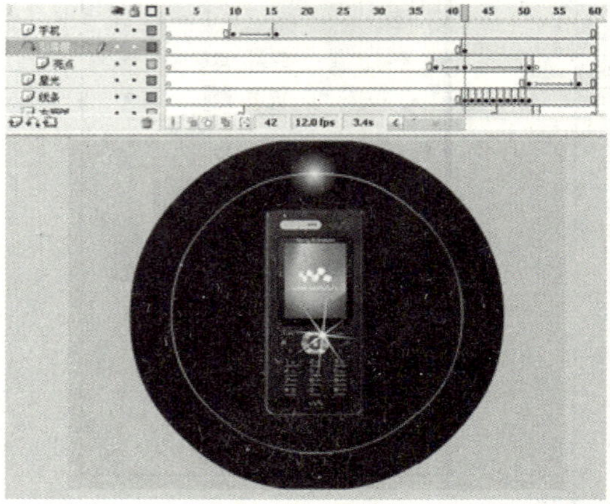

13 使用“橡皮擦”工具将轮廓线擦出一个小缺口，（为了让大家看清楚，特意将轮廓线换成了红色）将“亮点”图层的小圆放置到如下图所示位置。

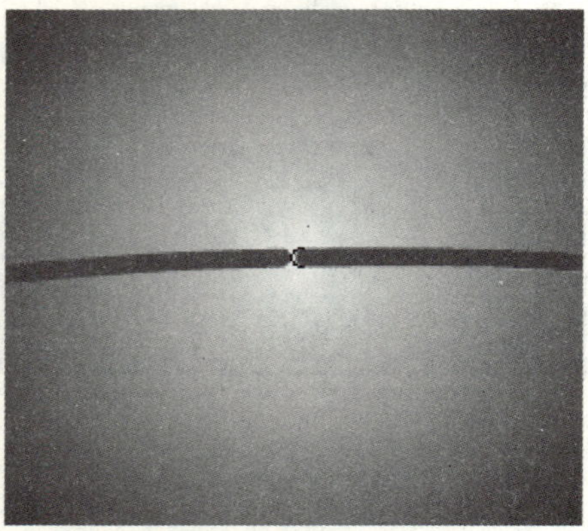

14 选中第51帧，将小圆移动到如下位置。设置好后按“Ctrl+Enter”组合键测试影片，广告的效果基本上就出来了，最后制作广告的文字动画。

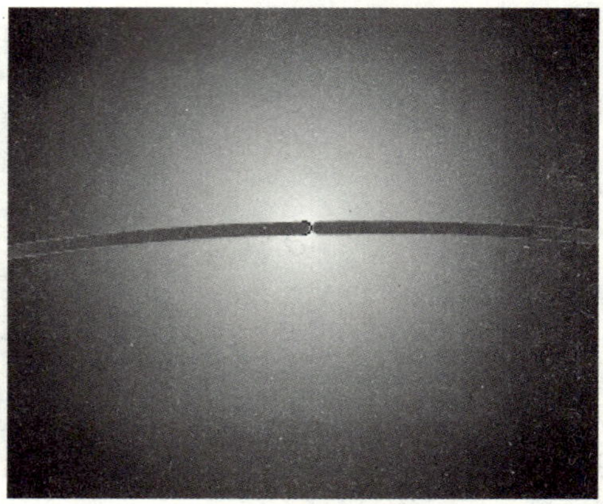

10.3.6 制作“文字”动画

1 执行“插入/新建元件”菜单命令，在弹出的“创建新元件”对话框的名称文本框中输入“文字”，并选择类型为“图形”单击“确定”按钮。进入元件编辑场景。

2 在工具箱中选择“文本工具”，在“属性”面板上设置字体、大小、颜色等属性，如下图所示。在场景中输入手机名称等。然后按“Ctrl+B”组合键将文字打散。

3 新建“图层 2”，将该图层拖动到“图层 1”下面，选中“图层 1”的第 1 帧复制粘贴到“图层 2”的第 1 帧。

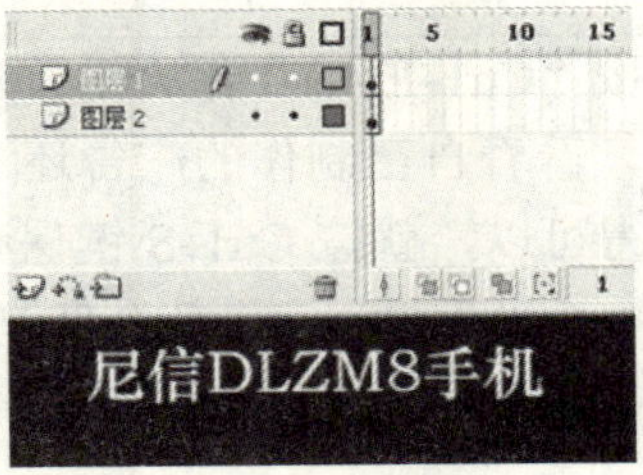

4 然后使用“颜料桶工具”将“图层 2”的文字填充为黑色，并向右下稍微移动，使“图层 1”增加了立体的阴影效果。

5 新建“图层 3”，在工具箱中选择“线条工具”，绘制上下两条线段，位置及效果如下。

6 返回“场景 1”，新建“文字”图层，在第 13 帧处，按“F6”功能键，插入关键帧，从“库”面板中将“文字”元件拖入场景的如下位置。

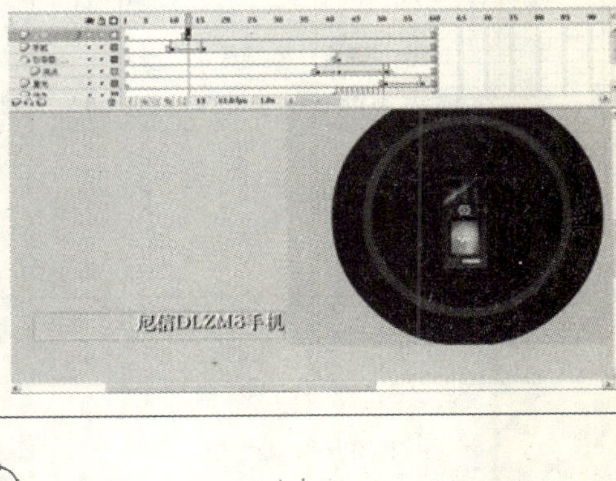

7 然后在第 20 帧处，按“F6”功能键插入关键帧，将该帧的文字元件水平移动到场景中，并创建第 13～第 20 帧之间的补间动画，在“属性”面板的补间下拉列表中选择“动画”。

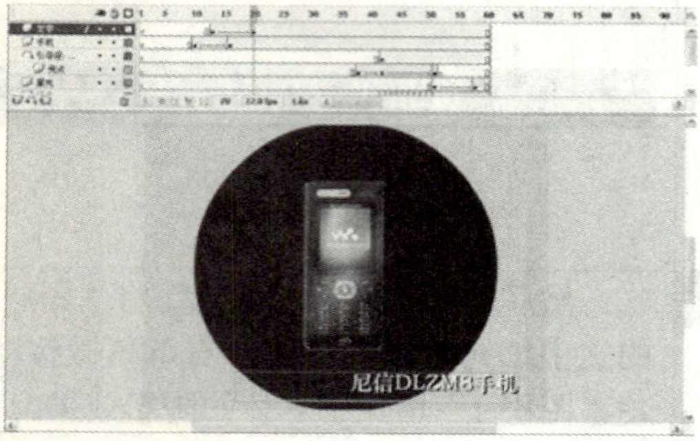

8 执行“文件/导入/导入到库”菜单命令，选择需要导入的声音文件后，单击“打开”按钮。

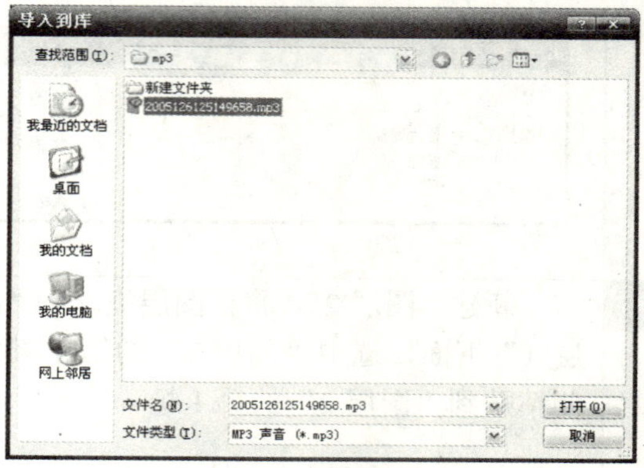

9 新建“声音”图层，在第 3 帧处，按“F6”功能键插入关键帧，打开“属性”面板，单击“声音”后的下拉箭头按钮，在弹出的下拉列表中选择刚导入的音乐，在“同步”下拉选项中选择“数据流”。

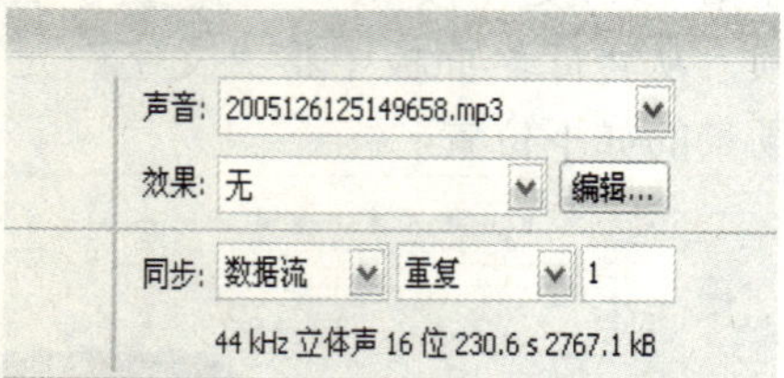

10 按“Ctrl+Enter”组合键，对动画进行测试，看看自己制作的广告还不错吧。如果觉得可以，就按 Ctrl+S 键保存文件。到这里整个“手机”广告就全部制作完成了。

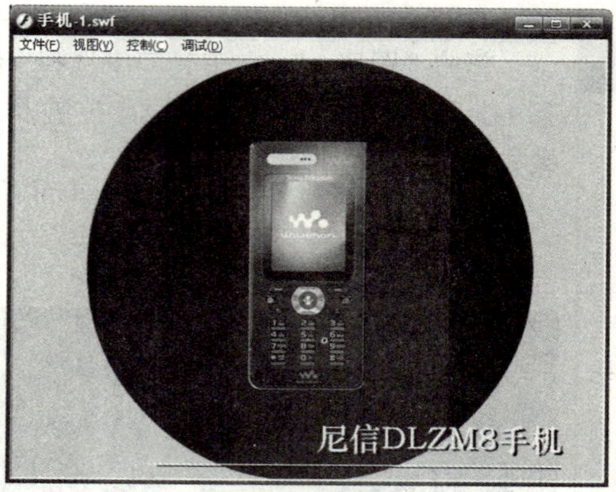